ネアンデルタール人は私たちと交配した

マックス・プランク進化人類学研究所ディレクター
スヴァンテ・ペーボ［著］
Svante Pääbo

野中香方子［訳］
Kyoko Nonaka

Neanderthal Man

In Search of Lost Genomes

文藝春秋

ネアンデルタール人は私たちと交配した

【目次】

序文　8

第1章　よみがえるネアンデルタール人　10
1996年のある晩、わたしの研究室からの電話が鳴った。長年の努力の末、絶滅し、失われたはずのネアンデルタール人のDNAを骨から復元できたのだ

第2章　ミイラのDNAからすべてがはじまった　38
1981年、医学生だったわたしは昔からの憧れのエジプト学と分子生物学の合体を思いつく。ミイラのDNA抽出を実験し、当代一の学者の目に留まった

第3章　古代の遺伝子に人生を賭ける　56
1987年、古代ゲノム研究の道を選んだわたしの人生は転換点を迎える。「PCR法」で古代動物DNAを増幅する実験を重ね、正教授のオファーが来た

第4章　「恐竜のDNA」なんてありえない！　72
1990年、ドイツに移ったわたしは現代のDNA混入への対処に苦戦する。一方、学界では何千万年も前のDNA復元と称するいい加減な研究がはびこる

第5章　そうだ、ネアンデルタール人を調べよう　90
1993年、古代人「アイスマン」を解読したが、現代人との区別は難しかった。もっと古く、かつ、ある程度DNAが残るのは……ネアンデルタール人だ

第6章　二番目の解読で先を越される　107
1章で述べた「ミトコンドリアDNA」復元に続く第二のネアンデルタール人解読をめざし1999年に骨を入手したが、他の研究者に先を越されてしまう

第7章　最高の新天地　114
1997年、思わぬ機会を得て、マックス・プランク協会の進化人類学研究所を創立できることに。すばらしい施設を立ち上げ、私生活も大きく変わった

第8章　アフリカ発祥か、多地域進化か　128
1997年の論文で現生人類の出アフリカ説を採用したわたしは多地域進化論者の批判を受ける。それには答えたが、真の結論には「核DNA」調査が必要だ

第9章　立ちはだかる困難「核DNA」　141
1999年、1万4000年前の永久凍土のマンモスから核DNAの抽出に成功する。だが冷凍保存でないネアンデルタール核DNA復元は不可能に思えた

第10章　救世主、現れる　150
2000年にわたしが顧問となったDNA増幅の新技術「次世代シーケンサー」は生物学全体を変えるほど強力だ。ネアンデルタール人復元も現実味を帯びる

第11章　500万ドルを手に入れろ　168
2006年、わたしは2年以内のネアンデルタール・ゲノム解読を宣言した。しかし次世代シーケンサーの500万ドルもの費用を始め、次々と難題が襲う

第12章　骨が足りない！　186
ゲノム解読にはとにかく骨が必要だ。2006年、新たなネアンデルタール人の骨試料をもらいにザグレブに向かった。だが、不可解な力が骨の入手を阻む

第13章　忍び込んでくる「現代」との戦い　204
シーケンスの進歩を待つだけではダメだ。2007年はDNA精製の効率化の徹底を図った。だが必ず混入する現代のDNAを検査する方法が見つからない

第14章　ゲノムの姿を組み立てなおす　216
増幅したバラバラのDNAの全容を知るには、それを組み立てなおさなくてはならない。新しい方法を試すたびに難題が起こったが、少しずつ前進していく

第15章　間一髪で大舞台へ　224
約束の2年が近づき、発表は2009年2月に決まる。シーケンス担当を新会社に交代させ、発表6日前、間一髪でゲノム解読に必要な配列データが届いた

第16章　衝撃的な分析　237
わたしが2006年から集めていた凄腕科学者のチームは、交配の問題に取り組んでいた。2009年のゲノム配列の発表直前、彼らから衝撃的な報告が

第17章　交配は本当に起こっていたのか？　250
ゲノム解読には成功したものの、彼らと現生人類が交配したらしいという分析は、慎重に検証する必要がある。しかしライバルの存在にわたしは焦っていた

第18章　ネアンデルタール人は私たちの中に生きている　259
2009年5月から現代人のゲノムとの比較をはじめた。そして、25年夢見てきた結果が出た。現代人の中にネアンデルタール人のDNAは生きているのだ

第19章　そのDNAはどこで取り込まれたのか　275
5万年前、アフリカの外に足場を築いた現生人類は、急速に世界に拡散した。彼らはどこでネアンデルタール人のDNAを取り込み、今に伝えたのだろうか

第20章　運命を分けた遺伝子を探る　285
ヒトとネアンデルタール人を分けたのは何なのか。ゲノム情報は将来その答えを示すだろう。ヒト特有の変異のうち5つだけでも興味深い事実ばかりなのだ

第21章　革命的な論文を発表　296
2010年5月、ついに『サイエンス』に論文を発表し、彼らと現生人類の交配の事実を世に問うた。大反響があり、年間最優秀論文に。格別の喜びだった

第22章　「デニソワ人」を発見する　312
2009年、デニソワ洞窟の小さな骨がわたしに届いた。さして重要とも思わなかったが、一応DNAを調べると、なんと未知の絶滅した人類だったのだ

第23章　30年の苦闘は報われた　329
2010年、デニソワ人の核DNAも解読し、『ネイチャー』に論文を発表した。30年前の夢は夢をはるかに超える成功をもたらし、わたしは深く満足した

あとがき　古代ゲノムに隠された謎の探究は続く　346
注　釈　350
解　説　「ズル」をしないで大逆転した男の一代記　更科功　355
訳者あとがき　野中香方子　362

装丁　関口聖司

ネアンデルタール人は私たちと交配した

序　文

本書の執筆を最初に提案したのはジョン・ブロックマンである。彼の勧めと励ましがなければ、これほど長い原稿を書く気にはなれなかっただろう。これまでは短い科学論文しか書いたことがなかったのだから。だが、いったん書き始めると、その過程はとてもおもしろかった。このような機会をいただいたことに感謝している。

多くの人が、草稿を読み、改良すべき点を教えてくれた。まず、妻のリンダ・ヴィジラントに感謝する。彼女はわたしの挑戦を――そのために長く家を離れることがあったとしても――常に支援してくれた。ベーシック・ブックスのサラ・リッピンコット、キャロル・ロウニー、クリスティン・アーデン、そしてとりわけトム・ケラーはすばらしい編集者で、多くを学ばせてもらった。カール・ハンネスタッド、ケルスティン・レクサンデル、ヴィオラ・ミッタークは、草稿を読んで有益な提案をしてくれた。日本、広島の西光禅寺の住職、檀上宗謙《だんじょうそうけん》禅師は、わたしが世間から引きこもりたいと思った時に、寺で過ごさせてくれた。

できごとについては記憶を頼りに書き記したが、いくつかの事柄――たとえば、ベルリンや454ライフサイエンス社での会合など――については細かな点を混同しているかもしれない。また、当然ながら、自分自身の観点から著し、こうあるべき（あるいは、こうあるべきではない）と、自分の考えに基づいて判断した。それぞれのできごとについて、別の見方、別の意見があることも十分承知している。人名や詳細を詰め込むと読みにくいので、お世話になりながら本書で言及しなかった人は多い。不当に無視されたと感じておられる方には、ここでお詫びを申し上げたい。

第1章　よみがえるネアンデルタール人

1996年のある晩、わたしの研究室からの電話が鳴った。長年の努力の末、絶滅し、失われたはずのネアンデルタール人のDNAを骨から復元できたのだ

1996年のある晩、ベッドでうとうとしていると電話が鳴った。マティアス・クリングス、ミュンヘン大学動物学研究所のわたしの研究室に所属する大学院生からだ。「あれは人間のDNAじゃありません」と彼は言った。「すぐそちらへ行くよ」。眠気を払いながらそう言うと、服をひっかけ、車で研究室に向かった。マティアスはその日の午後、貴重なDNAのシーケンシング（塩基配列決定）を始めたばかりだった。ボンのライン州立博物館に収蔵されていたネアンデルタール人の腕骨のかけらから抽出し、増幅したDNAだ。何年も残念な結果が続いたので、正直なところ、わたしはあまり期待していなかった。おおかたそれは、骨が発掘されてから140年ほどの間に骨に染み込んだバクテリアか人間のDNAだろう。だが、電話のマティアスの声は弾んでいた。本当に、ネアンデルタール人の遺伝物質を取り出すことができたのだろうか？　それはあまりにも不遜な期待のように思え

た。

研究室に到着すると、そこにはラルフ・シュミッツもいた。若い考古学者で、彼の助けがあればこそ、ボンに収蔵されたネアンデルタール人の化石から骨片を採ることができたのだ。シークンサーから出て来たACGTの配列を見せながら、ふたりは喜びを隠せない様子だった。それは、彼らもわたしも、かつて見たことのない配列だった。

この世界に通じていない人には、4つの文字がランダムに並んだだけのように見えるだろうが、その配列は、身体のほぼすべての細胞にある遺伝物質、すなわちDNAの化学的構造を示したものだ。有名な「二重らせん」を構成する2本のひもは、アデニン（A）、チミン（T）、グアニン（G）、シトシン（C）の4つのヌクレオチドからなる。身体を形成し、機能を維持するのに必要な遺伝情報はその4つの順番によって記されている。わたしたちが調べていたのはミトコンドリアDNA（mtDNA）で、これは卵細胞によって母親から子どもに伝えられる（精子のミトコンドリアは受精時に失われる）。細胞内の小器官であるミトコンドリアは、それぞれmtDNAのコピーを数個持ち（細胞全体では数千個になる）、その情報に従ってエネルギー生産という仕事をこなしている。

ひとりの人のmtDNAはどれも同じで、そのゲノムは全体のわずか0・0005パーセントでしかないが、1個の細胞が数千個のmtDNAのコピーを持っているため、mtDNAでないDNA、つまり細胞核の、母親由来と父親由来のふたつしかない核DNAより、はるかに研究がしやすい。1996年までに、世界全体で数千人のmtDNA配列が調べられてきた。それらは最初に配列決定された人間のmtDNA配列と比べられ、違いが記録された。驚くべきことに、今回、ネアンデルタール人の化石から抽出したmtDNAには、そうやって調べられてきた数千人のｍｔＤＮＡには見られない配列が見つかったのだ。今見ている配列が現実のものとはとても思えなかった。

わたしの場合、驚くような結果、あるいは思いがけない結果に遭遇すると、いつも懐疑心が湧き上がってくる。目の前のものは何かの間違いではないだろうか。もしかしたら、以前にだれかが牛皮から作る膠《にかわ》で骨を修理したせいで、牛のｍｔＤＮＡが混じったのではないだろうか。そんな疑念が生じたので、さっそく牛のｍｔＤＮＡ（すでに配列決定されていた）を調べたが、それはまったくの別物だった。この新たなｍｔＤＮＡの配列は、明らかに人間のものに近かったが、そのいずれともわずかに異なっているのだ。本当に、絶滅した人類から初めて抽出され配列決定されたＤＮＡかもしれないとわたしは思い始めた。

ラボの談話室の冷蔵庫にあったシャンパンで乾杯した。もしこれがネアンデルタール人のＤＮＡなら、途方もない可能性が開かれたことになる。いつかはネアンデルタール人の全遺伝子、あるいは特定の遺伝子を調べ、現代人の遺伝子と比べられるようになるだろう。夜半の静かなミュンヘンの町を、歩いて家まで戻りながら（シャンパンを飲み過ぎたので、運転はできなかった）、まだ、起きたことを信じられずにいた。ベッドに入っても、眠れなかった。ネアンデルタール人について、とりわけ今しがたｍｔＤＮＡをとらえたように思える個体について、考えを巡らせた。

ネアンデルタール人のＤＮＡが解き明かす謎とは？

１８５６年、ダーウィンの『種の起源』が出版される3年前に、デュッセルドルフの10キロメートルほど東にあるネアンデル谷の採石場で、小さな洞窟を掘っていた作業員たちが、頭蓋冠と何本かの骨が埋もれているのを見つけた。彼らは、おそらくクマのものだろう、と思ったが、専門家が検証したところ、絶滅した人類のものだとわかった。現生人類以前の人類の骨が見つかったのは初めてで、この発見は博物学者の世界を揺るがした。以来、その骨と、その後多く発見された類似の骨に関する研究が続けられ、ネアンデルタール人とは何者で、どんな暮らしをし、なぜ3万年前に消えたのか、ヨーロッパで同時代を生きた現生人類と交流はあったのか、人類にとって彼らは敵だったのか、友人だったのか、あるいは先祖だったのか、それとも、はるか昔に消えた親戚にすぎなかったのか、といったことが探究されてきた（図1・1参照）。けが人を手当てしたり、儀式的な埋葬を行ったり、さらには楽器を作ったりと、わたしたちに似た行動を示唆する痕跡が各地で発見され、それらはネアンデルタール人が現存するどの類人猿よりも現代人に近いことを語っていた。だが、どのくらい似ていたのだろう。彼らは話すことができたのだろうか？　初期人類の祖先の系統樹の枝先にある種にすぎないのか、それとも彼らの遺伝子は、わたしたちの中にひっそりと受け継がれているのか――そうした謎を解くことが、古人類学の重要な課題となった。それは言うなれば、ネアンデル谷で見つかった骨に始まる新たな学問分野であり、まさにその骨からわたしたちは遺伝情報を抽出できたらしいのだ。

それらの謎はどれも興味深いが、ネアンデルタール人の骨片は、はるかに大きな成果をもたらすにちがいないとわたしは考えていた。ネアンデルタール人は現生人類に非常に近い人類なので、そのDNAはわたしたちのDNAによく似ているはずだ。何年か前にわたしのグループはチンパンジーのゲノムを解析したが、それは現生人類のものとほとんど変わらず、塩基配列の違いはわずか1パーセント余りだった。言うまでもなく、ネアンデルタール人のゲノムはそれよりもさらに、わたしたちのゲノムに近いはずだ。しかし、そのわずかな違いが、現生人類とそれ以前に存在した人類――ネアンデルタール人だけではなく、およそ160万年前に生きたトゥルカナボー

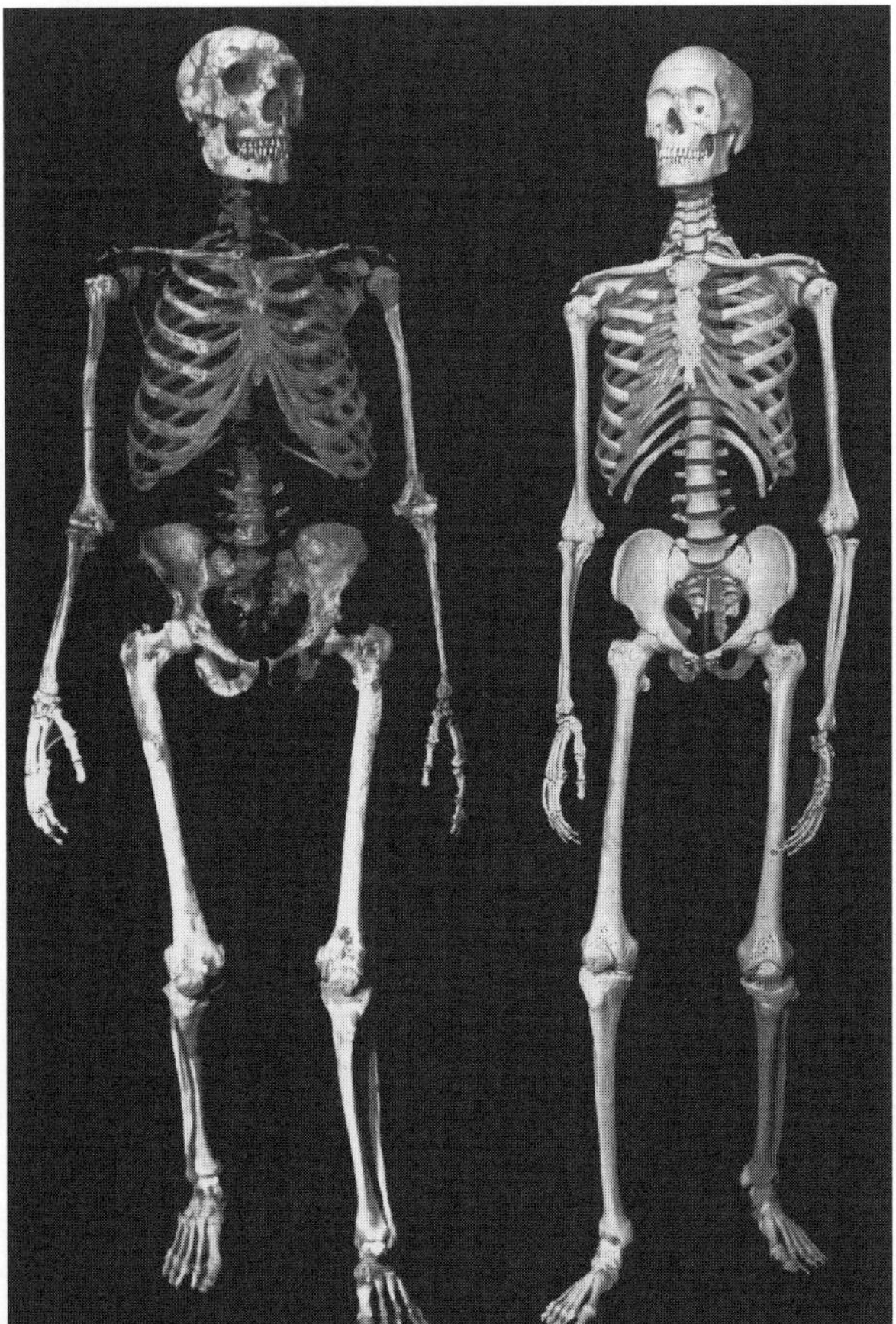

図1.1　ネアンデルタール人の骨格の復元（左）と、現代人の骨格（右）。
写真：Ken Mowbray, Blaine Maley, Ian Tattersall, Gary Sawyer, American Museum of Natural History.

イ、320万年前のルーシー、さらには50万年以上昔に生きた北京原人——との違いをもたらした。つまり塩基配列のわずかな違いが急速な進化をもたらし、現生人類が出現したのである。技術の急速な進歩、芸術、言語、文化の発展も、元をたどればその違いによるものだ。ネアンデルタール人のDNAを調べることができれば、そうしたすべてを解明できるようになる……そんな夢（あるいは、大いなる妄想）を思い描きながら、空が白み始める頃、ようやく眠りについた。

翌日、マティアスとわたしはどちらもずいぶん遅れて研究室に行った。前夜のDNA配列を調べて、ミスがなかったことを確認すると、腰をおろして、次に何をすべきかを話しあった。ネアンデルタール人の化石から興味深い配列のmtDNAを採取することと、それが本当に4万年前に生きた個体のmtDNAであることを自分と世界に納得させることは、まったく別の話だ。それまでの12年に及ぶ経験から、次になすべきことはわかっていた。

まず、手に入れた配列が、何らかの理由で変化した現生人類のmtDNAではないことを示すために、別のネアンデルタール人の骨を用いて、その実験を、最後の段階だけでなく最初から再現しなければならない。次に、骨から抽出したmtDNAのかけらから、このmtDNAと重複する断片を拾いあつめて、配列を伸長する必要がある。より長い配列を構築すれば、ネアンデルタール人と現生人類のmtDNAがどれくらい違うかを推定できるからだ。

さらにもうひとつ必要なプロセスがある。わたしはかねてより、古代の骨のDNAにまつわる途方もない主張には、途方もない証拠が必要だと訴えてきた。つまりそれは、別のラボで同じ結果が再現されることだ。競争の激しい科学の世界において、それは容易にできることではない。しかし、ネアンデルタール人のDNAを回収したという主張は確かに途方もないものであり、わたしたちのラボでエラーが起きた可能性をゼロにするには、貴重なその骨をよそのラボに分け与え、同じ結果が出ることを期待するしかなかった。そのようなことを、マティアス、ラルフと議論した。研究のプランを出しあい、また、今回の結果を外部にはもらさないことを互いに誓った。それが本物だとわかるまで、むやみに人目を引きたくなかったからだ。

マティアスはすぐ仕事にとりかかった。これまで3年にわたって、エジプトのミイラのDNA抽出に失敗しつづけてきた彼は、ようやく成功できそうだと大いに張り切っていた。一方のラルフはぴりぴりしていた。わたしはと言えば、別のプロジェクトに集中しようとしたのだが、マティアスの進捗《しんちょく》状況が気になって、それどころではなかった。

死後にDNAを取り出すという難題

マティアスの仕事は、まったくもって容易とは言い難かった。相手は、生きている人間の血液から採った無傷で手つかずのDNAではない。生物の教科書では、DNAは、ヌクレオチドのAとT（アデニンとチミン）、GとC（グアニンとシトシン）が糖とリン酸からなる主鎖に相補的につながった、安定した化学構造として描かれているが、生きている細胞核とミトコンドリアの中では、決して安定などしていない。むしろ常に化学的なダメージを受け、常に繊細なメカニズムでその傷を修復しているのだ。加えてDNA分子は非常に長い。一方の親に由来する染色体23本は合わせて32億の塩基対からなる。核にはゲノムがふたつ（父親由来のゲノムと母親由来のゲノムがひとつずつ。それぞれ23本の染色体を持つ）あるので、1個の核（核DNA）にはおよそ64億の塩基対が含まれている。一方、mtDNAは小さく、約1万6500塩基対しか含んでいないが、わたしたちが手に入れたそれが本当に古代のものなら、塩基配列を決定する意義はきわめて大きい。

核DNAであれmtDNAであれ、よく起きる損傷は、シトシン（C）からアミノ基が失われること（脱アミノ化）で、本来DNAには存在しないヌクレオチド、「ウラシル（U）」が生じる。細胞内には、酵素によってこれらのUを本来のヌクレオチドCに置き換えるシステムがある。除去されたUはゴミとなって体の外に排出される。尿に含まれるヌクレオチドを分析すると、毎日、細胞1個あたり、1万個のCがUになり、そのUがまたCに置き換えられていることがわかる。ただが、それは、わたしたちのゲノムで日々起きている多数の化学的変化のひとつに過ぎない。たとえば、DNA鎖のどこかでヌクレオチドが失われて空白が生じると、酵素がすぐその空白を埋めて、鎖がちぎれないようにする。それでもちぎれた場合は、また別の酵素が働いて、鎖を元通りにつなぎ合わせる。実のところ、こうした修復システムがなければ、細胞の中にあるゲノムは1時間も同じ形ではいられないのだ。

これらの修復システムが働くには、当然ながらエネルギーが必要とされる。わたしたちが死ぬと呼吸が止まり、体内の細胞には酸素が送られなくなり、エネルギーが枯渇する。すると、DNAは修復されなくなり、さまざまな損傷が蓄積しはじめる。生きている時と同様の損傷に加えて、別の形の損傷も始まるのだ。生きている細胞の重大な機能のひとつは、酵素などを別々に保存するコンパートメント（膜で区切られた細胞内の区画）を維持することだ。生きているうちは、あるコンパートメントに含まれる酵素は、DNA鎖を切断してその修復を助け、別のコンパートメントに含まれる酵素は、細胞が取り込んだ微生物のDNAを破壊している。

しかし生物が死んでエネルギーがなくなると、それらのコンパートメントの壁は崩れ、酵素が漏れ出し、手当たりしだいにDNAを分解し始める。そういうわけで、死後、数時間、あるいは数日のうちに、体内のDNA鎖はどんどん切断されて小さな断片になり、また、さまざまな損傷が蓄積していく。同時に、内臓や肺に生息していたバクテリアは、生物が死んでバリアが壊れると、際限なく増殖し始める。これらのプロセスによって、ＤＮＡに蓄積されていた遺伝情報――生きているうちは、体を形成し、維持し、機能させていた情報――はばらばらに分解され、最終的に消えてしまう。このプロセスが完了すると、生物としての存在はすっかり消え去る。ある意味、肉体の死はその時をもって完了するのである。

しかし、わたしたちの体にある何兆個もの細胞は、それぞれＤＮＡの完全体をもっているので、身体の片隅にあったＤＮＡが何らかの理由で分解を免れ、遺伝情報の痕跡として残る可能性がある。例えば、酵素がＤＮＡを分解するには水が必要とされる。ＤＮＡの分解が始まる前に水分が完全になくなれば、分解のプロセスはストップし、ＤＮＡの一部が長く残ることもある。死体が乾燥した場所に置かれてミイラ化した場合などに、これが起きる。ミイラ化は偶発的に起きることもあれば、意図的になされることもある。よく知られるように、古代エジプトでは、儀式として亡骸《なきがら》をミイラにしていた。５０００年前から１５００年前の間に数十万人の亡骸が、死後も生き続けることを祈ってミイラにされた。

ミイラにならなくても、身体の一部、たとえば骨や歯などの硬組織は、埋葬後も長く残る。硬組織の中にはところどころに微小な間隙があり、そこには細胞が入っている。骨が壊れたときには、この細胞が骨を修復する。母体が死ぬと、この細胞のＤＮＡが漏れ出し、骨のミネラル成分と結びつくことがある。そうなると酵素の攻撃から守られるので、中には死後の分解と損傷の嵐に耐えて残るＤＮＡもある。

しかしいくつかのＤＮＡが死後の大混乱を切り抜けて残ったとしても、また別のプロセスが、こちらは緩慢なペースで、引き続き遺伝情報を分解しつづける。たとえば、宇宙から絶え間なくふりそそぐ宇宙線は、ＤＮＡを変えたり壊したりする。また、ヌクレオチドのＣが脱アミノ化してＵになるようなプロセスは、水分を必要とするものの、比較的乾燥した環境でも続く。ＤＮＡは親水性が高く、乾燥した環境でも、二重らせんの溝に水が入り込むからだ。ヌクレオチドＣの脱アミノ化は、こうしたプロセスの中で最も速く進み、最終的にその鎖をばらばらにする。未だに詳細がわかっていないこれらのプロセスが、死による混乱がすぎた後もＤＮＡを徐々に破壊していくのである。そのスピードは温度や酸度などの条件によって異なるが、どれほど保存に適した環境にあったとしても、ひとりの人間の存在を可能にする遺伝情報は、ついには最後のひとかけらまで破壊されてしまうのだ。しかし、わたしたちが分析したネアンデルタール人の骨では、4万年の時を経てなお、この破壊的プロセスは完了していないようだった。

ＤＮＡを増幅するパワフルな技術「ＰＣＲ法」

マティアスは、ポリメラーゼ連鎖反応（ＰＣＲ）と呼ばれる方法でこのＤＮＡ片の複製を数多く作り、長さ61ヌクレオチドのｍｔＤＮＡ断片を回収した。今回の発見が正しいことを証明するために、彼は同じ手順で再度、ＰＣＲを行うことにした。ＰＣＲでは、合成した短いＤＮＡ片「プライマー」を用いる。プライマーはｍｔＤＮＡの2か所に結合するよう設計されている。このプライマーと骨から抽出した少量のｍｔＤＮＡ、それに、「ＤＮＡポリメラーゼ」と呼ばれる酵素を混ぜ合わせる。この混合物を熱すると、ｍｔＤＮＡの二本鎖がほどけて一本鎖になる。その後、冷えるに従って、鎖はふたたび結合しようとするが、その時に、プライマーはＡ―Ｔ、Ｇ―Ｃのルールに導かれて、符合する配列と結合する。そのプライマーを起点として、ＤＮＡポリメラーゼが新たなＤＮＡ鎖を合成していく。こうして、２本のＤＮＡ鎖から4本のＤＮＡ鎖が誕生する。このプロセスを繰り返すと、鎖は8本、16本、32本と増えていく。最終的に30回から40回、この増幅を繰り返す。

ＰＣＲ法は１９８３年に一匹狼の科学者キャリー・マリスによって開発されたシンプルかつ洗練された技術で、この上なくパワフルだ。原理的には、40回繰り返せば、たったひとつのＤＮＡ断片から約1兆個の複製を得ることができる。この技術があればこそ、わたしたちの研究は実現したのだ。マリスが１９９３年にノーベル化学賞を受賞したのは、実にふさわしいことだと思う。

もっとも、ＰＣＲ法の感受性の高さゆえに、作業は難しかった。と言うのも、古代の骨からの抽出物――古代のＤＮＡをわずかに含むか、まったく含んでいない――には、現代人のＤＮＡ分子が混入している恐れがあったからだ。用いた薬品、研究室のプラスチック容器、空気中の埃――人間のＤＮＡを運ぶ媒体はいくらでもある。実のところ、人間が暮らす部屋や仕事をする部屋にある埃の大半はヒトの皮膚の断片で、その細胞は完全なＤＮＡを含んでいるのだ。また、かつて博物館や発掘現場でその化石に触れた人のＤＮＡが混入している可能性もある。

こうした懸念があったため、ｍｔＤＮＡの最も変異の多い部分を調べることにした。現代人ではこの部分の配列は互いに異なっているため、そこを調べれば少なくともそのｍｔＤＮＡが、ひとりの人（ネアンデルタール人も含めて）のものか、それとも複数の人のものかがわかる。そうして得た配列は、人間のｍｔＤＮＡデータバンクには含まれないものだった。そういうわけでわたしたちは大喜びしたのだ。もしそれが現生人類の配列に酷似していたら、本来ネアンデルタール人のｍｔＤＮＡが現生人類のｍｔＤＮＡによく似ているのか、それとも現生人類のｍｔＤＮＡが、たとえば小さな埃に運ばれて紛れ込んだだけなのか、調べるすべはない。

人間による汚染を最小限にする

　わたしは、汚染という現象には慣れっこになっていた。なにしろ12年以上も、ホラアナグマやマンモス、地上性ナマケモノなど古代のＤＮＡの抽出と分析に携わってきたのだから。苛立たしい結果が続き（ＰＣＲ法で分析した古代動物のＤＮＡのほぼすべてに、ヒトのｍｔＤＮＡが含まれていた）、どうすれば汚染を最小限にできるだろうと、長い年月をかけて考え、工夫をこらした。その結果マティアスは、ラボの他の部分とは完全に隔離された狭いクリーンルームで、ＰＣＲにかける直前までのすべての作業を行うことになった。クリーンルームで古代人のＤＮＡやプライマーなど、ＰＣＲ法に必要な要素をすべてチューブに入れて密閉し、その後の作業は通常の実験室で進めるのだ。クリーンルームは、週に一度、すべての表面を漂白剤で洗浄する。また、埃がＤＮＡを運び込んだ場合に備えて、毎晩、室内に紫外線を照射する。マティアスを始め、クリーンルームに入る人は皆、控室で白衣とマスク、ヘアネットと無菌手袋を着用してから入る。必要な試薬と道具はすべて、クリーンルームに直接運ばれ、研究所の他の部分からは何ひとつ持ち込まない。マティアスと同僚は、毎朝クリーンルームに直行して、仕事をスタートさせる。ラボの他の場所ではさまざまなＤＮＡを分析しているので、通過するとそれらが付着する恐れがあるからだ。クリーンルームから出てラボに入った人は、その日はクリーンルームに戻ってはいけないことになっていた。控えめに言っても、わたしは汚染を異常なまでに恐れていたわけだが、そうするだけの理由があった。

　そこまで気をつけていても、マティアスが最初に行った実験では、人間のＤＮＡが混入した痕跡が見られた。彼は骨から採取したｍｔＤＮＡをＰＣＲ法で増幅させた後、そのすべて同一であるはずのｍｔＤＮＡ片を、バクテリアを用いてクローニングした。具体的には、61ヌクレオチドのｍｔＤＮＡ片を導入した運び屋《ベクター》――バクテリアから取り出したプラスミド（細胞内にあるＤＮＡ）で作成した担体――をバクテリアに取り込ませ、それを何百万個にも増殖させる。そのバクテリアのひとつひとつが、最初のバクテリアが取り込んだ61ヌクレオチドのコピーを含んでいるはずだ。マティアスはこのクローンｍｔＤＮＡの集団をシーケンシングし、二種類以上のＤＮＡ配列がないかどうかを調べた。最初の実験では、17個のｍｔＤＮＡは互いにまったく同じかほとんど同じで、２０００人以上の現代人のｍｔＤＮＡとは違っていたが、１個だけ現代人と同じ配列のｍｔＤＮＡが見つかった。汚染が起きたという明らかな証拠だ。おそらく、発見されてから１４０年の間にその骨に触れた、博物館の学芸員などに由来するものだろう。

検証のために、マティアスはＰＣＲとクローニングを繰り返した。そうして得られたのは、わたしたちを非常に喜ばせた配列のクローン10個と、現代人由来と見られるクローン２個だった。次に彼は、元の骨からもう一度、抽出を行い、ＰＣＲとクローニングを再度、繰り返した。すると、例の興味深い配列のクローン10個と、現代人のｍｔＤＮＡに似たクローン４個が得られた。ようやくわたしは満足することができた。結果は、最初の試練を切り抜けた。ＰＣＲとクローニングを繰り返す度に、同じＤＮＡ配列を確認できたのだ。

続いてマティアスは、別のプライマーを用いて、ｍｔＤＮＡの他の部分の配列を明かしていった（図１・２参照）。この実験でも、増幅された断片の配列のいくつかに、現代人のｍｔＤＮＡには見られない変異が見られた。それから数か月間、彼は13個のサイズの異なるＤＮＡ断片を、それぞれ少なくとも２回増幅した。この配列の解釈は難しかった。というのは、どのＤＮＡ分子も、さまざまな理由から――たとえば古代に起きた化学的な変化、配列のエラー、あるいは、よ

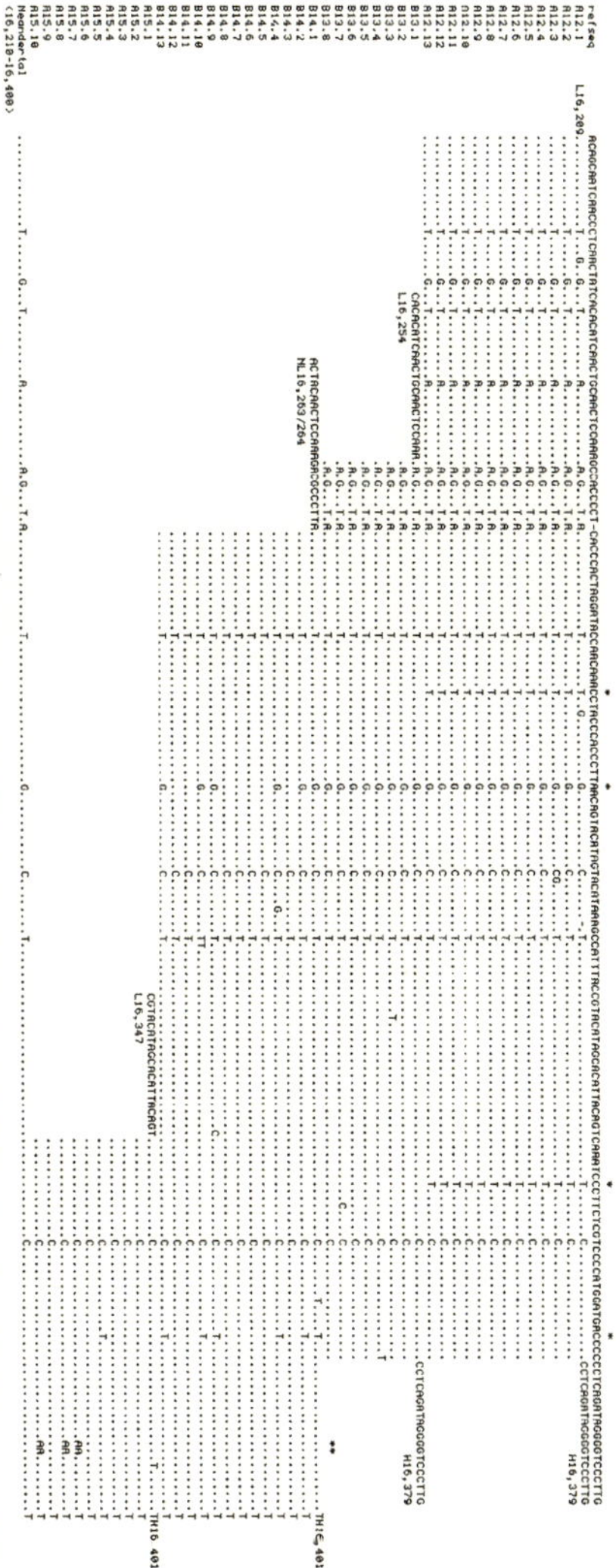

図1.2　ネアンデル谷から出土したネアンデルタール人（基準標本）のmtDNA断片の再構築。最上段は基準配列となる現代人のmtDNAの配列。その下の行にはそれぞれ、ネアンデルタール人のmtDNAから増幅したクローンDNAを示す。基準配列と一致する部分は点で示し、異なる部分は、その異なるヌクレオチドを書いた。最下部は、再構築したネアンデルタール人の配列。その構築にあたっては、基準配列との違いが多くのクローンに共通して見られること、少なくともふたつの独立したPCR法で再現されたこと、を条件とした。
マティアス・クリングスのグループ「ネアンデルタール人のDNA配列決定と、現代人の起源」（『Cell』90、19-30ページ、1997年）より

り稀だが自然な変異によって——、変異が起き得るからだ。そこでわたしたちは、古代の動物のＤＮＡで成功した戦略を再び用いた（これも図１・２参照）。それは、出てきた配列をいわゆる「コンセンサス配列（共通配列）」——調べたＤＮＡのほぼすべてに共通して見られる配列——に照合していくというものだ。また、２回以上の独立した実験においてすべての配列が一致することを求めた。なぜならＰＣＲ法は、極端な場合には１本のＤＮＡ鎖から増幅が始まる。その場合、誕生したクローンはすべて同じ配列になり、最初のＰＣＲサイクルのエラーや、元のＤＮＡ鎖に起きた変異さえ共有するからだ。もし２回のＰＣＲの結果が１か所でも違っていたら、３度目のＰＣＲを行って、どちらが再現されるかを調べた。最終的にマティアスは、１２３個のクローンＤＮＡをつなげて、３７９ヌクレオチドからなるｍｔＤＮＡの最も変異の多い部分の配列を再構築した。わたしたちが定めた基準に照らし、それが、ネアンデルタール人が生きていた時のＤＮＡ配列だと確信できた。こうしていっそう長い配列を得たことで、それを現代人に見られる変異と比較するという、興味深い研究を始めることができたのだった。

ネアンデルタール人と現生人類のｍｔＤＮＡは似ていなかった

この時点でわたしたちは、長さ３７９ヌクレオチドのネアンデルタール人のｍｔＤＮＡ配列を、世界各地から集めた現代人２０５１人のｍｔＤＮＡ配列と比較した。平均して、ネアンデルタール人と現代人では28か所に違いが見られたが、現代人同士ではわずか7か所だった。つまり、違いが4倍あるということだ。

次に、ネアンデルタール人のｍｔＤＮＡが、現代人の中でもヨーロッパ人のｍｔＤＮＡにより似ているという証拠を探した。ネアンデルタール人はヨーロッパと西アジアで進化し、暮らしたので、そのような証拠が見つかることは十分期待できたし、古生物学者の中には、今日のヨーロッパ人にはネアンデルタール人の血が流れていると考えている人もいるのだ。わたしたちはネアンデルタール人のｍｔＤＮＡを５１０人のヨーロッパ人のものと比較した。違いは平均で28か所だった。同じく、４７８人のアフリカ人、４９４人のアジア人と比べたところ、やはり違いは28か所だった。つまりネアンデルタール人のｍｔＤＮＡは、特にヨーロッパ人のｍｔＤＮＡに近いというわけではないのだ。だが、もし一部のヨーロッパ人のｍｔＤＮＡがネアンデルタール人のｍｔＤＮＡにより似ているのであれば、何らかの形でネアンデルタール人とつながっている可能性がある。それを調べたところ、私たちが持つヨーロッパ人の標本の中で、最もネアンデルタール人のｍｔＤＮＡに近いものは、23か所が異なっていた。アフリカ人では22か所、アジア人では23か所だった。要するに、ネアンデルタール人のｍｔＤＮＡは、世界中の現代人のｍｔＤＮＡと非常に異なっており、現代のヨーロッパ人のｍｔＤＮＡとの間に、特に目立った近似性は見られない、ということだ。

しかし、ただ違いを数えるだけでは、一片のＤＮＡの進化の歴史を再構築したことにはならない。ＤＮＡ配列の違いは、過去に起きた変異を示している。しかし、いくつかのタイプの変異は、ほかの変異より起こりやすく、また、配列のいくつかの場所は、他の場所より変異が起きやすい。そのような場所では、変異――特に、起きやすいタイプの変異――が2回以上起きた可能性がある。したがって、ｍｔＤＮＡ断片の歴史を再構築しようとする時には、それが変異しながら進化してきたものであり、しかもある場所では二度以上変異して、それ以前の変異が消えた可能性がある、ということを考慮する必要がある。再構築の結果は系統樹として表現され、それぞれの枝を遡れば共通の祖先に行きあたる。これらの祖先のＤＮＡ配列は、系統樹では枝の起点にあたる

（図1・3参照）。このような系統樹を再構築した結果、すべての現代人のｍｔＤＮＡは、ひとつの共通の祖先に遡ることがわかった。

この発見は、アラン・ウィルソンの1980年代の研究（注1）によって、すでに知られており、ｍｔＤＮＡについては、確かにそうなることがわかっている。なぜなら、誰しも持っているｍｔＤＮＡはすべて同じタイプで、その一部を他の人のｍｔＤＮＡ分子と交換することはできないからだ。ｍｔＤＮＡは、母親から子に受け継がれていくので、ある女性に娘がいなければ、ｍｔＤＮＡはそこで途絶える。ゆえに、世代交代する度にいくつかのｍｔＤＮＡの系統は絶える。そういうわけで、今日の全人類のｍｔＤＮＡを遡っていけば、すべてひとりの女性（「ミトコンドリア・イヴ」と呼ばれる）のｍｔＤＮＡにたどり着くはずなのだ。

そしてわたしたちが再構築したネアンデルタール人のｍｔＤＮＡを遡っていくと、ミトコンドリア・イヴには至らず、さらに古い時代の、現代人のｍｔＤＮＡとの共通の祖先に至った。実に心躍る発見だった。その事実は、再構築したのがネアンデルタール人のｍｔＤＮＡの断片だということを明確に語っていた。加えて、少なくともｍｔＤＮＡに関して、ネアンデルタール人は現代人とかなり違っていることを示していた。

次に、そのモデルを使って、ネアンデルタール人のｍｔＤＮＡと現代人のｍｔＤＮＡの共通の祖先がいつごろ存在したのかを推定した。ｍｔＤＮＡの違いの数は、両者が分かれてから何世代にわたって伝えられてきたかの指標になる。たとえばサルとハツカネズミのように非常に異なる種では、変異が起きる確率は大きく異なる。しかし、現代人とネアンデルタール人と大型類人猿のように近い種どうしでは、その確率はほぼ同じなので、ｍｔＤＮＡの違いに基づいて、ふたつのｍｔＤＮＡがいつ枝分かれしたかを推定することができる。わたしたちはｍｔＤＮＡの変異が起きる速さを計るモデルを用いて、すべての現代人の共通の祖先、つまりミトコンドリア・イヴが生きていた時代を、20万年から10万年前と見積もった。これは、アラン・ウィルソンのグループの見解と同じである。ネアンデルタール人と現代人の共通の祖先については、50万年前という数字が出た。つまり彼女はミトコンドリア・イヴよりも３〜４倍古い時代の女性なのだ。

再現実験を依頼するが、謎が立ちはだかる

これは、驚くべき結果だった。この結果により、回収したのが確かにネアンデルタール人のｍｔＤＮＡであり、それは現代人のものとはかなり違うということをついに確信することができた。だがこの発見を論文で発表するにはもうひとつハードルを越えなければならず、それには、実験を再現できる、他の研究室を見つける必要があった。そのラボは、３７９ヌクレオチドの配列をすべて決定する必要はないが、現代人のｍｔＤＮＡと異なる変異をもつ領域を、少なくともひとつ回収できなければならない。それができて初めて、わたしたちが決定したＤＮＡ配列は、実際にネアンデルタール人の骨の中に存在し、研究室に漂う得体の知れないものの配列ではないということが証明されるのだ。だが誰に頼めばいいだろう。これはデリケートな問題だった。

世間の注目を集めるにちがいないこのプロジェクトへの参加を望むラボは多いはずだが、わたしたちに並ぶほど懸命に汚染を防ぎ、古代のＤＮＡならではの諸問題に真剣に取り組むのでなければ、しかるべき配列を抽出し増幅することはできないだろう。そうなると、こちらが出した結果は再現不可能と見なされ、論文も出せなくなる。こちらが期待するほどの時間と労力を注ぐ人はいないとわかっていたが、最終的にペンシルヴァニア州立大学の集団遺伝学者マーク・ストーンキングのラボに決めた。マークはカリフォルニア大学バークレー校のアラン・ウィルソンの研

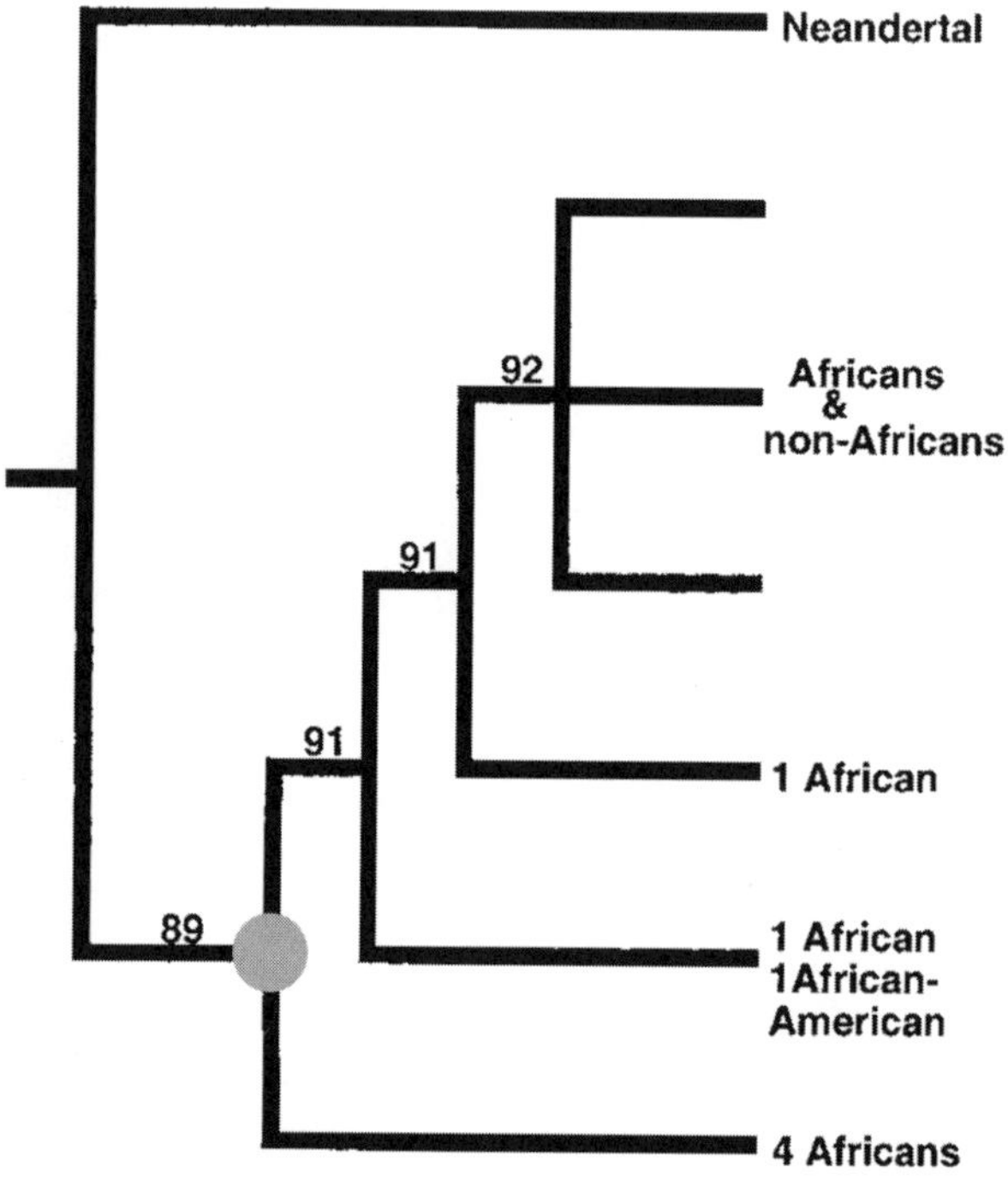

図1.3　現代人のmtDNAが共通の祖先（ミトコンドリア・イヴ：●で示す）のmtDNAに遡る様子を示した系統樹。ミトコンドリア・イヴは、現生人類のmtDNAがネアンデルタール人のmtDNAと分岐した後に生まれた。分岐した順番は、ヌクレオチドの違いから推定した。数字は枝分かれの順番が実際のデータから、どのくらい強く支持されているかをパーセントで示す。
マティアス・クリングスのグループ「ネアンデルタール人のＤＮＡ配列決定と、現代人の起源」（『Cell』90、19-30ページ、1997年）より

究室で博士課程からポスドクまでを過ごした。わたしがポスドクとして同校に所属していた１９８０年代後半以来の付き合いだ。ミトコンドリア・イヴの発見を支えたひとりで、アフリカ単一起源説――現代人の祖先は20万年から10万年前にアフリカで誕生し、世界中に広がり、ネアンデルタール人などの旧人と交配することなく、取って代わったという説――の立役者のひとりでもある。わたしは彼の判断力と誠実さに敬意を抱いており、また、気取りのない人物だということも知っていた。さらに彼のラボにいる大学院生、アン・ストーンは１９９２年からの１年間、わたしたちの研究室で過ごした。野心あふれる真面目な科学者で、アメリカ先住民の骨からｍｔＤＮＡを回収する作業に関わったので、その技術に通じている。成果を再現できる人がいるとしたら、彼女をおいて他にいないだろう。

マークに連絡を取った。思ったとおり、彼とアンは喜んで引き受けてくれた。そこでラルフからもらった骨の最後のかけらのひとつを、マークの元へ送り、ｍｔＤＮＡのどの部分を増幅してほしいかを伝えた。わたしたちが得た配列と一致する配列を増幅する確率を高めるためだ。しかし、プライマーや試薬は一切送らなかった。送ったのは、ボンから届いて以来ずっと密閉式のチューブで保存していた骨のかけらだけだ。こちらで起きた汚染が向こうに持ち込まれるのを、極力防ぐためだ。また、ネアンデルタール人のｍｔＤＮＡのどこが特徴的かということは知らせなかった。彼らを信頼しないからではなく、この再現実験においては無意識のバイアスも避けるよう最善を尽くしたと、胸を張って言いたかったからだ。要するにアンは、期待される結果を知らないまま、プライマーの作成はもとより、すべての作業を独自に行わなければならないのだ。骨をフェデックスで送り、後はひたすら待った。

一般に、こうした実験には予想以上の時間がかかる。遅延の原因はいくつもある――プライマーが約束の時間までに届かなかった、汚染を調べる試薬に現代人のＤＮＡが混入していた、重要なサンプルのシーケンシングをするその日に技術者が病気になった等々。永遠とも思えるほど長く待った末にようやく電話がかかってきた。しかし、アンの声は暗く、うまくいっていないことがすぐにわかった。彼女は標的とする領域のｍｔＤＮＡを増幅し、その15個をクローニングしたが、すべて現代人のもの、つまりわたしやアンのｍｔＤＮＡのように見えたという。完全な失敗だ。どういうことだろう？　わたしたちは混入したｍｔＤＮＡを増幅していたのだろうか？　そうとは思いたくなかった。もしもそれがよくわからない動物のものなら、あれほど人間のｍｔＤＮＡに似ているはずはないし、また、現代人のｍｔＤＮＡとの違いは、通常の個体差の4倍にもなるのだから、それが人間のｍｔＤＮＡであるはずもなかった。また、わたしたちが得た配列が、古代のＤＮＡに何らかの化学的変化が起きた結果だという可能性はあったが、もしそうなら、その配列は、同様の変化が起きた現生人類のｍｔＤＮＡ配列に似ているはずだった。しかし、あの配列は、むしろ遠い昔に人間の系統から枝分かれしたもののように見えた。なぜアンはこちらと同じ配列を発見できなかったのだろう？　唯一納得できる説明は、汚染が多かったということだ。混入したＤＮＡが多すぎて、ごくわずかなネアンデルタール人のＤＮＡを圧倒したのではないだろうか。どうすればいいだろう。ラルフのところに行って、次はきっとうまくいくからと、貴重な化石をもうひとかけら、ねだることなどできるはずもなかった。

たとえアンの実験に混入したＤＮＡが多かったとしても、骨片から得た数千個のｍｔＤＮＡを配列決定すれば、その中には、わたしたちが再現したｍｔＤＮＡに似た配列があったはずだ。とは言え、こちらでＰＣＲにかけた抽出物にネアンデルタール人のｍｔＤＮＡがいくつ含まれているかを調べたところ、その数はわずか50だった。一方、埃などの混入物には、数万から数十万の別もののｍｔＤＮＡ分子が含まれている。したがって、その中からネアンデルタール人のｍｔＤＮＡを見つけるのは至難のわざなのだ。

再現実験成功の朗報が届く

この謎について長く議論した。マティアスとだけでなく、古代のＤＮＡ研究に従事するサブグループとの毎週の会議でも議論した。研究生活を通じて、ラボの科学者たちとの議論は常に有益だった。実のところ、これまで成し遂げた成功のどれにとっても、そのような議論は、非常に重要な役割を果たした。その場では、ひとりで研究に打ち込んでいるだけでは生まれてこないアイデアがいくつも生まれた。さらに、第三者的な立場にいる人は、現実をありのままに見ることができる。そのプロジェクトに夢中になっているわけでもなく、またその結果に自分の未来がかかっているわけでもないからだ。こうした議論の場でのわたしの役目は、司会をし、見込みのあるアイデアを選ぶことだけだった。

今回も議論は実を結び、ひとつの計画を立てることができた。それは、現代人のＤＮＡ配列に符合するプライマーではなく、ネアンデルタール人のそれに符合するプライマーをアンに作らせる、というものだ。そのようなプライマーなら、現代人のｍｔＤＮＡの増幅を引き起こす可能性はきわめて低く、ネアンデルタール人のｍｔＤＮＡの増幅を導くはずだ。この計画について徹底的に議論した。重要なポイントは、アンがこちらの情報を用いてプライマーを作っても、独自に結果を再現したと見なされるかどうかである。もちろん倫理的には、アンが何の予備知識もなく同じ配列に行き着いてくれるほうが望ましい。だが、彼女にネアンデルタール人仕様のプライマーを合成させたとしても、それが結合する配列の位置と数を教えなければいいのではないか。それでも彼女が、こちらのものと同じ配列を見いだすことができれば、そのｍｔＤＮＡは確かにネアンデルタール人の骨に由来するものだと言える。多くの議論を重ね、これが前進するための最善策だという結論に至った。

必要な情報をアンに伝えた。彼女は、新しいプライマーを作り、わたしたちは結果を待った。以前、アンは、クリスマス休暇には、故郷の北カリフォルニアに戻って両親と過ごす予定だと言っていたが、すでに12月半ばだった。帰省をキャンセルしてほしかったが、とてもそんなことは言えなかった。だが2週間後、彼女から電話があった。休暇を返上して、新たに得た5つの配列を解析してくれたのだ。そのすべてに、こちらの配列と同じく、現代人にはまれな2か所のヌクレオチドの置換が見られたと言う。皆、大いにほっとした。グループの全員がクリスマス休暇を取るべきだとわたしは思った。ボンのラルフに電話をかけて、この朗報を伝えた。そして、ミュンヘンにいた頃よくしたように、野生生物学者数人とともに、オーストリア国境のアルプスの人里離れた渓谷にスキーに行って、新年を祝った。しかし今回は、素晴らしい眺めの谷を滑りながらも、頭の中は、史上初のネアンデルタール人のＤＮＡ配列を説明する論文のことでいっぱいだった。これから書こうとしているものは、周囲の急峻な雪景色よりさらに壮大なものになると思えた。

ｍｔＤＮＡには交配の証拠はないが、可能性は否定できない

クリスマス休暇が終わると、マティアスと研究室で再会し、腰を落ち着けて論文に着手した。最大の問題はそれをどこに送るかということだ。イギリスの『ネイチャー』誌とアメリカの『サイエンス』誌は科学界で最も威信があり、一般のメディアでもよく取り上げられるので、どちら

を選んでも当然の選択と言えるだろう。しかし両誌はともに原稿の長さに厳しい規定があり、一方、わたしは行ってきたことのすべてを詳しく説明したいと考えていた。それは手中にあるゲノムが本物だということを世界に納得させるためだけでなく、苦労の末にたどりついた古代人のＤＮＡを抽出し分析する方法を、普及させるためでもあった。加えてわたしは、両誌にいささか失望を感じていた。両誌はこれまで、古代のＤＮＡに関する華々しい成果を掲載してきたが、それらの論文は、わたしたちから見れば当然満たすべき科学的基準を満たしていなかったのだ。両誌は、その論文が堅牢で支持できるかということより、それを掲載したら『ニューヨークタイムズ』紙や他のメディアで大々的に報じられるかということに興味があるらしかった。

こうしたことについて、ロンドンの王立癌研究所に所属するスウェーデン生まれの科学者トマス・リンダルと議論した。トマスはＤＮＡ損傷の専門家で、話し方は穏やかだが、自分が正しいと思う時には、決して口をつぐんだりはしない。１９８５年に６週間ほど、彼のラボで古代のＤＮＡの損傷について学んで以来、わたしにとって彼はメンターのような存在だった。彼は、『セル』誌がいいと言った。分子・細胞生物学を専門にする、評価が高く影響力のある科学雑誌だ。それに掲載されれば、古代人のＤＮＡの解読は堅牢な分子生物学の研究であって、派手なだけの空虚な研究ではないということを、科学界に示せるだろう。しかも『セル』は長い論文も受け入れてくれる。トマスは同誌の著名な編集長であるベンジャミン・レヴィンに電話をかけ、興味があるかと尋ねた。わたしたちの論文は、『セル』の通常の守備範囲から外れていると考えてのことだ。レヴィンは、こちらへ送りなさい、そうすれば査読にまわすから、と言った。すばらしい知らせだ。ページ数を気にせず、実験のすべてを説明し、これが本物のネアンデルタール人のＤＮＡだと確信する理由を一切合財、述べることができるのだ。

今でもわたしはそれを、自分が書いた中で最良の論文のひとつと見なしている。その論文ではまずネアンデルタール人のｍｔＤＮＡ配列を再構築するまでの苦しい道のりについて語り、それが本物だという根拠を示した。さらに、その配列が現代人のｍｔＤＮＡのバリエーションの範囲に収まらないので、ネアンデルタール人は現代人にｍｔＤＮＡを寄与していない、というわたしたちの結論について詳しく述べた。この結論は、アラン・ウィルソンやマーク・ストーンキングらが提唱したアフリカ単一起源説と矛盾しない。論文にはこう書いた。「このネアンデルタール人のｍｔＤＮＡ配列は、現代人が独立した種として最近アフリカで誕生し、ネアンデルタール人とほとんど、あるいはまったく交配することなく取って代わった、というシナリオを裏づける」

またその論文には思いつく限りの補足説明を書いた。特に、ｍｔＤＮＡによって見ることができるのは、種の遺伝的歴史の一面にすぎないということを強調した。ｍｔＤＮＡは母親を介して子孫に伝えられるので、母系の歴史しか語らない。そのためネアンデルタール人が現生人類と交配したとしても、両グループ間で女性の交換が起きなければ、その証拠は残らない。そして実のところ、そのような交換が起きる可能性は低い。近年の人間の歴史において、社会的地位の異なる集団が出会って交流すると、たいていは性的に交わり、子どもをもうける。だが、一般にそこには地位による偏りが見られる。支配的な集団の男と、支配される集団の女が交わり、生まれた子どもは母方の集団に残されるのだ。もちろん、3万5000年ほど前に現生人類がヨーロッパでネアンデルタール人と出会ったときに、そのパターンが起きたかどうかはわからない。現生人類の方が支配的であったかどうかもわからないのだ。はっきりしているのは、女系の遺伝だけ調べても、事実の半分しかわからないということだけである。

ｍｔＤＮＡのさらに重大な限界は、それが受け継がれる方法にある。先に述べたように、個体のｍｔＤＮＡは、別の個体のｍｔＤＮＡと断片を交換しない。また、ある女性に息子しか生まれなかった場合、彼女のｍｔＤＮＡは消滅する。つまりｍｔＤＮＡが受け継がれるかどうかは運まかせなので、３万５０００年前から３万年前のいずれかの時点で、いくつかのｍｔＤＮＡがネアンデルタール人からヨーロッパの現生人類に受け継がれたとしても、おそらくは消滅したはずだ。しかし、核ＤＮＡ（細胞核の染色体）にそのような限界はない。それらはどの個体においても、母親由来と父親由来のものが2本1組で存在する。そして、精子と卵子が形成されるときに、2本の染色体は複雑な動きをしながら分裂し、その過程で遺伝情報を互いに交換する。そのため、ある個体の核ＤＮＡを調べれば、母集団の遺伝の歴史について、異なる情報を数多く得ることができる。加えて、その一部でネアンデルタール人に起因する変異が失われたとしても、他の部分にそれは残っているはずだ。そういうわけで、核ＤＮＡを調べれば、それほど運に左右されずに、人類の歴史の全体像をつかむことができる。以上の理由から「ネアンデルタール人が、現生人類に遺伝子を寄与した可能性は否定できない」と結論づけた。とは言え、手中にある証拠から、アフリカ単一起源説を断固として支持した。

メディアの狂騒にさらされる

論文は査読され、わずかな修正が求められたものの、掲載が認められた。一流科学誌の常で、『セル』誌の編集者は、7月11日号が(注2)刊行されるまで、その内容を口外しないことを求めた。『セル』はプレスリリースの準備を整え、わたしは刊行当日に開かれる記者会見に出るために、ロンドンへ飛んだ。記者会見に出るのもメディアの注目の的になるのも初めてだったが、自分でも驚いたことに、わたしは嬉々として研究の概要を語り、今回得られた結果とその限界について懸命に説明した。それは人類学分野で10年以上続いていた論争に関わるものだったので、説明は容易ではなかった。

その論争は、アラン・ウィルソン率いるグループがアフリカ単一起源説を提唱したことに始まる。ウィルソンらは、主に現代人のｍｔＤＮＡの変異のパターンに基づいて、その説を組み立てた。けれども、その仮説は、古生物学会の嘲笑と敵意に迎えられた。と言うのも、当時、古生物学者の大半は、多地域進化説を信じていたからだ。それは、現生人類はいくつかの大陸で別々にホモ・エレクトスから進化したというものだ。人種の違いの歴史は古いと彼らは考える。たとえばヨーロッパ人の祖先はネアンデルタール人と初期のヨーロッパにいたホミニン（ヒト族）であり、アジア人の祖先は北京原人に遡るアジアにいた古代の人類だと見ていたのだ。

しかし現代では、ロンドンの自然史博物館のクリス・ストリンガーを始め、ますます多くの高名な古生物学者が、化石記録と考古学的証拠から、アフリカ単一起源説を支持するようになっている。『セル』は記者会見の場にストリンガーを招いていた。彼は、ネアンデルタール人のＤＮＡを回収できたことは、古生物学にとって、宇宙開発にとっての月面着陸に比肩する偉業だとほめたたえてくれた。称賛の言葉はうれしかったが、それほど意外ではなかった。むしろ「もう一方」、つまり多地域進化説の支持者が、わたしたちの研究の少なくとも技術面を評価してくれたことの方が、もっとうれしかった。中でも、最も攻撃的な、ミシガン大学のミルフォード・ウォルポフが、『サイエンス』の論評で、「もしもこれができる研究者がいるとすれば、それはスヴァンテだろう」と述べたことは、とりわけうれしかった。

何より世間の注目度の高さに驚いた。このニュースは、世界各国の主要紙の第1面で、ラジオで、そしてテレビのニュースで報道された。論文発表後の1週間は、連日マスコミからの電話の応対に追われた。わたしが古代人のＤＮＡの研究を始めたのは１９８４年のことで、以来、徐々に、原理的にはネアンデルタール人のＤＮＡを回収できるはずだと考えるようになっていった。そしてマティアスから電話がかかり、シーケンサーから出てきた配列のひとつが、人間のもののようには見えないと知らされてから９か月がたっていた。ゆえにわたしは今回の結果にはもう慣れていたし、世界の多くの人と違って驚愕したわけでもなかった。そしてメディアの狂騒が落ち着くと、客観的に状況を見直す必要を感じた。この発見にいたるまでの長い年月をふりかえり、次にどこへ行くかを考えたくなったのだ。

第2章　ミイラのDNAからすべてがはじまった

1981年、医学生だったわたしは昔からの憧れのエジプト学と分子生物学の合体を思いつく。ミイラのDNA抽出を実験し、当代一の学者の目に留まった

そもそものきっかけはネアンデルタール人ではなく、古代エジプトのミイラだった。13歳のときに母に連れられてエジプトを訪れてからというもの、古代の歴史に夢中になった。しかし母国スウェーデンのウプサラ大学でこの分野を真剣に研究しはじめると、次第に、ファラオやピラミッドやミイラへの熱は、若者ならではの現実離れした夢想だったことがわかってきた。それでもエジプト学の分野でなすべきことはした。ヒエログリフと歴史的事実を覚え、2年続けて夏休みには、ストックホルムの地中海博物館で陶片などの目録作りに励んだ。もしスウェーデンでエジプト学者になっていたなら、おそらくそこが職場になっただろう。しかし、周囲を見回せば、2年目の夏も、最初の夏と同じ人がほぼ同じことをしていた。同じ時間に同じレストランに行き、同じメニューを頼み、同じエジプト学の謎と学会の噂話をしていたのだ。結局、エジプト学はあまりにも歩みが遅く、自分の好みに合わないことをわたしは悟った。それは、長年、思い描いて

きたような学問ではなかった。わたしが望んでいたのはもっとわくわくする、周囲の世界とより結びついた学問だった。

エジプト学に幻滅したせいで、ちょっとした精神的危機に陥った。そこから脱するため、また、医学博士でのちに生化学者となった父の影響もあって、医学の研究者を目指すことにした。ウプサラ大学の医学部に入り、数年後には患者を診るようになったが、自分でも驚いたことに臨床は楽しかった。臨床医というのは、さまざまな人に会えるだけでなく、相手の人生を好転させることができる、数少ない職業のひとつだと思えた。自分に人づきあいの才能があるというのは意外だったが、４年間の医学の勉強を終えると、またしても小さな危機に陥った。臨床医になるべきか、それとも当初の計画通り基礎研究に進むべきだろうかと悩んだのだ。結局、後者を選んだが、そうしたのは、博士号を取得してから病院に戻ればいい、おそらくそうなる、と考えたからだ。そして当時ウプサラ大学で最も活気に満ちていたパー・ペッテションの研究室に入った。ほどなく彼のグループは、他に先駆けて、重要な移植抗原——免疫細胞の表面に存在し、ウイルスやバクテリア由来のタンパク質の認識を助ける分子——のアミノ酸配列をクローニングした。ペッテションの研究室は、臨床診察の向上につながる生物学的研究をいくつも行ってきただけでなく、当時の最新技術であった、ＤＮＡをバクテリアの細胞に挿入して増幅するクローニングを実践していた。

ペッテションは、アデノウイルス（下痢や風邪に似た不快な症状を引き起こすウイルス）によってコード化されたタンパク質を研究するグループに加わらないかと誘ってくれた。このウイルス性タンパク質は、細胞内で移植抗原と結合した後、細胞表面に出て免疫システムを活性化し、感染細胞を殺させる、と考えられていた。しかし、わたしたちが３年にわたって研究したところ、その見方が完全な間違いであることがわかった。このウイルス性タンパク質は免疫システムのターゲットになるどころか、細胞内で移植抗原と結合した後、それらが細胞表面に出るのを防いでいたのだ。ゆえに、免疫システムはその細胞が感染していることを認識できない。要するに、このタンパク質は、アデノウイルスの存在を隠していたのである。実のところ、このタンパク質に感染した細胞の中には、長期間、場合によっては感染者が生きている限り、アデノウイルスが生き続けるようなものもある。ウイルスがこのようにして宿主の免疫システムを無力化するというのは、驚くべき発見であり、その研究は主要な科学雑誌に掲載され、注目を集めた。その後、ほかのウイルスも同じようなメカニズムで免疫システムの攻撃を逃れていることがわかった。

わたしにとっては初めて経験する最先端科学で、心沸きたつような経験だった。その一方で、この研究を通じて、科学の進歩にはしばしば、自分や同僚の見解が正しくないことを認める苦しい過程と、親しい仲間と世界全体に新たな見解を認めてもらうためのさらに長く苦しい過程が伴うことを学んだ。初めての経験だったが、それが最後ではなかった。

エジプト学と分子生物学を結びつける

けれども、生物学の興奮の最中《さなか》にありながら、どういうわけか古代エジプトへの憧れを捨てることができなかった。暇さえあればエジプト学研究の講義を聴きに行っていたし、かつてのエジプトの言葉でキリスト教時代にも使われていたコプト語の授業にもずっと出ていた。陽気なフィンランド人のエジプト学者で、社会、政治、文化を超えて広く友人を持つロスティスラフ・ホルトエル、通称ロスティと親しくなった。70年代後半から80年代前半にかけて、ウプサラの彼の家を何度も訪れ、ゆっくり夕食をともにし、語りあった。よく彼に、「エジプト学は好きだが、将来性が感じられない。同じくらい好きな分子生物学には人類をより幸せにする無限の可能性がある」と語った。等しく魅力的なふたつの道を前にして、心が引き裂かれるようだった。どちらを選んでも良い選択なので、同情してもらえるはずもなかったが、それだけに辛《つら》い悩みだった。

しかしロスティはしんぼう強くつきあってくれた。わたしは彼に、分子生物学の最前線について語った――今ではどんな有機体（菌類、ウイルス、植物、動物、人間）からでもＤＮＡを抽出できるようになった。それを運び屋《ベクター》につなげてバクテリアに導入すれば、数百、数千のコピーを作ることも可能だ。それから、その外来ＤＮＡの４つのヌクレオチドの配列を決定し、ふたつの個体、あるいはふたつの種のＤＮＡ配列の違いを調べる。ふたつの配列が似ていれば、つまり、違いが少なければ、それだけ両者は密接な関係にある。実際のところ、共有される変異の数から、それらが共通の祖先からいかにして進化してきたかを推測できるだけでなく、共通の祖先がいつ頃生きていたかということもわかるのだ。たとえば、１９８１年にイギリスの分子生物学者アレック・ジェフリーズは、人間と類人猿の血中の赤い色素のタンパク質をコード化する遺伝子のＤＮＡ配列を分析し、それらが人間と類人猿において別々に進化しはじめた時期を推定した。「じきに様々な種について、同じようなことができるようになるだろう」とわたしは言った。「そうすれば、異なる種が、過去においてどのようにつながっていたかがわかるし、形態や化石を調べるより、はるかに正確な情報が得られるはずだ」

ロスティにこのような話をするうちに、心の中に、ひとつの疑問が湧きあがってきた。こうしてＤＮＡを調べることができるのは、生きている人間や動物だけだろうか？　エジプトのミイラはどうだろう？　ミイラの中に、ＤＮＡ分子は残っているだろうか？　もし残っていたとして、それらを運び屋《ベクター》と連結させて、バクテリアのなかでコピーを作ることができるだろうか？　古代のDNA配列を調べて、古代エジプト人の互いとの関係や現代人との関係を明らかにすることは可能だろうか?

もしそれができれば、伝統的なエジプト学では解明できなかった謎を解くことができる。たとえば、現在のエジプト人は5000年から2000年前のファラオが統治していた時代のエジプト人とつながりがあるだろうか? 紀元前4世紀のアレクサンドロス大王の征服や、紀元7世紀のアラビア人による征服といった政治上・文化上の大きな変化は、人口の大規模な入れ替わりを引き起こしただろうか? そうではなく、元々住んでいた人々が、新たな言語や宗教、生活様式を受け入れただけのことだったのか? つまり、現在のエジプト人はピラミッドを造った人々の子孫なのか、それとも、侵入者との入れ替わりや混血が何度も起きたせいで、昔のエジプト人とはまったく違う人々になったのだろうか? 実にわくわくするような謎であり、同じような疑問を抱いた人はすでにいたはずだった。

子牛のレバーのミイラを作ってみる

大学の図書館で学会誌や文献を調べてみたが、古代の標本からDNAを分離したという報告を見つけることはできなかった。試みた人もいないようだ。いたかもしれないが、成功はしなかったらしい。もしうまくいったのなら、論文として発表したはずだから。ペッテションのラボの、経験豊かな大学院生やポスドクに聞いてみた。「DNAは非常に繊細だから、何千年も残っているはずはないじゃないか」とだれもが口をそろえて言った。がっかりしたが、あきらめる気にはなれなかった。いくばくかの希望はあった。と言うのも、博物館に保存されていた100年前の動物の皮からタンパク質を検出したという論文を見つけたからだ。そのタンパク質は、抗体によって検出されたのだった。また、顕微鏡によって、古代エジプトのミイラの細胞の輪郭をとらえたという報告も載せられていた。つまり、何かは、少なくとも時々は、残っているらしいのだ。わたしは、二、三、実験してみることにした。

最初の疑問は、死後の細胞の中でDNAが長く残ることは可能かということだ。古代エジプトで防腐処理をされたミイラのように、組織が乾燥しきった場合、DNAを分解する酵素が働かないので、DNAが長く残る可能性がある。本当にそうなるかどうか、調べてみることにした。1981年の夏、研究室にあまり人がいない時を見計らって、スーパーへ行って子牛のレバーを貰ってきた。そして真新しい実験ノートの最初のページに、そのレシートを貼りつけた。ノートには、自分の名前以外、何も書かなかった。この実験のことはできるだけ秘密にしておきたかったからだ。ペッテションにばれたら、今、きみがやるべきなのは免疫システムの分子の働きを追うことだ、そんなことをしている暇はない、と阻止されるかもしれない。いずれにせよ、失敗した時にラボの仲間にばかにされないよう、すべてを秘密にしておきたかったのだ。

研究室のオーヴンを50℃に熱し、子牛のレバーのミイラ作りをスタートさせた。だが間もなく、秘密裏に進めるという計画は頓挫した。ラボの面々が臭い臭いと騒ぎ出したので、だれかにレバーが見つかり、捨てられる前に、事情を明かさなければならなくなったのだ。幸い、乾燥が進むにしたがって臭《にお》いはやわらぎ、臭いも苦情も、教授のところまで届かずにすんだ。

2、3日たつとレバーは乾燥して硬くなり、黒褐色になった。まさにエジプトのミイラの皮膚のようだった。DNAの抽出を試したところ、難なく成功した。もっとも、新鮮な組織なら数千対のヌクレオチドが抽出できるが、このレバーからは数百対しか抽出できなかった。それでも量としては十分だった。わたしの読みはあたっていたのだ。死んだ組織のなかでも――少なくとも数日から数週間は――DNAが残存すると考えるのは、かならずしもばかげたことではなかった。だが、数千年となるとどうだろう？　次にやるべきことは当然ながら、エジプトのミイラからのDNA抽出だ。ロスティとの友情が役立つ時が来た。

本物のミイラの組織に挑む

ロスティは、エジプト学か、分子生物学かというわたしの悩みをさんざん聞かされていたので、エジプト学を分子生物学で追究するというわたしの計画に賛成した。彼が学芸員を務める、大学付属の小さな博物館にはミイラが何体かあるそうで、そこからサンプルを採ることを許可してくれた。もちろん、その腹を裂いて肝臓《レバー》を取り出そうというわけではない。すでにミイラがむき出しになっていて、どこか破損しているようなら、そこから少々の皮膚と筋肉組織を採ってもいい、と言われたのだ。そのようなミイラは3体あった。3000年以上前に生きていた人間の皮膚と筋肉であったものにメスを入れたとたん、その組織の手触りがオーヴンで焼いた子牛のレバーとは違うことに気づいた。子牛のレバーは硬く、スライスしにくかったが、ミイラの組織はもろく、切ろうとするとぼろぼろと崩れて茶色い粉になった。

それでもわたしは、子牛のレバーと同じ手順でことを進めた。レバーからの抽出物は水のように透明だったが、ミイラからのそれは、本体と同じく茶褐色をしていた。DNAが含まれていれば紫外線照射でピンクの蛍光色を発する染料を添加し、ゲルに入れて電気泳動にかけてみたが、相変わらず茶色のままだった。実のところそれは蛍光色を発していたのだが、その色はピンクではなく青だった。残り2体のミイラでも同じようにしてみたが、DNAの存在は確認できなかった。見えたのは、何だかわからない茶色の物質だけだ。研究室の仲間のほうが正しかったらしい。

生きた細胞の中にあってさえ、常に修復されていないと分解してしまうDNAが、3000年も生き延びられるはずがないではないか。

わたしは秘密の実験ノートを机の引き出しの底にしまい込み、免疫システムを小さなタンパク質で巧みにだますウイルスの研究に戻ることにした。しかし心の中には、依然としてミイラが居座っており、さまざまな考えが浮かんできた——顕微鏡で、ミイラの細胞の残骸のようなものを見たという、あの報告は本当だろうか？　おそらくあの茶褐色のものは、実際にはDNAなのだが、化学的に変化したせいで茶色に見え、紫外線をあてると青い蛍光色になるのだろう。また、どのミイラにもDNAが残っていると考えるのはあまりに浅はかだ。DNAを見つけるには、多くのミイラを分析する必要があるだろう。それには博物館の学芸員を説得して、そのうちのひとつに古代のDNAが残っているかもしれないというはかない期待のもと、多くのミイラのかけらを犠牲として捧げてもらわなければならない。だが、どうすればそんな許可が得られるだろう。

ともあれ、多くのミイラを、できるだけ破壊することなく、迅速に調べる方法が必要だ——ここで医学の知識が役に立った。組織の非常に小さな断片、たとえば、疑わしい腫瘍から生検用のニードル（針）で採った組織くらいの小さな断片なら、スライドグラスに固定し、染色して顕微鏡で調べることができるのではないか。そのくらいの断片でも、かなり詳しいことがわかる。生検では、訓練を積んだ病理学者なら、腸の内壁や前立腺、あるいは乳腺の、通常の細胞と腫瘍になりかけた細胞を見分けることができるのだ。また、DNAを染める染料をスライドグラスに垂らせば、DNAがあるかどうかがわかる。つまりわたしは、多くのミイラから小さなサンプルを集め、それらを顕微鏡とDNA染色によって分析すればよいのだ。当然ながら、ミイラがたくさんあるのは大きな博物館だ。しかし、興奮気味に雲をつかむような話をするスウェーデン人学生に、学芸員がほんのわずかでもミイラのかけらを切り取らせてくれるとは思えなかった。

　またしてもロスティが助けてくれた。数多くのミイラを収蔵し、協力してくれそうな大規模な博物館が存在することを教えてくれたのだ。当時のドイツ民主共和国の首都、東ベルリンの、ベルリン美術館に所属するボーデ博物館である。以前、東ドイツで教授職にあったロスティは、古代エジプトの陶器を調べるために、そこで何週間も過ごしたことがあった。彼が東ドイツにいた当時、スウェーデンは資本主義と社会主義のあいだで第三の道を模索していた。そのおかげで博物館での調査を許可してもらえたのだろう。心暖かな彼は国境を越えた友情を育み、学芸員の何人かと親しい友人になった。そういうわけで、1983年の夏、わたしはスウェーデン南部からフェリーに乗りこみ、まだ共産圏だった東ドイツに向かった。

　ベルリンでは2週間を過ごした。ボーデ博物館はベルリン中心部のシュプレー川の島にある。毎朝、いくつものセキュリティチェックを経て、その収蔵庫に通った。戦後40年近くたつというのに、博物館には生々しい戦争の傷跡が残っていた。正面の窓の周囲にはベルリン陥落時にソ連軍の銃弾が貫いた無数の穴があった。初日に、古代エジプトの展示部門に案内された時には、建設作業員がかぶるようなヘルメットを手渡された。理由はすぐわかった。ホールの屋根には大砲や爆撃機による大きな穴が開いていて、そこから鳥が出入りしていたのだ。ファラオの石棺に巣をかけている鳥もいた。賢明にも、耐久性のないものは他の場所で保管されていた。

　2日目以降は、エジプトの遺物を担当する学芸員が、収蔵するミイラを見せてくれた。わたしは毎日、午前の数時間、彼の埃っぽい古びたオフィスで、破損しているミイラから小さな組織片を切り取った。そして昼になると、またいくつものセキュリティチェックを経て、川向こうのレストランへ行き、脂っこい料理をビールやシュナップスで流し込んだ。午後、収蔵庫に戻ると、さらにシュナップスを飲みながら、学芸員と語りあってすごした。外国への旅行は原則禁止なので、レニングラードしか行ったことがないと、彼は言った。資本主義の西洋を訪ねたい、チャンスがあれば亡命したい、と思っているようだ。西側での仕事がどんなものか、概要を伝えようと——失礼にならないよう気をつけながら——、あちらでは、勤務中に酒を飲んだらクビになりますよ、と告げた。社会主義の国では思いもよらないことだろう。そんな興ざめなことを聞かされても、彼の西側への憧れはいっこうに醒めなかった。資本主義社会にはさまざまな機会があると考えているのだ。何時間もそんな話をしてすごしたが、結局わたしは30以上のサンプルをスウェーデンに持ち帰ることができた。

秘密の実験で、ミイラのＤＮＡを抽出

ウプサラ大学に戻ると、顕微鏡で見る準備を整えた。もっとも、周囲の人に知られないよう、作業は週末と深夜に行った。乾燥しきったサンプルを塩類溶液で水和し、スライドグラスに載せ、細胞を染める染料を垂らした。だが、顕微鏡をのぞいてみて、がっかりした。筋肉から採ったサンプルでは、筋繊維さえ見分けがつかず、ましてや細胞核の痕跡は皆無だった。毎日、失望の連続で、わたしはあきらめかけていたが、それはある晩、外耳から採った軟骨組織を見るまでのことだった。骨と同じく軟骨の細胞は「骨小腔」と呼ばれる小さな穴に入っている。その軟骨組織の骨小腔の中に、細胞の残骸らしきものが見えたのだ。サンプルに染料を垂らし、手の震えを抑えつつ、スライドを顕微鏡の下にセットした。見てみると確かに、細胞の残骸の中に染まった部分があった（図２・１参照）。ＤＮＡが残っているらしい！

体の中からエネルギーが湧きあがるのを感じながら、ベルリンから持ち帰った残りのサンプル

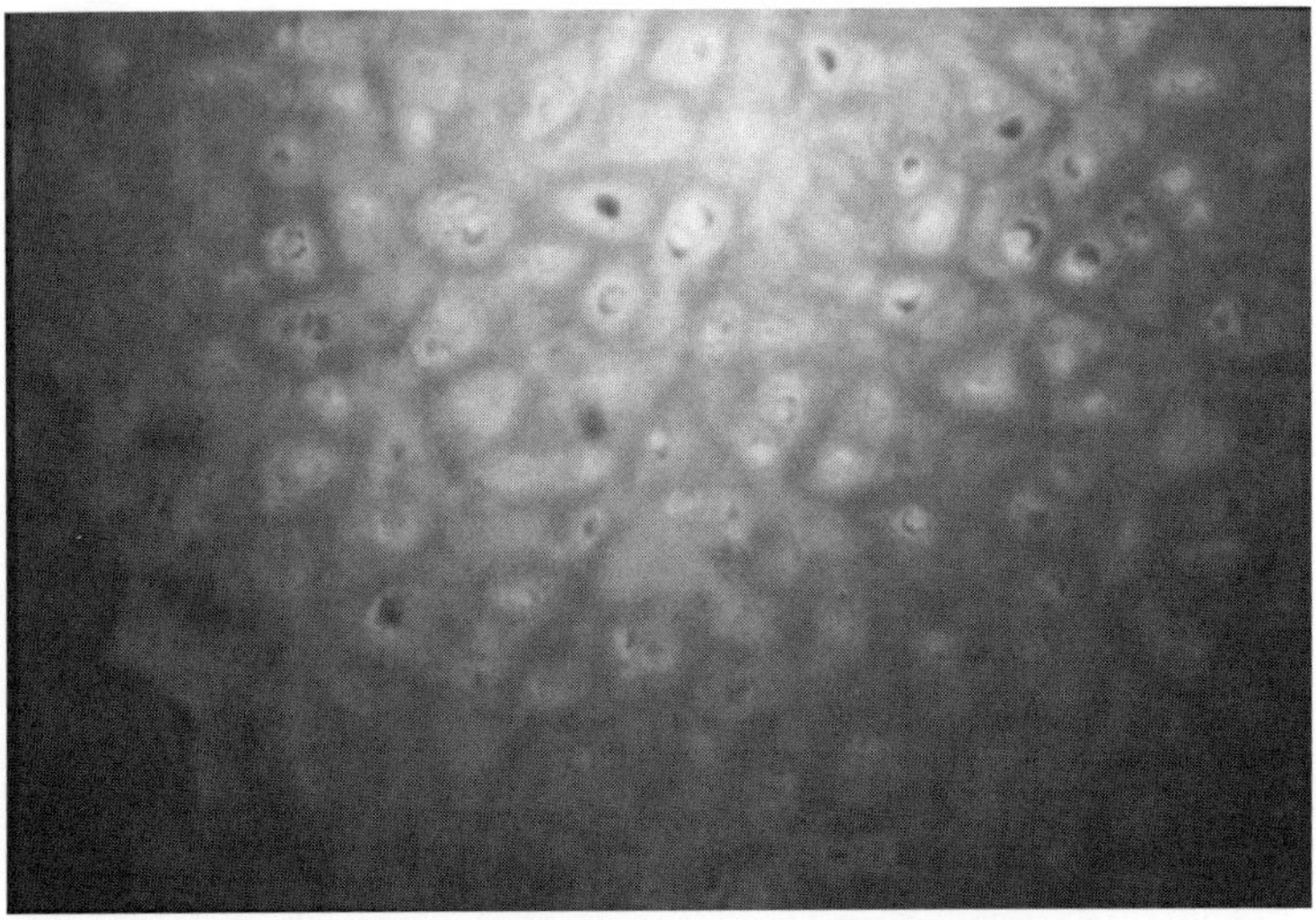

図2.1　ベルリンから持ち帰ったエジプトのミイラの軟骨組織の顕微鏡写真。いくつかの骨小腔のなかで細胞の残骸が輝き、DNAが保存されている可能性を示している。写真：S.ペーボ、ウプサラ大学

の処理を続けた。いくつかは期待できそうだった。特に、子どものミイラの左足から採取した皮膚には、明らかに細胞核が残っていた。その皮膚の一部にDNAを染める染料を垂らすと、細胞核が輝いた。このDNAは核に収まっているので、バクテリアや菌類のものではないはずだ。もしそうなら、核ではなく、バクテリアや菌が成長する細胞組織に不規則に現れるからだ。これは、ミイラになった子ども自身のDNAが残っていたことを示す明確な証拠なのだ。わたしは、顕微鏡写真をたくさん撮った。

結局、3体のミイラで細胞核が染まり、DNAの存在が確認された。子どものミイラには、保存状態の良い細胞が最も多く残っているようだった。しかし、ここで新たな疑念が湧いてきた。このミイラが本当に古いものだという確証はあるのだろうか？　わずかな金を得るために、

現代の死体を処理して、古代エジプトのミイラのように見せかけ、旅行者やコレクターに売りつける悪党がいるという。そうしたミイラの中には巡り巡って博物館に寄贈されるものもあるだろう。ベルリンの博物館のスタッフは、このミイラの由来を知らなかった。おそらく記録されていた目録が戦争で焼けたかどうかしたのだろう。

ミイラの年代を明らかにするには、放射性炭素年代測定によるしかない。幸い、ウプサラ大学には、その専門家であるゴラン・ポスナーがいた。彼は加速器で炭素同位体比を計測して、古代の遺物の年代を特定していた。わたしは自分の慎ましい奨学金ではとてもまかなえないだろうと思いながら、ミイラの年代を調べていただくにはいくらかかりますか、と彼に訊いた。ゴランはわたしを憐れんで、無償で引き受けてくれた。金額を口にしなかったのは、わたしの支払い能力をはるかに超える額だったからに違いない。わたしはミイラの小さな断片をゴランのもとに届け、結果を待った。わたしにとってそれは、科学における最も苛立たしい状況の典型だった。すなわち、自分の仕事の成否が他の人の仕事にかかっていて、永遠にかかってこないように思える電話を待つしかないという状況である。数週間後、待ちに待った電話がついに鳴った。いい知らせだった。ミイラは２４００年前の、アレクサンドロス大王がエジプトを征服した時代のものだったのだ。わたしはほっと息をついた。さっそく街に出かけて、チョコレートの大箱を買い求め、ゴランに届けた。それから、この結果を論文にまとめて出版することを考え始めた。

東ドイツにいた間に、わたしは社会主義のもとで暮らす人々の繊細さをいくらか学んだ。特に、博物館で世話になった学芸員や他の職員は、論文の最後に名を挙げて謝辞を述べただけでは大いにがっかりすることだろう。わたしはするべきことをしたかった。そこで、ロスティや、ベルリンで親しくなった意欲に満ちた若いドイツ人のエジプト学者、シュテファン・グルナートに相談して、東ドイツの科学誌に論文を載せることにした。高校で学んだだけのドイツ語でどうにかこうにか研究結果をまとめ、ミイラの写真と、DNAを染色した組織の写真を添えて提出した。

わたしはそのDNAの抽出もしていた。抽出したDNAを電気泳動にかけてゲルの中で示すことができたので、その実験の写真も掲載した。ほとんどのDNAは分解していたが、いくつかは数千ヌクレオチドという、新鮮な血液サンプルから抽出したDNAに近い長さがあった。「したがって、古代の組織から採取したDNA分子のいくつかは、遺伝子を調べられるほどの長さがあると考えられる」と論文に書いた。そして、古代エジプトのミイラから抽出したDNAを系統立てて調べることが可能になれば、どんなことができるかを書き連ね、希望に満ちた言葉で締めくくった。「今後数年で、これらの予想は現実のものとなるだろう」。その原稿をベルリンのシュテファンに送った。彼はわたしのドイツ語を手直ししてくれた。論文は1984年に東ドイツ科学アカデミーが出版する科学誌『Das Altertum（古代）』に掲載された。[注1]

そして、何も起きなかった。それについて手紙をくれた人はいなかったし、ましてや論文のコピーを求める人は皆無だった。わたしの気分は高揚していたが、他の人はそうではなかったらしい。

世界の大半の人は、東ドイツの刊行物を読まないことを悟ったわたしは、成人男性のミイラの頭部の断片から得た同様の結果を論文にまとめ、同年10月に、ふさわしいと思える西洋の科学誌『Journal of Archaeological Science（考古学ジャーナル）』に送った。しかし今回は、この雑誌の信じがたいほどの鈍重さにいらいらさせられることになった。東ドイツでの、シュテファンによる手直しとおそらくは厳しい政治的検閲ゆえの遅れよりさらに遅かった。まさに、古代に関連する学問ならではの氷河並みの緩慢なスピードだと、わたしは実感した。翌年[注2]、ついに同誌はわたしの論文を掲載したが、その頃には、論文に述べた成果の大半は、その後起きたさまざまな展開によって覆されていた。

２４００年前のＤＮＡ複製に成功？

ミイラのＤＮＡを得た今、次に進むべき段階ははっきりしていた。バクテリアでそのクローンを作るのだ。そういうわけでわたしは、ＤＮＡを制限酵素（特定の塩基配列を切断する酵素）で切断して両端が他のＤＮＡとつながるようにし、それとバクテリアのプラスミド（細胞内にあるＤＮＡ。運び屋《ベクター》になる）を混ぜたものに、ＤＮＡ断片をつなぐ酵素（ＤＮＡリガーゼ）を加えた。うまくいけば、ミイラから抽出したＤＮＡとプラスミドＤＮＡがつながったハイブリッドＤＮＡができる。それをバクテリアに導入すると、多くのコピーが作成されるだけでなく、バクテリアが、わたしが培養液に加える抗生物質への耐性を持つようになり、機能するプラスミドを持つバクテリアだけが生き残る。そのバクテリアを、抗生物質を含む寒天平板に撒くと、コロニーがいくつも誕生し、成長する。どのコロニーも、ひとつのバクテリアから生まれたものであり、それぞれミイラの同一のＤＮＡ断片を含んでいる。

わたしは、実験の正当性を確認するために、科学の世界では欠かせない対照実験を行った。ＤＮＡをまったく加えないプラスミドと、現代人のＤＮＡを加えたプラスミドで、同じ実験を行ったのだ。バクテリアにこれらのＤＮＡ溶液を吸収させてから、抗生物質を含む寒天平板に載せ、37℃の恒温槽に一晩入れておいた。翌朝、わくわくしながら恒温槽の扉をあけると、培養液の匂いと湿気を含んだ空気が鼻をついた。現代人のＤＮＡを加えた方のプレートは、何千ものコロニーができていて、ほとんど覆い尽くされていた。これは、プラスミドが機能したことを語っていた。つまりバクテリアはプラスミドを取り込んでいたので抗生物質への耐性を持ち、生き残ったのだ。一方、プラスミドにDNAを加えなかった方のプレートでは、コロニーはほとんどできていなかった。それは、この実験に出所不明のバクテリアが混入していないという証拠でもあった。そして、本来の実験、つまり、ベルリンのミイラから取り出したDNAを加えたものでは、数百のコロニーが形成されていた。わたしは有頂天になった。2400年前のDNAを複製できたらしいのだ。しかし、そのDNAが、ミイラになった子どものものだとなぜ言えるだろう。子どもの組織に巣くっていたバクテリアのDNAという可能性はないだろうか？　どうすれば、クローニングしたDNAの少なくとも一部が人間のものだと証明できるだろう？

そのDNAがバクテリアではなく人間由来であることを示すには、配列を決定する必要があった。しかし、手当たりしだいにシーケンシングしても、それがヒトゲノムなのか、それともバクテリアのゲノムなのかはわからない。と言うのも1984年当時、ヒトゲノムはごく一部しか解読されておらず、バクテリアのゲノムに至っては配列がほとんどわからなかったのだ。したがって、ランダムにではなく、狙いをつけた配列を探したほうがいい。

では、どうすればそのような配列を持つクローンを特定することができるだろう。その作業は以下のように進める――まず数百のコロニーのそれぞれから採取したバクテリアの一部をセルロース・フィルター上に移す。そしてフィルター上でバクテリアの細胞を溶かすと、残されたDNAがフィルターに固着する。そこに放射線で標識をつけたDNA片を加える。それは探針《プローブ》となる一本鎖DNAで、フィルター上の一本鎖DNAと相補的にくっついて、ハイブリッドDNAを形成する。この探針とするのにわたしは「Alu因子」と呼ばれる反復を含むDNA片を選んだ。

これは長さが約300ヌクレオチドあり、ヒトゲノムにはおよそ100万コピー存在するが、ヒト、類人猿、サル以外の生物には存在しない。ヒトゲノムでは非常に数が多く、10パーセント以上を占める。このAlu因子をクローンの中に見つけることができれば、わたしがミイラから抽出したDNAの少なくともいくつかは、ヒト由来のものだと言えるだろう。

わたしはAlu因子を含むDNA片を用意し、それに放射性標識をつけ、フィルターに加えた。すると、いくつものクローンDNAがそれらとハイブリッドを形成し、ヒト由来であることを物語った。放射性シグナルが最も強いハイブリッドを採取して調べたところ、約3400ヌクレオチドのDNA片が含まれていた。グループでいちばんシーケンシングがうまい大学院生、ダン・ラルハマーの手を借りて、その一部をシーケンシングしたところ、それは実際にAlu因子を含んでいた。とてもうれしかった。わたしが作ったクローンの中にヒトDNAが存在したのだ。しかもそれはバクテリアの中でクローニングしたものなのだ。

当代一の学者、アラン・ウィルソンからの手紙

1984年11月、ゲルでの配列決定に取り組んでいる最中に、『ネイチャー』に掲載された論文は、わたしのしていることと関係があるものだった。その論文の著者は、カリフォルニア大学バークレー校のラッセル・ヒグチと、アフリカ単一起源説の提唱者で、著名な進化生物学者、アラン・ウィルソンで、かつてアフリカ南部にいて、およそ100年前に絶滅したシマウマの亜種、クアッガの剝製の筋肉からDNAを抽出し、そのクローニングに成功したという。ラッセル・ヒグチは、mtDNAのふたつの断片を取り出して解析し、予想された通りクアッガがウマよりシマウマに近いことを示した。わたしは大いに刺激を受けた。かのアラン・ウィルソンが古代のD

NAを研究し、かの『ネイチャー』が100年前のDNAに関する論文を掲載に値すると判断したのであれば、わたしがやっていることは酔狂でもなければ、つまらないものでもないのだろう。

初めてわたしは腰を落ち着けて、世界の多くの人が興味を持つであろう論文の執筆に取りかかった。アラン・ウィルソンの例に励まされ、『ネイチャー』に送ることにした。論文ではベルリンのミイラで行ったことについて説明した。参考文献リストには、東ドイツの科学誌に掲載された自分の論文も載せた。しかし原稿をロンドンの『ネイチャー』の本部に送る前に、するべきことがあった。それは、わたしの指導教官であるパー・ペッテションに草稿を見せて、経過を説明することだ。少々びくつきながら、ペッテションのオフィスに入り、研究の内容を報告した。そして、指導教授としてこの論文の共著者になりたいのではありませんか、と尋ねた。明らかに、わたしは彼を見くびっていたようだ。わたしがしてきたことは、研究費と時間の浪費だとしかられても無理もないことだったが、ペッテションは喜んでくれているようだった。さらに、論文に目を通すことを約束してくれたが、共著者になることについては、「きみがそんなことをやっていたとはまったく知らなかったのに、共著者になることはできない」と固辞した。

数週間後、『ネイチャー』から手紙が届いた。編集長からで、査読者のちょっとした助言に対応できるなら、論文を掲載しましょう、と書かれていた。間もなく、校正用のプルーフが届いた。その頃のわたしは、自分にとっては神のような存在であるアラン・ウィルソンにどうやって接触しようかと思案していた。博士号を取得できたらバークレーの彼の研究室に入りたいと思っていたからだ。それをどう伝えればいいかわからなかったので、何のコメントも添えずに、プルーフのコピーを彼に送った。出版前に読めることを喜んでくれるだろうと思ってのことだ。研究室に入りたいという件については、後で手紙を書くつもりだった。

『ネイチャー』の出版準備は着々と進んでおり、カバーには、包帯の代わりにＤＮＡ配列でぐるぐる巻きにしたミイラのイラストを載せるという話まで出た。しかしそれがまだ出版されないうちに、アラン・ウィルソンから返事がきた。封筒に「ペーボ教授」とあったので驚いたが、インターネットもグーグルもない時代だったから、彼にはわたしが何者であるかを知る手だてがなかったのだ。手紙の中味にはさらに驚かされた。なんと、近々取る予定のサバティカル休暇の1年を「ペーボ教授の」研究室で過ごさせてもらえないかというのだ！　何とも滑稽な誤解だが、元はと言えば、わたしが怖気づいて手紙を書かなかったのがいけないのだ。当代一の分子進化学者であるアラン・ウィルソンに、1年間ここでゲルプレートを洗ってもらいましょうかと、同僚と冗談を交わした。すぐ返事を書き、わたしは教授どころか博士号ももっていないこと、そしてもちろん、休暇の年を過ごしてもらえる研究室などもっていないことを伝えた。そして、博士号を取得した後、バークレーのあなたの研究室で研究を続けさせてもらえませんか、と尋ねた。

第3章　古代の遺伝子に人生を賭ける

1987年、古代ゲノム研究の道を選んだわたしの人生は転換点を迎える。「PCR法」で古代動物DNAを増幅する実験を重ね、正教授のオファーが来た

アラン・ウィルソンから丁重な返事が届いた。彼は、ポスドクの研究者として自分のグループに入るよう誘ってくれた。後で思えば、これがわたしの職業人生の転換点だった。博士号を取得したわたしには3つの選択肢があった。研修医となって医学の勉強の仕上げをするか（興奮に満ちた経験をした後では、退屈な展望だった）、世界有数の研究室で、博士論文のテーマだったウイルスと免疫防御の研究をきわめるか、あるいはアランの招待に応えて、古代の遺伝子の回収に努めるか。この3つの選択肢について相談した仲間と教授のほとんどは、二番目の選択肢を薦めた。「ミイラのDNAへの興味は、趣味としてはおもしろいが、結局、気晴らしにすぎない。研究者としての堅牢な未来を保証するのはまじめな研究だ」と言って。もちろんわたしとしては、3つ目の選択肢に惹かれていたのだが、ウイルス学の研究の主流にいながら、趣味として「分子考古学」を楽しむというのが、より現実的な選択ではないかと考えていた。だが、すべては、1

９８６年のコールド・スプリング・ハーバーのシンポジウムに参加したことで変わった。

　ニューヨークのロングアイランドにあるコールド・スプリング・ハーバー研究所は、分子遺伝学のメッカである。多くの重要な学会を開催し、なかでも定量生物学の年次シンポジウムは有名だ。『ネイチャー』に掲載された論文[注1]のおかげで、わたしは１９８６年のシンポジウムに招かれ、初めて、ミイラの研究についての講演を行った。それだけでも刺激的な体験だったが、聴衆の中には、文献を通じてしか知らないような、著名人の姿が何人も見られた。アラン・ウィルソンはもちろんのこと、キャリー・マリスもいて、わたしと同じセッションでポリメラーゼ連鎖反応（ＰＣＲ）について講演した。ＰＣＲは、バクテリアを用いるめんどうなクローニングに取って代わる、まさにブレークスルーと呼ぶべき発明であり、古代のＤＮＡの研究に役立ちそうだとすぐにひらめいた。と言うのも、それを使えば、ＤＮＡが少ししか残っていなくても、狙ったセグメント（配列の一部）を選択的に増幅できるからだ。実際、マリスは講演の最後に、ＰＣＲはミイラの研究にぴったりだと述べた。わたしはすぐにでも研究室に戻ってそれを試したくなった。

　そのシンポジウムは別の方向からも劇的な変化を起こした。ヒトゲノム全配列決定を公的資金で組織的に支援していくことが、初めて検討されたのだ。わたしは新参者であることをひしひしと感じながらも、このプロジェクトに必要な数百万ドルの資金、数千の機械、新たなテクノロジーについて、学界の重鎮が話し合う場にいるというだけで気持ちが高揚した。熱気あふれる議論が交わされ、著名な科学者たちが、技術的に不可能だ、興味深い結果が出るとは思えない、単独の研究者が率いる小グループによる研究に資金が流れなくなる、とプロジェクトを非難した。わたしにとってはそのすべてが刺激的で、ゲノムをめぐる冒険に自分も加わりたいと思った。

　参加者の大半は、男性ホルモン全開のエネルギッシュな科学者だったが、アラン・ウィルソンは控えめで、話し方も穏やかで、バークレーの教授はかくあらんと想像していたとおりの人物だった。長髪のニュージーランド人で優しいまなざしの彼の前では、リラックスできた。彼は、好きなこと、自分にとって最も重要だと思えることをやりなさいと、励ましてくれた。この出会いに助けられて、わたしはためらいを払拭することができた。バークレーに行きたいと、彼に伝えた。

しかし思いがけない障害があった。サバティカルを「ペーボ教授」の研究室で過ごせなくなったアランが、イングランドとスコットランドのふたつの研究室でそれを過ごすことにしたので、その間、わたしは、よそで仕事を見つけなければならなくなったのだ。以前、博士論文のために、チューリヒのヴァルター・シャフナーの研究室で数週間過ごしたことがあった。シャフナーは有名な分子生物学者で、遺伝子の発現を調整する重要なＤＮＡ領域、「エンハンサー」の発見者だ。型破りなアイデアやプロジェクトが大好きな彼は、１年間、自分の下で古代のＤＮＡを研究しなさいと、わたしを招いてくれた。彼は特にフクロオオカミに興味を持っていた。それはオオカミに似たオーストラリアの有袋類で、１９３０年代に絶滅した。博物館にあるその標本からＤＮＡを採取し、クローニングできないだろうか、と彼は考えていた。わたしは賛同し、ウプサラ大学で博士号の最終審査に合格するとすぐチューリヒに向かった。

チューリヒでのうまくいかない日々

その一方で、わたしは、『ネイチャー』の論文で注目されたので、これからは東ドイツからもっと多くのミイラの標本をもらえるようになるだろうと期待していた。そうすれば、さらに多くのクローンを作り、平凡なＡｌｕ因子ではなく、興味深い遺伝子を見つけることも可能だろう。

そういうわけで、『ネイチャー』が出版された数か月後に、ロスティがいくつかミイラの標本を工面するためにベルリンに出向いた時には、すべて順調に進むものと思い込んでいた。しかし、彼は残念な知らせと共に帰国した。博物館の友人たちはひとりとして彼に会う時間がなく、むしろ彼を避けているようだったと言うのだ。ようやく、そのうちのひとりが夕刻に博物館から出てきたところをつかまえた。事情を尋ねると、『ネイチャー』が出版された後、人々に恐れられている東ドイツの秘密警察、シュタージが博物館にやってきて、小部屋にスタッフをひとりずつ呼んで、わたしやロスティと何をしていたのかと尋ねたそうだ。最初に東ドイツの雑誌で発表したことも、彼らの貢献を『ネイチャー』で讃えたことも、シュタージの心には届かなかったらしい。彼らは博物館の職員たちに、ウプサラ大学はよく知られる反社会主義プロパガンダの中心だという印象を植えつけた。スウェーデンで最も歴史の古い大学について、そのような見方がいかにばかげたものであったとしても、シュタージがそう言うのであれば、東ドイツのまともな神経をもつ市民なら、あえてわたしたちと関わろうとは思わないはずだった。

全体主義システムの扱いにくさには大いに失望させられた。わたしは資本主義と社会主義というふたつの相対する政治体制が科学分野の交流によって近づくという幻想を抱き、自分も何らかの形でそれに貢献したいと思っていたのだが。東ドイツがその後の人生でどんな役割を果たすのか、想像もつかなかったが、その時点では標本も協力も、わたしの手の届くところにはなかった。

チューリヒで、まだ残っていたミイラの標本と、フクロオオカミの標本の両方から、DNAを抽出する作業に着手した。PCRには大いに期待していたが、キャリー・マリスのプロトコルによる作業は簡単ではなかった。まず、DNAを98℃の熱湯に入れて一本鎖に分離し、次に55℃の湯に入れて、合成プライマーが標的に付着するようにし、それから感熱性の酵素を加えて37℃の水で冷やし、新しい二本鎖を作らせる。それぞれの実験において、この面倒な作業を少なくとも30回は行わなければならない。わたしは何時間も湯気のたつ熱湯の前に立ちつづけ、DNA片を増幅しようとして高価な酵素が入った試験管を何本も割ってしまった。そうやって苦労しても、たまに現代のDNAからそこそこのものを作ることはできたが、フクロオオカミやミイラの標本から取り出した損傷の激しいDNAではうまくいかなかった。成功したのは、ミイラとフクロオオカミのDNAの大半が短い断片になっていることを、電子顕微鏡で確認することくらいだ。DNA分子の中には、化学反応によって他のDNA分子とくっついているものもあった。バクテリアによってであれ、PCRによってであれ、そのようなDNAは複製しにくいはずだ。

1985年にロンドン郊外のハートフォードシャーにあるトマス・リンダルの研究室ですごした数週間を思い起こせば、これは特に驚くほどのことでもなかった。トマスはスウェーデンの出身で、DNAの化学的損傷と生物が進化させたその修復システムの世界的権威である。彼の研究室でわたしは、古代の組織から抽出したDNAの損傷にいくつものパターンがあることを、証拠を揃えて示した。その時の結果と、チューリヒで新たに得た結果は、記述科学（事実の記述に徹する科学）としては堅牢だが、その結果を得たからと言って、遠い昔に絶滅した生物のDNA配列の解読というゴールに近づくことにはならない。何か月も、熱水槽の前で――それにアルプスのスキー場で――過ごしたが、進歩はなかった。そういうわけで、1987年春にチューリヒに別れを告げ、アラン・ウィルソンが戻ってきたバークレーに向かった時には、心底ほっとした。

新装置で、絶滅したシマウマのDNA復元に成功

バークレー校の生物化学学部に到着するとすぐ、来るべき時に来るべき場所に来たことを実感した。かつてキャリー・マリスはここで大学院生として過ごし、その後、サンフランシスコ湾近くのセタス社でＰＣＲ法を考案したのだ。わたしが訪れた当時、アランの下で学んだ大学院生とポスドクの何人もがセタス社で働いていた。そしてわたしがチューリヒで孤軍奮闘していた間に、バークレーでは多くの人が同じことを行い、多くの改善がなされていた。セタス社では、好熱菌（高温で生育するバクテリア）から発見された高温耐性のＤＮＡポリメラーゼをクローニングし、実用化していた。この酵素は高温にしても死なないので、ＰＣＲサイクルの途中で試験管に酵素を足さなくてすむ。それはつまり、すぐにでも全工程を自動化できることを意味していた。実際、この研究室のポスドクはすでに、３つの大きな熱水槽から小さな水槽にコンピュータ制御で水を注入する装置を作り、ＰＣＲを自動化していた。

わたしにしてみれば、チューリヒの熱水槽の前で数か月を過ごした後だけに、実にすばらしい進歩だと思えた。ＰＣＲをスタートさせ、途中でも、夜になったら家に戻っていいのだ（ある晩、装置のバルブが故障して研究室が水浸しになってからは、この習慣は改めざるをえなかったが）。革新的ながら、いささかあてにならないこの装置は、ほどなくセタス社が初めて作ったＰＣＲ装置に取って代わられた。その装置では、金属板の穴に試験管を差し込むようになっていて、何回でも好きなだけ、標本を熱したり冷やしたりできる。すべてコンピュータがやってくれるのだ。その装置がラボに届いた時、だれもが驚嘆したことをよく覚えている。わたしはこの装置に飛びつき、可能な限り、つまり他の人の我慢の限界まで、予約を入れた。

最初に試したのは、１９８４年にラッセル・ヒグチがふたつのｍｔＤＮＡ片をバクテリアでクローニングした、絶滅したアフリカ南部のシマウマ、クアッガのDNAだった。ラッセルはすでにセタス社に移っていたが、クアッガの標本の一部がアランの研究室に残されていた。わたしはその皮膚からDNAを抽出し、ラッセルが決定した配列に対応するプライマーを合成し、新しい装置でPCRを始めた。うまくいった！　クアッガの整ったDNAを増幅することができたのだ。その配列を解読したところ、ラッセルが得た配列にとてもよく似ていた。大きな進歩は、PCRなら何度でも同じ作業を繰り返せることだ。バクテリアによるクローニングは効率が悪く、DNAの同じ部分を再度増幅するのはほぼ不可能だ。つまり、実験結果は再現できないのである。わたしが解読した配列は、ラッセルが得た配列によく似ていたが、2か所違っていた。おそらくラッセルのものはバクテリアが取り込んで複製する過程で、DNAが損傷してエラーが生じたのだろう。PCRでなら、同じ配列を何度でも試すことができ、それが確かに増幅されたものであることを検証することができる。これこそが科学の本質、結果の再現性なのだ！

わたしはアランを共著者として、『ネイチャー』でクアッガのデータを発表した。(注2)いまや古代のDNAを、よく管理された方法で計画的に調べられるようになったのだ。この分子生物学のパワフルな技術をもってすれば、絶滅した動物、ヴァイキング、古代ローマ人、ファラオ、ネアンデルタール人のDNAを調べることも可能だろう。もっとも、少々時間はかかるだろうが（PCR装置は、研究室の同僚たちと争奪戦になっていたので）。

アランの関心事のひとつは、人類の起源だった。ごく最近、彼はマーク・ストーンキングとレベッカ・キャンと共に『ネイチャー』に論文を発表し、論争を巻き起こした。それは世界中の人（147人）から採取したmtDNAの配列を、制限酵素（特定の塩基配列を切断する酵素）で切断するという面倒な方法で比較し、人類のmtDNAが20万年から10万年前にアフリカにいたひとりの祖先（ミトコンドリア・イヴ）に遡ることを指摘したのだ。（注３）ＰＣＲ装置の登場により、さらに多くの個体から得たＤＮＡの配列を調べて、この研究を発展させられるようになった。若い大学院生で毎朝、自転車で研究室に来ていたリンダ・ヴィジラントがそれをやっていた。当時わたしは彼女のことをボーイッシュな美人だと思っていたが、ＰＣＲ装置の使用を競いあうライバルとしか見ていなかった。やがて他の国で彼女と結婚し、子どもを持つことになろうとは夢想だにしていなかった。

現存するネズミと、その祖先のＤＮＡの比較に初めて成功

それまでは、遺伝データから人類の進化を再現しようとしても、現代人のＤＮＡ配列の違いを調べて、過去の移住や拡散がそれにどう影響しているかを読みとるのがせいぜいだった。そうした推測は、ＤＮＡの変異がいかに蓄積し、ある集団内で世代から世代へいかに受け継がれていくかを示すモデルに基づいていたが、そのモデルはきわめて単純で、ある集団のメンバーはどの異性とも平等に子どもをもうけるチャンスがある、各世代は不連続で、世代を超えた性的な交わりは起きない、ＤＮＡ配列の違いは生存率に影響しない、といった仮定に基づいていた。そうした状況について、わたしは時々、すべては間接的な推測にすぎず、昔話を語るようなものではないかと感じていた。時代を遡って過去にどのような変異が存在していたかを理解するには、過去の多くの個体のＤＮＡ配列を調べて、進化を「現行犯でとらえる」必要がある。そうやって歴史を直接観察した結果を、リンダが行っているような研究に反映しなければならないのだ。

壮大な計画だが、とりあえず、数千年前ではなく、もう少し近い過去に遡ることにした。バークレーの脊椎動物博物館には、膨大な数の小型哺乳類の剥製が収蔵されている。過去１００年に

図3.1　100年前のカンガルーネズミと現代のカンガルーネズミ。バークレーの脊椎動物博物館収蔵。写真：カリフォルニア大学バークレー校

わたって博物学者たちがアメリカ西部で収集してきたものだ。博物館で研究している大学院生、フランシス・ヴィラブランカと、アランの研究室のポスドク、ケリー・トマスとともに、カンガルーネズミについて調べることにした。それは小型のげっ歯類で、大きな後ろ足ではねまわることからその名がついた（図３・１参照）。カリフォルニア州、ネバダ州、ユタ州、アリゾナ州にまたがるモハーヴェ砂漠にたくさん生息していて、ガラガラヘビの好物となっている。

わたしたちは、１９１１年、１９１７年、１９３７年に別々の場所で収集された個体群の皮膚からｍｔＤＮＡを採取し、シーケンシングした。そして、それらを集めた動物学者のフィールドノートと地図のコピーを携え、モハーヴェ砂漠に何度か出向いた。古い地図を頼りに車で砂漠を進み、70年から40年前に先達の動物学者たちが罠をしかけた場所を探し、特定した。夕暮れ時に、

セージの茂みやジョシュアツリーのなかに罠をしかけ、星空の下、何もない静かな砂漠に横たわって眠る。たまに静寂を破るのは、罠が獲物を捉えて閉まる音だけだ。都会で毎日仕事に追われる身には、いい気晴らしだった。

研究室に戻ると、捕獲したカンガルーネズミからｍｔＤＮＡを抽出してシーケンシングし、70年から40年前の個体の配列と比べた。変異に目立った変化は認められず、それはほぼ予想通りだったが、世界で初めて、現在生きている動物の祖先のＤＮＡを調べたという点で、十分、満足できるものだった。わたしたちはその結果を『Journal of Molecular Evolution（分子進化ジャーナル）』[注4]に発表した。新進気鋭の進化生物学者、ジャレド・ダイアモンドのコメントが『ネイチャー』[注5]に掲載されたが、とてもうれしい内容だった。彼は、「ＰＣＲが可能にした新たな技術のおかげで、古い標本は膨大かつ貴重な情報の宝庫になった。それらは、進化生物学の最重要データである遺伝子頻度の歴史的変化をありありと教えてくれるのだ」と語り、また、こうも述べている。「この実証プロジェクトのおかげで、博物館の標本の科学的価値を理解できない偏狭な人々は、かなり立場が悪くなるだろう」

順調に進んでいた研究の限界が見えてくる

しかしわたしにとって探究すべき聖杯は、人間の進化の歴史だった。そして、ＰＣＲがそれを見る窓を開けてくれるのではないかと考えた。ウプサラ大学にいた時に、フロリダのドリーネ（石灰岩台地に生じる窪地）の池で見つかった、気味の悪い、しかし、驚くべき標本を手に入れた。それは、アルカリ性の沈殿物に埋もれていた古代アメリカ先住民の遺骸である。頭蓋の中には、いくらか縮んでいたものの、脳がほぼ完全な形で残っていた。当時、わたしは昔ながらの方法でそれに人間のＤＮＡが保存されていることを明かし、コールド・スプリング・ハーバーのシンポジウムで、ミイラのＤＮＡと合わせてその結果も発表した。

そして今度は、アランを通じて、やはりフロリダで見つかった人間の脳を手に入れたが、それは古代の先住民どころか、７０００年も前のものだった。わたしはＤＮＡを抽出し、ｍｔＤＮＡの短い断片らしきものの配列を解析したが、それはアジア人には見られるものの、アメリカ先住民には見つかっていないものだった。実験を一からやり直して、同じ配列を二度見つけたが、その頃には、こうした実験、とりわけ古代人の遺物を調べる時には、現代人のＤＮＡが混入しがちであることを、わたしは承知していた。そこで論文には、「ここに報告する人間の配列が古代人に由来するという確かな証拠は、さらなる研究を待たねばならない」とただし書きをつけた。(注6)

それでも、この研究は有望と思われた。そして、わたしは人間の集団遺伝学についてもっと学ぶ必要があると思ったので、ソルトレイクシティで研究していたニュージーランド出身の理論集団遺伝学者、リック（リチャード）・ウォードが、ＰＣＲについて知りたいとアランの研究室に連絡してきた時、その手伝いを申し出た。こうしてわたしは毎月ユタ州まで出かけて、リックの研究室の人々に、ＰＣＲの使い方を教えるようになった。優秀な集団遺伝学者であるリックは、快活ながらエキセントリックな人物で、寒い日でも短パンにハイソックスというでたちだった。プロジェクトやさまざまな管理上の仕事を引き受けておいて、途中で投げ出すようなところがあり、大学では重用されていなかったが、科学を語りあうのが大好きで、数学の専門的な知識に欠けるわたしのような者にも、複雑なアルゴリズムを無限とも言えるほどの根気強さで教えてくれた。リックとともに、彼が長年研究しているバンクーバー島の先住民族、ヌートカ族のｍｔＤＮＡの変異を調べると、驚いたことに、この集団の数千人のｍｔＤＮＡには、北米大陸全体の先住民族のmtDNAに見られる変異の、ほぼ半分が含まれていた。この発見は、このような部族集団は遺伝的に同質だとする一般的な見方は間違っており、人間は常に、遺伝的にきわめて多様な集団で生きてきたことを示唆していた。

バークレーの研究室では、ほぼすべての試みが順調に進んでいた。PCRを学ぼうとやってきたカナダ人のポスドク、リチャード・トマスが、研究課題を探していたので、フクロオオカミはどうだろう、と提案した。チューリヒ時代にさんざん手こずらされた相手だ。原産地はオーストラリア、タスマニア島、ニューギニアで、見かけはオオカミに似ているが、カンガルーなどオーストラリアに多くいる有袋類の仲間である。これは収斂《しゅうれん》進化の典型で、系統的に関係のない動物が、同様の環境で同様の選択圧にさらされて同様の形態とふるまいを進化させたのだ。フクロオオカミから得たmtDNAの小さな断片をシーケンシングしたところ、タスマニアデビルをはじめ、その地域の肉食有袋類と近い関係にあるが、南米大陸の有袋類――絶滅したものの中にオオカミによく似た種がいた――とは遠いことがわかった。これが意味するのは、オオカミのような動物は、2回ではなく、3回進化したということだ。1回は胎盤をもつ哺乳類において、あとの2回は有袋類において。このように進化は繰り返されるのだ。それは、ほかの生物集団においてもすでに確認されており、今後も確認されるはずだ。わたしたちはこの研究結果を『ネイチャー』で発表した。(注7)ありがたいことにアランはわたしをラスト・オーサー（研究を先導した科学者）にしてくれた。わたしにとっては初めてのことで、科学における自分の状況が変わり始めていることに気づいた。それまでは研究室の作業台で働くひとりとして、終日どころかしばしば夜を徹して働き、土台となるアイデアは自分のものでも、いつも指導教官に相談し、その助言を得て、作業を進めてきた。だが、その状況が変わり始めたのだ。すべての実験を自分ひとりでするようなことはなくなった。そして気がつくと、他の人々を導き鼓舞する立場にいた。そんなことができるだろうかとたじろいだものの、やってみると、ごく自然にできるようになっていた。

わたしは、ほかの研究員とともにPCRで古代のDNAを増幅・解析しながら、古代のDNAを回収する技術の理解を深めていった。ウプサラ、チューリヒ、ロンドン、バークレーで積み上げて来た知見をまとめて、『米国科学アカデミー紀要』で発表した。その論文では、古代の遺骸に残っているDNAは一般に短く、多くが化学的に変化しており、時には互いに絡みあってつながっていることを述べた。(注8) DNAの損傷は、PCRでの増幅にさまざまな影響を及ぼした。中でも深刻な問題は、古代のDNAは総じて短く、長い断片の回収が難しいということだ。たいていの場合、100から200ヌクレオチドを超す配列は得られなかった。また、DNAポリメラーゼがプライマーから別のプライマーへと、複数のプライマーを頼りにDNA鎖を合成しようとする際に、十分な長さのDNA断片がないか、あっても少ない場合には、ポリメラーゼは短い断片をつなぎあわせ、元々のゲノムには存在しなかったフランケンシュタインのような配列を生みだした。そのようなハイブリッド形成(わたしはそれを「ジャンピングPCR」と呼んだ)は、技術上の大きな問題であり、結果を混乱させた。それについて、わたしは2本の論文にまとめたが、その問題のより広い意味にはまったく気づいていなかった。数年後、より実用志向の科学者、カール・シュテッターが、基本的にはそのハイブリッド形成と同じプロセスを利用して、別々の遺伝子のかけらをつなぎ合わせて、モザイク状の遺伝子を誕生させた。その遺伝子は、新たな性質のタンパク質を作ることができた。過去に遡ることばかり考えていたわたしには、思いもよらない利用法だったが、それを元にバイオテク産業の新たな道が開かれたのだった。

アランの研究室では多くのことが順調に進んでいたが、次第に、新しい技術とＤＮＡの保存状態の限界が見えてきた。第一、すべての古代の遺物が、増幅と研究が可能なＤＮＡを含んでいるわけではない。ＰＣＲでもその増幅や解析は無理なのだ。実のところ、死後すみやかに処理された博物館の標本を除けば、増幅可能なＤＮＡを含む古い標本はほとんどなかった。第二に、古い標本からＤＮＡを抽出できたとしても、往々にしてそれらは傷んでおり、最長でも１００から２００ヌクレオチドの配列を得るのがせいぜいだった。第三に、古い標本のｍｔＤＮＡはまだしも、核ＤＮＡを増幅することは不可能に近かった。ウプサラ大学で抱いた、古代の核ＤＮＡの長い断片を見つけるという夢は、結局、夢に終わるのではないかと思えてきた。

新天地ミュンヘンへの旅立ち

ベイエリアでの生活は、ラボの中でも外でも、充実し、満足できるものだった。わたしは女性だけでなく男性にも魅力を感じる性質《たち》で、スウェーデンではゲイ・ライツ・ムーヴメント（男性同性愛者人権運動）に関わっていた。わたしがいた当時、ベイエリアではエイズ禍が等比級数的に広がっており、すでに何千という若者の命が奪われていた。何か役に立つことをしなければ、と、わたしはイースト・ベイ地区のエイズプロジェクトにボランティアとして参加した。そこではアメリカ社会の最も美しいふたつの側面を見た。それは自己組織化（秩序ある組織を自律的に作り出すこと）とボランティア精神で、ヨーロッパではあまり見られないものだ。

このようにアメリカでは暖かく迎えられ、研究の機会にも恵まれていたが、やがてわたしはヨーロッパに戻りたくなった。人生の進路を決める最大の要因となったのは、恋人だった。遺伝学を専門とするドイツ人の大学院生、バーバラ・ワイルドとは、彼女がバークレーを訪れていた時に知り合った。バーバラは活発で、美人で、頭がよかった。短い期間だったが、わたしたちは深く愛しあい、彼女が故郷のミュンヘンに戻ってからも関係は続いた。わたしは機会あるごとにヨーロッパへ飛んだ。ヴェネツィアでとてつもなくロマンティックな週末を過ごしたこともあった。わたしはティーンエイジャーの頃からずっと男性に恋してきたが、相手はたいてい異性愛者で、男に興味はなく、友人以上の関係になるのは難しかった。バーバラと連れだってヴェネツィアの街を歩き、かつてのボーイフレンドとは決してできなかったことをおおっぴらにできるのがうれしかった。

ミュンヘンへのたびたびの出張を、研究のためのように見せかけるため、わたしはバーバラが大学院生として所属していたルートヴィヒ・マクシミリアン大学の遺伝学部を何度か訪れた。古代のDNAに関する自分の研究についてセミナーを開いたことさえあった。そのセミナーの後、分子生物学者のヘルベルト・ヤックルが、2、3か月したら助教授のポストに空きが出るのだが、興味はないか、と訊いてくれた。イエス、と即答した。バーバラともっと多くの時間をすごしたいと常々思っていたからだ。しかし、次にミュンヘンを訪れた時、バーバラは別の男性と親しくなっていた。彼女と同じくミバエを研究している科学者で、後に彼女の夫になった。わたしはバークレーに飛んで帰り、バーバラのこともミュンヘンのことも懸命に忘れようとした。

半年後、わたしは真剣にポストを探し始めた。ケンブリッジ大学へ行くと、講師としてなら、と言われた。ウプサラ大学では研究助手のポストをオファーされた。ある晩、またもやドイツがわたしの心を捉えた。アメリカ生まれのミュンヘン大学の生物学部部長、チャールズ・デヴィッドから電話があり、助教授ではなく正教授としてなら、ミュンヘン大学に来てもらえるだろうか、と訊かれたのだ。

　そうなれば、キャリアのとてつもない進歩だ。助教授を何年も勤めてようやく正教授になるというのが普通だ。正教授職はたんなる肩書きではなく、そのポストには大きな研究室、人材、そして資金といった資源も伴う。それでも、わたしはためらった。ドイツのことはほとんど知らなかった。知っているのは、ナチズムと共産主義という20世紀最悪のふたつのイデオロギーが生まれた地だということだけだ。その国にわたしはなじめるだろうか。両性愛者であることが、問題を引き起こすのではないだろうか。しかし、チャールズとヘルベルトに熱心に説得されるうちに、ミュンヘンは生活するにも研究するにも最善の場所だと思えてきたので、その話を受けることにした。ミュンヘンの教授職から得られる機会を活用し、そこで2、3年、いい仕事をしてからスウェーデンに戻る、というのがわたしの計画だった。１９９０年1月のある朝、大きなスーツケースふたつとともにミュンヘンに到着した。新天地で、誰にも頼らず、科学者としての人生を始めるのだ。わたしの胸には、怖れだけではない何かが湧きあがっていた。

第4章 「恐竜のDNA」なんてありえない!

1990年、ドイツに移ったわたしは現代のDNA混入への対処に苦戦する。一方、学界では何千万年も前のDNA復元と称するいい加減な研究がはびこる

研究室を立ちあげるのは骨の折れる仕事だった。初めてで馴染みのない環境ではなおさらである。わたしの場合、環境はさまざまな意味で新しかった。なにより、そこにはドイツの歴史が脈々と流れていた。わたしの職場となる建物は大学の動物学研究所で、1930年代の大恐慌の時代にロックフェラー財団の寄付によって建てられたものだ。戦時中にはアメリカ軍の爆撃を受け、戦後、再建された。つまりこの建物は、敵国と同盟国という両極を行ったり来たりしたドイツとアメリカの、複雑で多面的な関係の縮図となっているのだ。鉄道の駅と、ナチスの党本部だった建物群のあいだに位置し、地階のさらに下には、ヒトラーと取り巻きが駅から党本部へ行くのに使ったトンネルがあると噂されていた。真偽のほどはともかく、その噂はドイツ社会に潜在するファシズムを象徴するかのようだった。

この環境にはもうひとつわたしにとって未体験の側面があった。それは、動物学というジャン

ルそのものである。実を言えば、わたしは動物学を学んだことがなく、学部レベルの生物学さえ履修していなかった。スウェーデンでは、高校卒業後すぐ医学部に入学できるので、大学では医学しか学ばなかったのだ。この間違いは赴任してすぐ明らかになった。ある先輩教授から、来学期に昆虫分類学の科目を担当してもらえないかと尋ねられた。まだ時差ぼけしていて、また、諸々のことで頭がいっぱいだったわたしは、深く考えもせず、「昆虫は動物じゃないのに、動物学研究所は昆虫も扱うのですか？」と、驚きを声に出した。わたしの頭のなかでは「動物」とは、脚にかぎ爪があり、毛皮に包まれ、願わくば垂れ下がった耳のある生き物だった。その教授は不信感に満ちた目でわたしをにらみつけ、黙って立ち去った。新しい職場に来て早々にとんでもない無知を晒したことをとても恥ずかしく思った。だが、災い転じてで、以後わたしに昆虫学や分類学の授業を担当してほしいと言ってくる人はひとりもいなかった。

仕事に慣れていくうちに、前任者が食中毒で急死したことを知った。その突然の死を悼む同僚たちに受け入れてもらうのは容易ではなかった。中にはわたしを、未熟で風変わりな外国人、あるいは掠奪《りゃくだつ》者か何かのように見る人もいた。前任者を指導していた名誉教授、ハンスヨアヒム・アウトルムと会うたびに、それを身に染みて感じた。アウトルム教授はドイツの動物学界の有力者で、わたしが着任した当時、影響力のある生物学誌『Naturwissenschaften（自然科学）』の編集長を務めていた。オフィスはわたしの研究室と同じフロアにあった。当初、階段で彼とすれ違う時には、丁重に挨拶をしていたが、返事はなかった。その後、部下の技術担当者から、アウトルムが聞えよがしに、「多くの若く優秀なドイツ人科学者が職に就けずにいるのに、動物学部は、Internationaler Schrott（国際的なゴミ）を雇った」と言っていたと知らされた。それを機に、わたしは彼を無視することにした。何年も後、すでにアウトルムは死んでいたが、わたしは彼が所属していたドイツの名誉ある学会のメンバーになった。なりゆきで、彼の死亡記事を読んだ。それによると、1945年以前、彼はナチ党員であっただけでなくSA（突撃隊）のメンバーでもあり、ベルリンの大学でナチの社会主義思想を教えていたのだった。わたしは常々――やや過剰なまでに――誰にでも好かれたいと思っているのだが、アウトルムに関しては、仲良くなれなくて本当によかったとその時、思った。

幸い、動物学研究所でアウトルム教授は例外的な存在だった。そして等しく幸いなことに、彼はドイツで消滅しつつある世代の代表だった。昆虫学はもちろんのこと動物学や組織の運営についても無知であることを正直に認めた結果、徐々にわたしの周囲には、新しく刺激的な仕事を手伝いたいと願う、熟練の技術者が集まってきた。また、研究室の改造には予想した以上の費用がかかったが、大学は快く追加資金を出してくれた。ゆっくりと、しかし着実に、必要な機材が揃い、すべての準備が整った。さらに重要なこととして、わたしの下で学びたいという学生が何人か現れた。

わたしのミイラのDNA配列は間違っていた

科学的観点から、古代のDNA増幅を信頼できるものにするには整然とした手順が必要だと、わたしは考えていた。バークレーにいた頃から、この種の実験、特にPCRを用いる実験に現代人のDNAが混入するという問題の重大さにわたしは気づいていた。PCR装置と耐熱性ポリメラーゼによる増幅は感度が高いため、環境さえ整えば、わずかなDNA、場合によってはたった1個のDNA片からでも、増幅を始めることができる。そう聞くと、すばらしいことのように思えるかもしれないが、とんでもない間違いにつながる恐れがあるのだ。たとえば、博物館に収められたミイラにＤＮＡが残っていなくても、学芸員のＤＮＡ片が付着していたら、そうと知らないまま、古代エジプトの僧侶のＤＮＡのつもりで現代の学芸員のＤＮＡを研究することになりかねない。

もちろん、絶滅した動物のＤＮＡと現代人のそれを取り違える恐れはほとんどないが、わたしが混入の危険性に気づいたのは、まさにそうしたトラブルがきっかけだった。動物のｍｔＤＮＡを増幅しようとしていたのに、出てきた結果は往々にして人間のｍｔＤＮＡの配列を示していたのだ。１９８９年、ミュンヘンに移る少し前に、わたしはアラン・ウィルソン、ラッセル・ヒグチとの共著で論文を出版した。その実験では、かつてラッセルがバクテリアでクローニングしたクアッガのＤＮＡをＰＣＲで増幅・解読したが、わたしたちは新たに「信頼性の基準」を導入した。(注１) それは一種の対照実験で、古代の組織を含む標本の作業と並行して、古代の組織を含まないが、試薬などはすべて同じものを含む「ブランク・エクストラクト（抽出物ゼロ）」で同じ実験をするのだ。その方法によって、試薬に潜んでいるかもしれない、さまざまな由来のＤＮＡを検出できるようになった。さらに、その基準では、抽出とＰＣＲは複数回繰り返し、同じＤＮＡ配列が少なくとも二度回収されなければならないとした。そして、これは結果的に気づいたことだが、古代のＤＮＡ断片は最長でも１５０ヌクレオチドを超えないということも、そのＤＮＡ配列が古代のものかどうかを判断する基準となった。そうして至った結論は、それまでになされた古代のＤＮＡを解読する実験、とりわけ、ＰＣＲが登場する以前のものは、救いがたいほど乱暴で、その結果は信用できないということだった。

その段階で振り返ってみると、１９８５年にわたしが発表したミイラの配列は、古代のものにしてはあまりにも長かった。ほかのグループから指摘されたように、実のところ、わたしが回収した配列はミイラのものではなく、移植抗原遺伝子(注2)(ウプサラ大学の同じ実験室で研究していたもの)に由来するものだった。おそらく、その遺伝子を探るためのプローブで配列を特定したからか、あるいは、実験室に残っていた移植抗原遺伝子が混入したかのどちらかだろう。配列の長さからすると、混入した可能性の方が高そうだ。わたしは、こうして科学は進歩していく、古い実験は新しくよりよい実験に追い越されるものなのだ、と自分をなぐさめた。それに、わたしは当事者として、過去の自分の研究を改善することができるのだ。時がたつとともに、外部からの後押しも得られるようになっていた。1993年にトマス・リンダルが『ネイチャー』に短いコメントを発表し、古代のDNAの研究には、わたしたちが1989年に提案したような「基準」(注3)が必要だろうと述べた。(注4)異分野の名高い科学者の支持を得たことは大きな助けとなった。分子生物学や生物化学のしっかりした背景を持たない人々が古代のDNAの分野に集まりつつあったので、なおさらだった。彼らは古代のDNA解読にまつわる数々の成果やメディアの報道に影響され、何でも興味を惹くもののDNAをPCRで解き明かそうとした。わたしたちはそれを「無免許の分子生物学」と呼んでいた。

この新しい研究室でどんなプロジェクトを始めようかと、わたしは思案した。興味があるのは人類の歴史だ。魅力的な題材だが、一般にそのジャンルは、歴史観がもたらす偏見や憶測にあふれていた。わたしは古代人類のDNA配列のバリエーションを調べることによって、ぜひとも人類の歴史の研究を厳密なものにしたいと考えた。見込みがあるのは、デンマークやドイツ北部のピートボグ(泥炭湿地)に保存されている青銅器時代の人間だ。だが、それらについての文献を読むと、死体の保存状態が良いのは沼が酸性だからだとわかった。DNAにとって酸性の環境は望ましくない。ヌクレオチドが欠損したり、DNA鎖がちぎれたりするからだ。また、以前わたしは動物のｍｔＤＮＡを回収しようとして人間のｍｔＤＮＡを回収してしまったが、それが古代の人類となれば、現代人のＤＮＡの混入という問題はいっそう深刻になる。

　そこで人類ではなく、シベリアマンモスなどの絶滅動物を対象とすることにした。だが、それで混入の問題を回避できたわけではない。たとえばわたしが最初に受けもった大学院生のオリヴァ・ハントとマティアス・ヘスは、ヒトのｍｔＤＮＡに特化したプライマーを用いたが、困ったことに動物の標本のほぼすべてと、ブランク・エクストラクトの大半から、ヒトＤＮＡが増幅された。研究室に運び込まれたばかりの新たな容器に入った標本で試してみても、だめだった。細心の注意を払って何度も同じ作業を繰り返したが、何か月たっても、ほぼすべての実験でヒトＤＮＡが抽出された。わたしは絶望しそうになった。フクロオオカミならフクロオオカミらしい配列というように、予想と一致する結果が出ないのであれば、データを信用できるはずがない。かと言って、予想通りの結果しか信用できないのであれば、古代のＤＮＡの研究は実に退屈なものになる。なぜなら、予想外のものを見つけるという、実験科学の本質にして、すべての科学者が夢見る革新的な発見ができなくなるからだ。

　毎晩わたしは、失敗した実験についてもどかしく思いながら、家路をたどった。だが次第に、混入という問題について、自分の認識がまだ甘いということに気づき始めた。わたしは、ＰＣＲの感受性が極めて高いことを知っていながら、その当然の結果を考えようとしなかったのだ。バークレーでもミュンヘンでも、研究室の作業台の上で、博物館の標本からＤＮＡを抽出したが、その同じ作業台で、わたしたちは人間のＤＮＡや他の興味を惹く生物のＤＮＡを大量に扱っていた。もしほんの一滴でも、現代人のＤＮＡ溶液が古代のＤＮＡ抽出物の中に紛れ込んだら、古代の細胞に由来するほんのわずかなＤＮＡは、現代人のＤＮＡに圧倒されてしまうだろう。ピペットの先端を交換しわすれただけでも、こうしたことは十分起こり得るのだ。

必要なのは、古代の組織からのDNA抽出とその後の作業を、ほかのすべての実験から完全に、物理的に分離することだ。なかでも何兆というDNA分子を生産するPCRは、ほかの実験から完全に分離しなければならない。そういうわけで、古代のDNA抽出と増幅をする専用の実験室が必要になった。そこで、同じ階にある窓の無い小部屋を選び、空っぽにして壁を塗り替え、どうすれば新たに買い入れた作業台や道具の上に潜むDNAを破壊できるだろう、と策を練った。そして思いついたのはかなり荒っぽい方法だった。まず漂白剤で部屋全体を拭き清め、DNAを酸化させる。それから天井に紫外線ランプを取りつけ、一晩中つけっぱなしにしてDNA分子を破壊するのだ。試薬もすべて新たに購入し直した。かくして、世界初となる、古代のDNA解析作業専用のクリーンルームが誕生した（図4・1参照）。その結果、状況は劇的に改善した。ブランク・エクストラクトはDNAを生産しなくなり、うれしいことに標本のいくつかからDNAが抽出できた。しかし数か月たつうちに、再びブランク・エクストラクトからDNAが見つかるようになった。頭がおかしくなりそうだった。一体何が起きたのだろう？　わたしたちは試薬をすべて捨て、新しい試薬を買った。

再び状況は改善したが、それは束の間《つかま》だった。わたしは外来DNAの排除をパラノイア的に追及しはじめた。異常なまでに実験室のクリーンさに固執し、加えて、そこでの作業にきわめて厳格なルールを定めた。それは今も標準《スタンダード》となっている。まず、クリーンルームにアクセスできるのは、実験に携わる人——具体的にはふたりの大学院生、オリヴァとヘスに限るとした。彼らはその部屋に入る前に、特別な白衣、ヘアネット、特別な靴、手袋、マスクを装着した。それでもなお、ブランク・エクストラクトからDNAが検出されたので、さらにルールを厳しくし、クリー

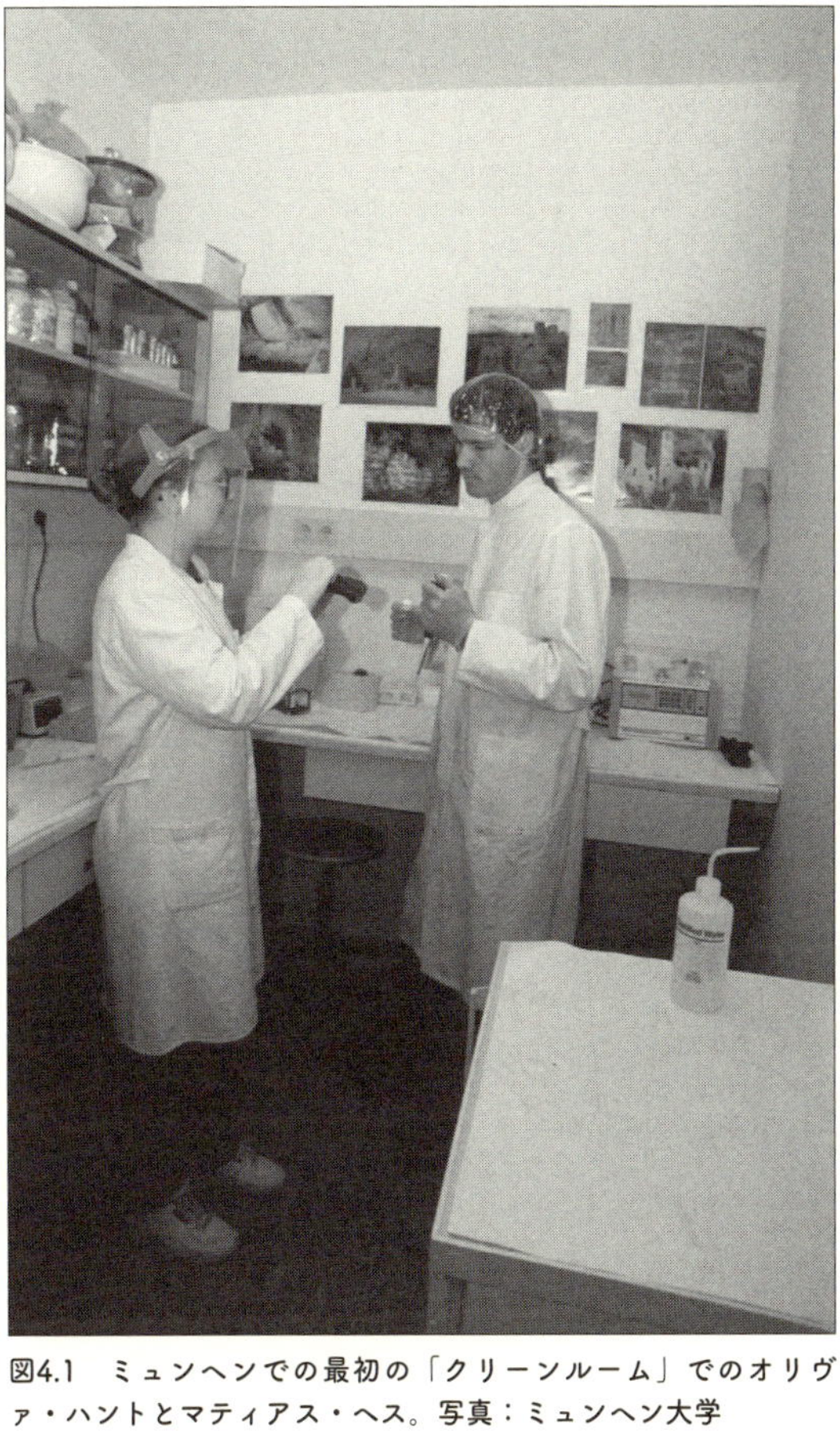

図4.1 ミュンヘンでの最初の「クリーンルーム」でのオリヴァ・ハントとマティアス・ヘス。写真：ミュンヘン大学

ンルームへの入室は朝、自宅から出勤してそのまま入る場合に限った。万一PCRの産物がありそうな部屋に入った場合は、その日はそれ以降のクリーンルームへの入室を禁じた。購入した化学薬品はすべて、直接、クリーンルームに配達してもらうようにし、新しい装置を購入した場合も、直接そこへ運び込んだ。ゆっくりとながら、状況は良くなった。それでも、新たな溶液と化学薬品はすべて、PCRでヒトDNAが混じっていないかを検証しなければならず、それが見つかって一瓶まるごと捨てるということも珍しくなかった。どれも手間のかかる仕事ばかりで、オリヴァとヘスは古代人と絶滅動物について研究しようとわたしのところに来たのに、気がつけば、混入の心配と化学薬品の検査に明け暮れる日々をすごしていたのだった。

ついに2万5000年前の馬のDNAを抽出

しかしそうした努力が少しずつ実を結びはじめ、研究室の雰囲気も明るくなっていった。外来DNAを締め出すことに成功したわたしたちは、他の問題の検証に取りかかった。それまで、DNAの抽出が試みられたのは、皮膚や筋肉などの軟組織に限られていた。しかしわたしは、ウプサラ大学でミイラのDNAを抽出した標本が、骨とそれほど変わらない軟骨だったことを思い出した。DNAが軟組織だけでなく古代の骨からも抽出できるようになれば、可能性は大きく広がる。何と言っても、古代の人の大半は、骨しか残っていないのだから。すでに1991年には、オクスフォード大学のエリカ・ヘーゲルバーグとJ・B・クレッグが、古代のヒトや動物の骨からのDNA抽出をテーマとする論文を書いていた(注5)。

そういうわけで、混入の問題が落ち着くと、ヘスは骨からのDNA抽出に挑戦しはじめた。混入が識別しやすいように、対象は動物に限った（わたしたちの研究室に、動物のDNAはほとんど存在しないはずだった）。彼はいくつもの方法を試したが、そのひとつは、微生物からＤＮＡを抽出するためのプロトコルだ。それは、ＤＮＡ分子の、高塩濃度下でシリカ粒子（非常に微細なガラス粉末）と結びつく性質を利用する。結合させた後にシリカ粒子を洗浄して、ＤＮＡ以外の不純物をすべて除去し、その後、塩分濃度を下げることによって、シリカ粒子からＤＮＡを解放し、ＰＣＲで増幅するのだ。きわめて骨の折れる作業だったが、この方法は成功し、大きな前進をもたらした。

１９９３年に、ヘスとわたしはこのシリカ粒子による抽出法を論文で発表した。その実験では更新世の馬の骨を用いた。それらからｍｔＤＮＡ配列が得られたことは、２万５０００年前の骨からＤＮＡが回収できることを実証した。最終氷期以前の動物のＤＮＡ配列が解読されたのはそれが初めてだった。(注6) その後、細かい修正はなされたが、今も古代のＤＮＡを抽出する際には、主にこのプロトコルが用いられている。この論文に至るまでに、わたしたちはいやというほど挫折や失敗を重ねてきた。それは論文の冒頭に記した、わたしたちが取り組む若い分野は「問題だらけだ」という言葉からも明らかだ。しかしその状況は、ゆっくりと変わりつつあった。当時はわからなかったが、ヘスとオリヴァは、その後の数年間に起きる多くの変化の基礎を築いたのだ。

１９９４年に、ヘスは５万年前から９７００年前までの、シベリアのマンモスの骨からＤＮＡを回収し、塩基配列を決定した。その論文は、２体のマンモスの骨からＤＮＡを分離したエリカ・ヘーゲルバーグの論文とともに『ネイチャー』に掲載された。(注7) これらの配列はとても短かったが、より多くの配列が回収されれば何が可能になるかを示唆していた。たとえば、４体のマンモスのＤＮＡ配列には多くの違いがあったので、より多くのＤＮＡが回収されれば、現在生きている近縁種——インドゾウとアフリカゾウ——との関係を明らかにするだけでなく、後期更新世から4000年前の絶滅に至るまでの歴史をたどることができるだろう。古代のDNA研究に、ようやく明るい兆しが見えてきた。

この頃から、わたしたちのDNA抽出とPCRの技術は、生物由来の変わった素材にも応用されるようになった。同じくミュンヘン大学に所属する野生生物学者、フェリックス・クナウアがわたしのオフィスにやってきて、わたしたちのDNA技術を、「保全遺伝学」に利用できないだろうか、と尋ねた。保全遺伝学とは、絶滅危惧種を遺伝子レベルで保存しようとする分野だ。フェリックスは、南アルプスに生息するイタリアヒグマの最後の集団の糞を集めていた。わたしはフェリックスと彼が指導する学生数人を招いて、ヒグマの糞でシリカによるDNA抽出とPCRを試した。すると、そのような排泄物からでも、ヒグマのmtDNAを増幅することができた。それまで野生動物からDNAを得るには、殺すか、鎮静剤入りの矢で撃って血液を採取するという、危険な（動物にとっては迷惑この上ない）方法しかなかった。しかしわたしたちは、イタリアヒグマと他のヨーロッパヒグマとの遺伝的関連を、ヒグマをまったく煩わせることなく調べることができたのだ。この研究を小論文にまとめて『ネイチャー』で発表した。糞からヒグマが食べた植物のDNAも回収し、何を食べているかを明らかにしたことも書き添えた。(注8) 以来、自然環境で採取した排泄物からのDNA抽出は、野生生物学と保全遺伝学の常道となった。

ありえないはずの、数百万年以上前のDNA抽出研究が続々現れる

わたしたちが混入を検知し除去する方法を確立しようと四苦八苦していた時期に、『ネイチャー』や『サイエンス』には、古代のDNAを回収したという華々しい論文が次から次へと掲載され、ずいぶんくやしい思いをさせられた。それらの論文の著者は、一見、わたしたちよりはるか

に大きな成功を収めており、それに比べるとわたしたちの成果は、「わずか」数万年前のＤＮＡ配列を回収しただけのつまらないものに見えた。このような動きは、わたしがまだバークレーにいた１９９０年からすでに始まっていた。カリフォルニア大学リバーサイド校の研究者らが、アイダホ州クラーキアの中新世の堆積層で発見された１７００万年前のマグノリア（Magnolia latahensis）の葉から採取したＤＮＡの配列を発表した。(注9) これはたいへんな偉業であり、ＤＮＡの進化の過程を数百万年前まで、うまくいけば恐竜時代にまで遡れるのではないかと期待された。

しかしわたしはその結果を疑った。１９８５年にトマス・リンダルの研究室で学んだことから、ＤＮＡ断片が数千年にわたって壊れずに残ることは可能だとわかっていたが、数百万年というのは論外だ。アラン・ウィルソンとわたしは、もし水分があり、暑さも寒さもほどほどで、酸性もアルカリ性も強すぎない環境にあれば、ＤＮＡはどのくらいの期間、保存されるかについて、リンダルの研究に基づいて大ざっぱな計算を試みた。そして、数万年――きわめて恵まれた環境でなら数十万年――が過ぎると、分子はすべて消滅するという結論にいたった。だが、それが本当かどうか誰にわかるだろう。アイダホ州の化石層には、ＤＮＡの保存に向く、何か特別な要素があるのではないだろうか？

ドイツに戻る前に、わたしは現地を訪れた。堆積層は黒い粘土質で、ブルドーザーによって掘削されていた。掘り返すと、粘土の中にモクレンの葉が残っていたが、空気にふれるとたちまち黒ずんだ。わたしはその葉をたくさん集めてミュンヘンに持ち帰った。クリーンルームでＤＮＡ抽出を試みたところ、長いＤＮＡ断片がいくつも見つかった。ＰＣＲにかけてみたが、植物のＤＮＡは出てこなかった。その長いＤＮＡはバクテリア由来ではないかと目星をつけ、バクテリアＤＮＡ用のプライマーで試したところ、たちまちうまくいった。粘土の中でバクテリアが繁殖していたのは明らかだった。唯一、納得のいく説明は、リバーサイド校のグループは独立したクリーンルームも持っておらず、混入したDNAを古代の植物の化石のものと誤解した、というものだ。1991年に、アランとわたしは、DNAの安定性について論文をまとめ、先に述べた推論に基づく計算を発表した。(注10)それに続く論文では、アイダホで採取した植物化石からDNAを回収しようとしたが、失敗に終わったことを書いた。(注11)苦しい時期だった。と言うのは、前年からアランが深刻な白血病と闘っていたからだ。それでも彼は両方の論文に多大な貢献をしてくれた。その年の7月、アランは56歳という若さで世を去った。

いつもながら考えの甘いわたしは、DNAが数百万年にわたって保存されることは化学的に見てありえないとしたその論文によって、太古のDNAの探究は終わるだろうと楽観していた。しかし、終わるどころか、アイダホの植物化石を端緒とし、新たな研究分野が幕を開けた。それにつづく太古のDNAは琥珀の中に見つかった。琥珀は、数百万年前に木からにじみ出た樹脂が、透明な金色の塊に固化したもので、ドミニカ共和国やバルト海沿岸で多く産出される。昆虫や葉、アマガエルなどの小動物が閉じ込められたものが見つかることも珍しくない。そのような含有物は、しばしば数百万年前に生きていた有機体の詳細をとてもよく保存しているので、一部の研究者は、おそらくDNAもそうだろうと期待した。

それについて論じた最初の論文は、1992年に『サイエンス』で発表された。アメリカ自然史博物館のグループが、ドミニカ産の琥珀に閉じ込められた3000万年前のシロアリのDNA配列を解読したのだ。(注12)続いて1993年に、カリフォルニア理工州立大学のラウル・カーノ率いる研究者らが、レバノンの琥珀に閉じ込められていた1億3500万年前から1億2000万年前までのゾウムシから得たDNAについての論文と、(注13)その琥珀をもたらした4000万年から3

500万年前のドミニカの木の葉に関する論文を発表した。(注14) カーノは企業を設立し、その企業は琥珀から1200個以上の有機体を分離し、閉じ込められていたミツバチの腹から9種の古代イースト株を抽出し、培養に成功したと主張している。

そのような突飛な主張はともかく、DNAが非常に長い間、琥珀の中で保存される可能性は否定できないように思えた。なぜなら、DNAを破壊する最大の要因である水と酸素から守られているからだ。だからと言って、琥珀に囲まれていても、数百万年にわたって浴びたはずの自然放射線の影響を受けないわけではないし、また、その千倍も若いDNAの回収にわたしたちがこれほど苦労している理由の説明にはならないのだ。

「琥珀の中のDNA」「恐竜のDNA」の真偽を確かめる

1994年に真実を明かす機会が訪れた。その年、カリフォルニア理工州立大学のヘンドリク・ポイナーがわたしたちの研究室に参加した。彼は陽気なカリフォルニア人で、父親は、琥珀とそれに閉じ込められた生物の権威であるカリフォルニア大学バークレー校の教授、ジョージ・ポイナーだ。ジョージ・ポイナーは世界で最も上質な琥珀を手に入れることができ、ヘンドリクはラウル・カーノと共著で琥珀の中の生物のDNA配列をいくつか発表していた。ヘンドリクは完成してまもないクリーンルームで実験を始めた。しかし彼はカリフォルニア理工州立大学で行った実験を再現することができなかった。ブランク・エクストラクトにDNAが含まれない限り、琥珀の中の昆虫であれ植物であれ、DNAは回収できなかったのだ。わたしはますます疑念を深め、また、強力な援軍も現れた。トマス・リンダルは、1985年にわたしが彼の研究室を訪ねて以来、古代のDNAに興味を持つようになり、1993年に『ネイチャー』で、DNAの安定性と減衰について非常に影響力のあるレビューを発表した。その一節はまるまる古代のDNAにあてられていた。[注15] 彼は、以前わたしとアランが指摘したように、DNAが数万年を超えて保存されることはほぼありえないと述べた。もっとも、彼は、琥珀に閉じ込められた生物のDNAは例外かもしれないとしていたが、わたしは、琥珀に関してはすっかりあきらめていた。

またトマスは、古代のDNAにぴったりの言葉を創ってくれた。「アンテディルヴィアン（ノアの洪水以前の）DNA」である。わたしたちはその表現が気に入り、よく使ったので、やがてそれは定着した。しかし、この皮肉たっぷりの呼称も、古代のDNAへの熱を冷ますことはできなかった。1994年、ついに起きるべきことが起きた。ユタ州のブリガム・ヤング大学のスコット・ウッドワードが8000万年前の骨の断片——一頭、あるいは複数の恐竜のものかもしれない骨——から抽出したDNA配列を公表したのだ。[注16] それほど意外でもないが、この論文は、ニュース価値の高い研究を載せようと競い合い、ともすれば不当な名声を享受している2誌——『サイエンス』と『ネイチャー』——の一方である『サイエンス』に掲載された。ウッドワードらは、骨の断片から多くの異なるmtDNAを回収し、シーケンシングしたが、そのいくつかが哺乳類、鳥類、爬虫類のいずれからも遠いように思えたので、これこそ恐竜のDNAに違いないと言い出したのだ。わたしに言わせれば実にばかげた主張だった。わたしの研究室の、凝り症でややオタク気味のポスドク、ハンス・ツィッシュラーは、この分野が妙な方向に発展していくことに常々苛立ちを覚えていたので、このユタ州のグループが行った研究を追跡することにした。そして公表されたDNA配列をより厳密に分析したところ、それは鳥や爬虫類のmtDNAよりも、哺乳類、特に人間のそれに近いことがわかった。

とは言え、人間のmtDNAそのもののようには見えなかった。それらが何であるかを説明するには、まずmtDNAについて詳しく説明する必要があるだろう。mtDNAは、大半の動物の細胞内の、核の外にある小器官、ミトコンドリアのゲノム――1万6500ヌクレオチドの環状DNA――であることを思い出してもらいたい。もとをたどれば、この小器官とそのゲノムは、20億年ほど前に、原始の真核生物細胞に侵入し、エネルギー生産の道具として取り込まれたバクテリアのものだった。年月がたつとともに、そのバクテリアのDNAの大半は、宿主の細胞核に移動し、そこで宿主のゲノムと融合した。今でも人間の生殖細胞系（精子や卵子が作られる）では、ミトコンドリアが時々壊れてmtDNAのかけらが細胞核にはいることがある。すると、修復メカニズムがmtDNA鎖の端（ちぎれた部分）を認識し、核DNAにもちぎれたところがあれば、その端とmtDNA鎖の端をくっつける。こうしてmtDNA断片はしばしば核DNAに組み込まれ、これと言って害がなければ、そのまま次の世代へと受け継がれていく。そういうわけで、わたしたちは核DNAの中に、間違って組み込まれたmtDNA断片を、数千とは言わずとも、数百くらいは持っているのだ。

これらの断片と本来のmtDNAの配列には、同じところもあれば、異なるところもある。と言うのは、遺伝子のガラクタとして核DNAに取り込まれたそれらには、何の働きも求められないため、変異が無秩序に蓄積するからだ。ユタ州のグループが「恐竜のDNA」だと思ったのは、そうやって核DNAに紛れ込んだmtDNA断片ではないかと、わたしたちは推測し、ハンス・ツィッシュラーはその証拠探しに乗り出した。その方法として、人の核DNAの中に、彼らが発表した配列がないかどうか探してみることにしたが、ひとつ問題があった。それは、人間の細胞からDNAを抽出すると、どうしても核DNAとmtDNAが混ざり合ったものになってしまうことだ。ミトコンドリア由来のmtDNAの数千、数万というコピーがあふれかえっている中で、核ｍｔＤＮＡ（核ＤＮＡに取り込まれたｍｔＤＮＡ）のセグメント（一部分）を探すのは不可能だ。ここで、生物学の知識が役に立つ。第1章で述べたように、わたしたちは母親だけから卵子経由でｍｔＤＮＡを受け継ぎ、父親からは受け継がない。卵子に貫入する精子の頭部には、ミトコンドリアがないからだ。したがって、ｍｔＤＮＡが混じっていない核ＤＮＡを得るには、精子の頭部を切りとって集めればいいのだ。

研究室の男子の大学院生たちに相談したところ、研究への熱意あふれる彼らは、思い思いの方法で精子を生産してくれた。ハンスは遠心分離機を使ってそれらの頭部を注意深く分離した。次にそれらからＤＮＡを精製し、ユタ州のグループが用いたのと同じプライマーを加えてＰＣＲで増幅した。予想通り、核ｍｔＤＮＡの配列が数多く得られた。次にわたしたちは、その配列をユタ州のグループが得た「恐竜の配列」と比べてみた。すると、ほぼ同じ配列がふたつ見つかった。つまり、ユタ州のグループがシーケンシングしたのは、恐竜のＤＮＡではなく、ヒトの核ゲノムに取り込まれたｍｔＤＮＡだったのだ。これらのセグメントは、はるか昔にｍｔＤＮＡの本体から離れ、変異を蓄積してきたため、人間のゲノムとはやや違って見えるが、それでも、哺乳類、鳥類、爬虫類のｍｔＤＮＡよりは人間のｍｔＤＮＡによく似ていた。『サイエンス』に送る「技術的所見《テクニカル・コメント》」を書きながら、(注17)わたしは痛快な気分だった。「わたしたちの研究室で解析した配列が、ユタ州のグループが得た配列に酷似していた理由として、３つのシナリオが考えられる」と記し、こう続けた。「第一は、こちらの研究室にも恐竜のＤＮＡがあったというもの――これはまずありえない。第二は、恐竜が６５００万年ほど前に絶滅する以前に、初期の哺乳類と交配し、ＤＮＡを伝えたというもの――これも可能性はゼロに等しい。第三の、もっとも有望なシナリオは、ユタで配列を解析した際にヒトＤＮＡが混入したというものだ」。『サイエンス』は、わたしたちの所見とともに、他の2グループの所見も掲載した。どちらも、自分たちが得たｍｔＤＮＡ配列は鳥類の祖先（恐竜）のものだというユタグループの主張は根拠とする配列比較に欠陥があるとしていた。

その所見を書くのは愉快だったが、古代のＤＮＡ研究にユタ州のグループの研究のようなものがあふれている現状が口惜しく思えた。この分野は華々しいけれども胡散臭《うさんくさ》い結果に悩まされていた。研究室の学生やポスドクがよく言っていたが、ＰＣＲで驚くべき結果を出すのは簡単だが、それが正しいと証明するのは難しい。であるにもかかわらず、ひとたびその結果が公表されると、それが誤りで、混入によるものだと示すのは、なお難しいのである。

ユタの研究に対する反証はうまくいったが、それには多くの労力が必要で、成功したからと言って、わたしたちの研究が進展したわけではなかった。その時点でも、『ネイチャー』と『サイエンス』で発表された琥珀内の配列が、何に由来するのかはっきりしなかった。よく調べれば特定できるとわかっていたが、もう十分だとわたしは思った。ある学生は「ＰＣＲのポリスを演じるのはもうやめましょうよ」と言った。以後、間違いだと思える報告は無視して、自分たちの研究に集中することにした。この分野の発展に貢献するには、何よりもまず数万年前の標本から回収し、解析した配列が本物で正しいということを証明する方法を確立しなければならない。だが、古代の人間の遺物でそれをするのは、不可能ではないとしても、非常に難しいはずだ。現代のヒトＤＮＡがそこかしこに潜んでいるからだ。そういうわけで、辛い決断だったが、しばらく人類の歴史のことは忘れて、古代の動物の研究に専念することにした。結局のところ、わたしは動物学部の教授なのだ。絶滅動物と今も生きる近縁種との関係に集中することにした。

第5章　そうだ、ネアンデルタール人を調べよう

1993年、古代人「アイスマン」を解読したが、現代人との区別は難しかった。もっと古く、かつ、ある程度DNAが残るのは……ネアンデルタール人だ

1830年代に南米を訪れたチャールズ・ダーウィンは、大型の草食動物の化石をいくつも発見し、魅了される一方、戸惑いも覚えた。それらは、当時その地域で見られたどの動物よりもはるかに大きかったのだ。彼は多種多様な動物や鳥を捕獲するとともに、できるだけ多くの化石を集めてイングランドに送った。その中に、アルゼンチンの海岸の浸食された崖で見つかった大きな下顎があった。解剖学者のリチャード・オーウェンはそれを、カバくらいの大きさのナマケモノの顎であると分析し、その動物を「ミロドン・ダーウィニ」と名づけた（図5・1参照）。異様に大きな草食動物だということ以上に人々の興味をそそったのは、それがパタゴニアの原野でまだ生きているという噂だった。驚くべきことに、1900年にはオオナマケモノのものと思われる新しい糞と皮膚の残骸も発見された。この驚異的な動物を見つけようと、ヘスキス・プリチャードはパタゴニアを3200キロメートルにわたって探検したが、結局、「ミロドンが生き残

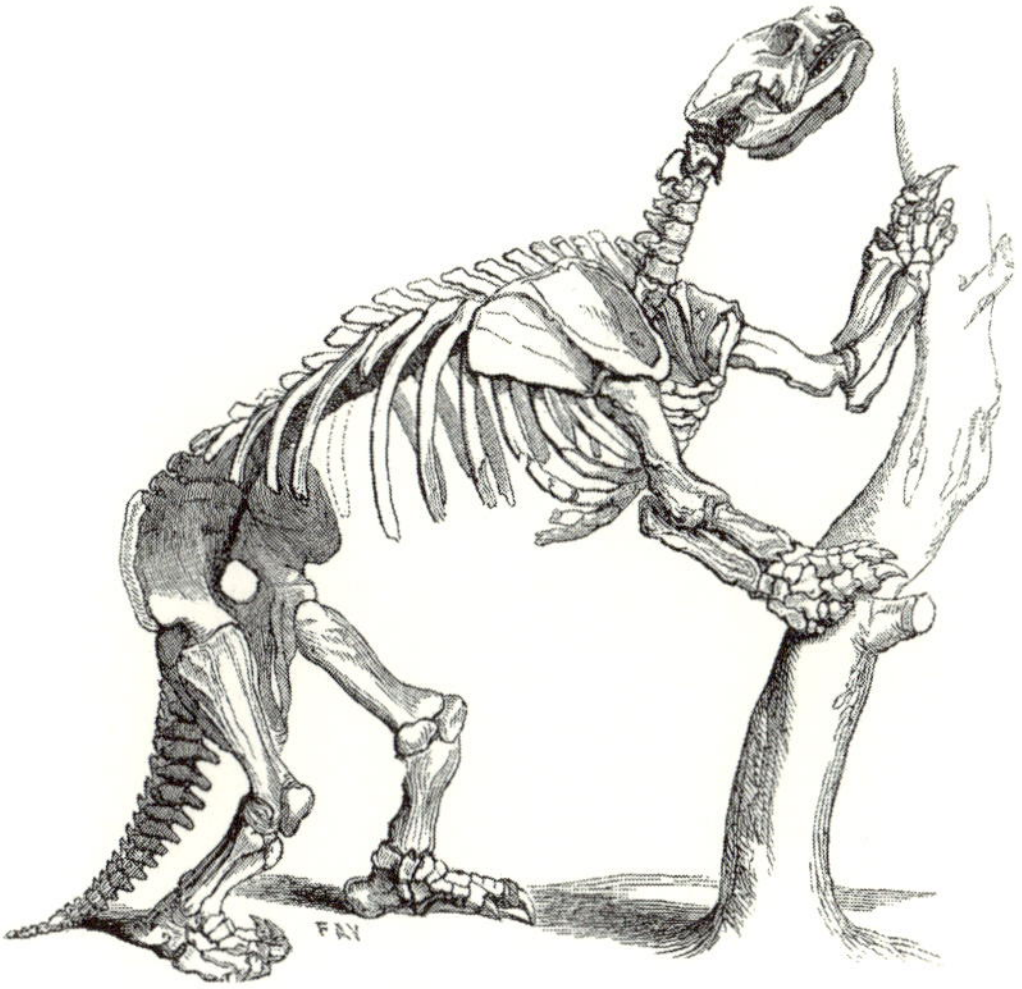

図5.1　地上性ナマケモノの骨格。http:commons.wikimedia.org/wiki/.

っているという証拠は一切、見当たらない」という結論に至った（注1）。それもそのはずで、ミロドンは1万年前の最終氷期に絶滅したことが現在ではわかっている。

今でも南米にはフタユビナマケモノとミユビナマケモノが生息しているが、体重はわずか5〜10キログラムで、身の丈3メートルのミロドンに比べるとずいぶん小柄だ。そしてどちらも、地上性のミロドンと違って樹上で暮らしている。だが、進化的に見れば、それらが樹上生活に適応したのは比較的最近のことだと思われる。なぜなら樹上性にしてはどちらもかなり大型で、枝の上で敏捷に動けるわけではなく、排便する時などは地上に降りてくるからだ。ここで大きな疑問が浮上する。樹上への適応は一度だけ起きたのだろうか。つまり、両者の祖先が嫌々ながら樹上での暮らしに適応したのだろうか。それとも、フタユビとミユビは別々に樹上生活に適応したのだろうか。もしこの似たような進化が二度

——歴史は繰り返すという通り——起きたのであれば、それは、動物が環境の変化に適応する方法は限られていることを意味する。異なる集団の生物が似たような体型や行動様式を進化させる「収斂進化」は、進化は規則に従うという証拠であり、それがどのような規則かを推測するのに役立つ。わたしがチューリヒとバークレーで研究したフクロオオカミはその一例だ。ナマケモノについても、ダーウィンが持ち帰ったオオナマケモノと、フタユビナマケモノ、ミユビナマケモノとの関係がわかれば、それが収斂進化であったかどうかがはっきりするだろう。

わたしはロンドンの自然史博物館を訪れ、第四紀哺乳類部門の親切そうな学芸員、アンドルー・カラントに会った。アンドルーは哺乳類考古学が専門で、その風貌はどことなく更新世の大型哺乳類を彷彿とさせた。彼はダーウィンが持ち帰った化石をいくつか見せてくれた上に、収蔵するミロドンの化石を少々、切り取らせてくれた。わたしはニューヨークのアメリカ自然史博物館も訪ね、そちらではナマケモノの標本を手に入れた。しかし、古代の動物標本へのヒトDNAの混入がいかに起きやすいかを目の当たりにしたのは、ロンドンの博物館でアンドルーと過ごした時のことだった。ナマケモノの骨を調べていた時に、ニスを塗っているのではないかとアンドルーに尋ねた。すると彼は「いいえ、それはないですね」と言って、驚いたことに、一片の骨を拾い上げると、それをなめた。ニスを塗布されていたら唾液は染み込まないが、塗布されていなかったら、骨が唾液を吸収するので、舌がはりつくような感じになる、と彼は説明した。わたしは驚き、過去数百年間に、あちこちの博物館でいったい何回この「テスト」が行われたことかと思うと、ぞっとした。

DNA配列は、形態よりも強力に進化の系統を解き明かせる

ナマケモノの標本がミュンヘンに届くと、マティアス・ヘスが腕を振るうことになった。いつものようにわたしは、細心の注意を払って作業を進めるように、と強く言った。わたしがナマケモノに関心を寄せたのは、つまるところ古代のDNAの回収に興味があるからなのだ。ヘスは、おおざっぱな分析をして、ミロドンの抽出物に含まれるDNAの量を見積もり、また別の荒削りな方法で、それらが現代のナマケモノのDNAにどのくらい似ているかを見積もった。最も状態の良い抽出物でも、ミロドンのDNAは0・1パーセントしか含まず、それ以外はミロドンが死んだ後にその骨に繁殖した微生物のDNAだった。後に、この値は古代の遺物のどれについてもだいたい同じであることがわかった。

ヘスはミロドンDNAの短い断片をPCRで増幅し、長さ1000ヌクレオチド以上のmtDNAを復元した。それを、現生のナマケモノのmtDNAの同じ部位の配列と比べたところ、ミユビナマケモノのmtDNAとよりも、フタユビナマケモノのmtDNAとよく似ていた。これは重要なことだ。なぜなら、フタユビナマケモノがミロドンと等しく遠縁であったら（当時、科学者の大半はそう考えていた）フタユビとミユビには共通の祖先がいて、それが樹上性に移行したと考えられるからだ。しかし、わたしたちが得た結果は、ナマケモノは樹上で暮らす小型の種へと、少なくとも二度進化したことを示唆していた（図5・2参照）。

フクロオオカミと樹上性ナマケモノがいずれも収斂進化の事例だと判明したことから、生物の形態は系統上の関係の指標としてはあてにならないと言えそうだ。どのような形態やふるまいも、環境の変化が強い圧力をかけると独自に進化するらしい。したがって、種と種のつながりは、形態やふるまいよりも、DNA配列によって、より正確に示すことができると言えるだろう。

形態の変化は総じてその種の生存能力に影響し、また、例えば骨を見ればわかるように、ある

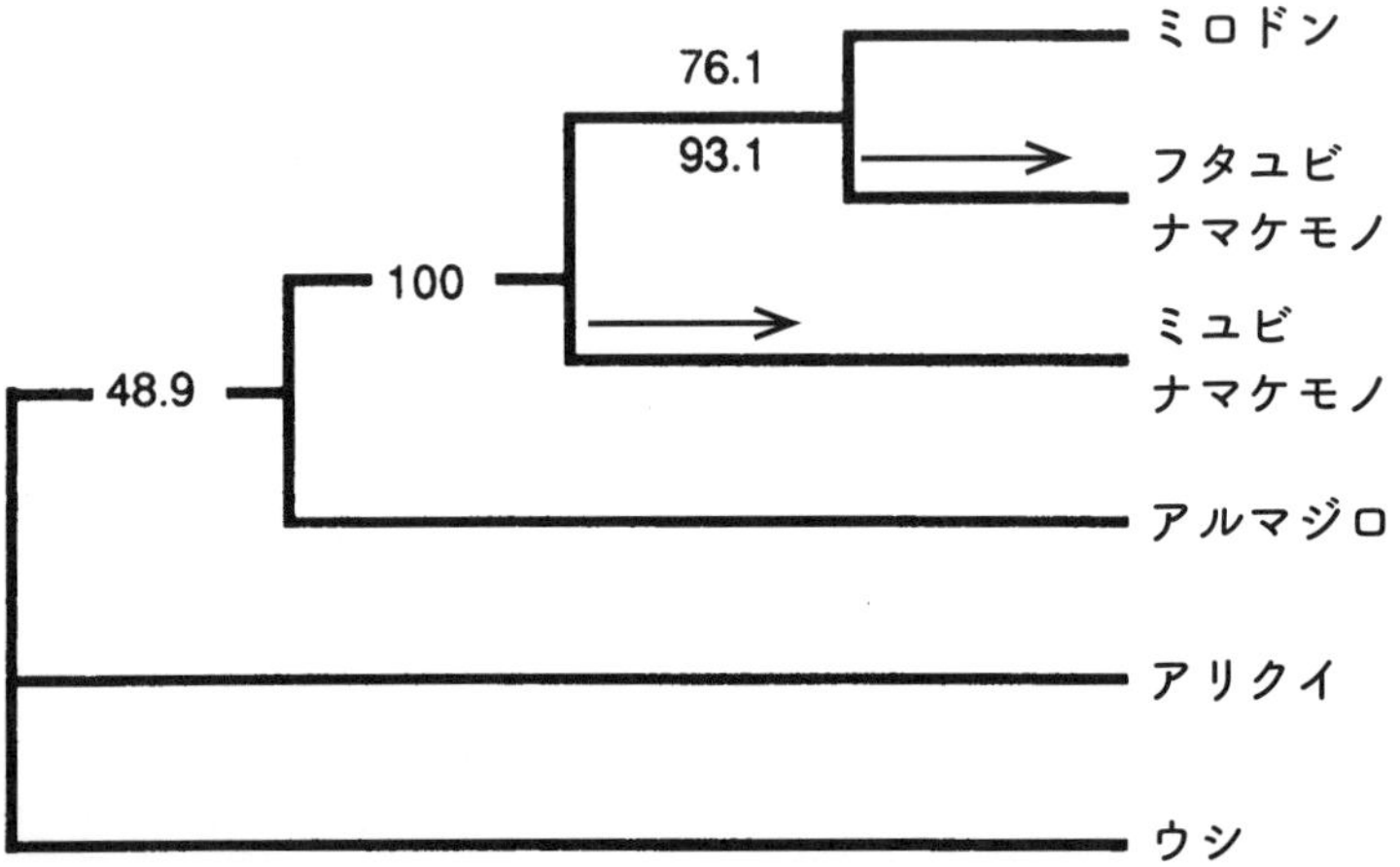

図5.2　ミロドンがミユビナマケモノよりもフタユビナマケモノに近縁であることを示す系統樹。樹上生活への移行が二度起きたことがわかる。マティアス・ヘスのグループ著。"Molecular phylogeny of the extinct ground sloth *Mylodon darwinii*," Proceedings of the National Academy of Sciences USA 93. 181-185（1996）より

部位が変化すれば、他の部位も変わらざるを得ない。一方、DNA配列は、互いに無関係のランダムな変異が大量に蓄積していくので、形態学的特徴よりもはるかに正確に、種と種の関係を示すことができるのだ。実際、共通の祖先から分岐した時期さえも、DNA配列の相違――すなわち、蓄積した変異――の数から推定することができる。なぜなら、変異は、少なくとも近縁の集団では一定のスピードで起きるからだ。

　ヘスは、そのような「分子時計」のアプローチ（mtDNAの配列の違いをもたらした変異の数を数える）によって、アルマジロやアリクイを含むナマケモノと近縁の集団の歴史を遡った。すると、このグループが極めて古い歴史を持つことがわかった。それらが多様に枝分かれしたのは、恐竜が絶滅した約6500万年前よりも前の時代だったのだ。それは他の哺乳類の一部や鳥類についても言えることで、今日見られる

多くの動物の起源は、恐竜が闊歩していた時代に遡る。樹上性ナマケモノが共通の祖先を持たないことをわたしたちが発見するまで、樹上性の形態は、ある時期に起きた重大な生理学的適応によるもので、おそらく最終氷期の気候変動に対応するためだったのだろうと考えられていた。しかし、それらが共通の祖先を持たないのであれば、その可能性は低いと言える。むしろ彼らは、樹上性だったので、生き延びることができたのではないだろうか。つまり、かつてはさまざまな形態の地上性ナマケモノがいたが、樹上性のものだけが生き延びたというのが、本当のところなのだろう。

わたしたちは論文を次のような推測で締めくくった。「人間はのろまな地上性ナマケモノを大いに狩って、絶滅に追いやったと思われる。したがって、樹上生活は、ナマケモノたちが人間の到来後も生き延びるのに役立ったのだろう(注2)」。およそ1万年前にアメリカの巨大動物相が消滅したのは、生態学的な要因によるのか、それとも人間が乱獲したせいなのか、という謎については今も議論が続いているが、古代のDNAがそれを解く一助となるのであれば、苦労して解読した甲斐があるというものだ。数千年前に生きていた動物から信頼できるDNA配列を回収することは可能で、そこに記された情報を読みとれば、それらの動物の進化に新たな展望をもたらすことができるということを、わたしたちは証明したのである。

再び古代の人間のDNAに戻り、「アイスマン」の解析に挑む

1990年代の中頃までに、古代のDNA研究の分野はいくぶん安定し、何が可能で何が不可能かについてコンセンサスができあがりつつあった。そして、かつてバークレーでわたしたちがカンガルーネズミの標本で行ったように、死後すぐに乾燥させた皮など、動物学分野が収蔵して

いた標本で、ＤＮＡ抽出が試みられるようになった。ホリネズミ、ウサギ等々、多くの動物について研究がなされた。いくつかの大規模な自然史博物館が分子研究室を設立し、古い収蔵物と、この目的のために新たに集めた標本の、ＤＮＡ研究に打ち込んだ。ワシントンＤＣにあるスミソニアン協会とロンドンの自然史博物館が先鞭をつけ、他の機関が後を追った。また、法医学者は、何年も前に収集した証拠から抽出・増幅したＤＮＡを分析できるようになった。おかげで冤罪《えんざい》で収監されていた人々の有罪判決は覆され、また、遺物に残されたＤＮＡから被害者や犯人を特定できるようになった。ミュンヘンにいた頃のわたしは、他の研究者たちが『サイエンス』や『ネイチャー』に数百万年前のものだと称して何のものだかわからない配列を続々と発表するのを口惜しく眺めながら、混入や他の技術面の問題と格闘しつづけたが、その数年に及ぶ苦労は十分、報われた。かつての落胆は、深い満足へと変わっていた。この分野は確立されたのだ。かつて挑戦しようとしたものに戻るべき時だ。古代の人間のＤＮＡに。

すでに述べたように、古代のＤＮＡに現代人のＤＮＡが混入する機会はいくらでもある。ロンドンの学芸員がナマケモノの化石をなめてみせたのはその最たる例だが、埃や試薬なども混入をもたらす。しかし、わたしにとってＤＮＡから人類の歴史を明かすことは、究極の目的である。とてつもない障害が立ちふさがっているのは覚悟の上だ。問題は、それを乗り越える道を見つけられるかどうかなのだ。

オリヴァ・ハントはその道の探究に献身した。オリヴァは母性を感じさせる暖かな女性だが、自身の研究については度を超して厳格で、その仕事をまかせるのにぴったりの人物だった。彼女は、ナマケモノの研究でマティアス・ヘスを悩ませた微生物のＤＮＡの混入という問題に取り組まなければならなかったが、合わせて、実験室に漂うやっかいな塵も悩みの種だった。もしそれが、古代の人骨からの抽出物を保存する試験管に入りこみ、一方、対照実験に使うブランク・エクストラクトには入らなかった場合、配列を決定しても、それが骨由来のものか塵由来のものかはわからない。そこで、わたしは彼女に、ヨーロッパ人には見られない変異を含むアメリカ先住民のＤＮＡを調べてもらうことにした。予測通りの結果だけをよしとする実験は好きではなかったが、それは、古代のヒトＤＮＡ配列を確実に回収する数少ない方法のひとつだと思えた。そういうわけでオリヴァは、アメリカ南西部から出土した６００年ほど前のものと思われる人骨とミイラ化した遺物のＤＮＡの抽出を始めた。彼女は作業に専心し、結果の再現性を証明するために何度も抽出を繰り返した。そうこうするうちに素晴らしいチャンスが訪れた。

　１９９１年９月にふたりのドイツ人ハイカーが、アルプス山脈の、オーストリア・イタリア国境のハウスラプヨッホに程近いエッツ渓谷の氷河で、溶けかかった雪の下にミイラ化した男性の死体があるのを発見した。当初、ハイカーたちも、その話を聞いた専門家も、現代人の遺体だと思った。戦死者か、吹雪で道に迷った気の毒なハイカーだろう、と。しかし、遺体を氷河から取り出し、衣服や装備を調べてみると、そのどちらでもないことが明らかになった。彼が亡くなったのは５３００年前の青銅器時代だったのだ。オーストリア政府とイタリア政府はそれぞれ、そのミイラは自国の領土で見つかったと主張した。発見者と政府の役人との間でも、発見の報酬を巡って激しいやりとりがあった。その遺体を保存したオーストリア、インスブルック大学の病理学研究室の人々は、外部の人間には一切触れさせようとしなかった。要するに、法的にも社会的にも大騒ぎになったのだ。そんな状況だったので、１９９３年にインスブルック大学の教授から連絡があり、アイスマン——またの名をエッツィ（発見場所に因んでつけられた）——のＤＮＡ

を分析してみないかと尋ねられた時には、ずいぶん驚いた。5000年以上昔のものとは言え、その間ずっと凍結保存されていた遺体なら、エジプトのミイラや北米大陸の人骨よりはるかに状態がいいはずだ。引き受けることにした。

わたしはオリヴァとともにインスブルックに飛んだ。現地では、わたしたちのために病理学者がアイスマンの左の腰から8個の小さな標本を採取した。その部位はすでに、アルプスの氷河から（古代の貴重な遺体だとは思いもよらず）大型のハンマーで取りだした時に損傷していた。ミュンヘンに戻るとオリヴァはさっそくｍｔＤＮＡの抽出と増幅に取りかかった。整然とした配列を回収できたので、大いに期待したが、解析してみると、その配列は意味のわからないものだった。多くの場所に、本来のものとは異なるヌクレオチドが入り込んでいるように見えた。それを解決するためにオリヴァは、わたしがウプサラ大学で用いた方法を試すことにした。つまり、ＰＣＲの産物をそれぞれクローニングし、シーケンシングしたのだ。クローンはいずれも、ＰＣＲにかけた最初のＤＮＡ断片に由来するので、それらを調べれば、最初のＤＮＡ断片がすべて同じ長い配列に属する――すなわち、同じ個体に由来する――か、あるいは異なる配列に属する――複数の個体に由来する――かがわかる。

結果は後者で、8つの標本には由来の異なる配列が混入していて、しかもそれぞれ内容が違っていた。実に苛立たしい結果だった。混入したＤＮＡのすべてではないとしても、大半は、発見時にアイスマンに触れた人々のものだろう。どうすれば、アイスマンの配列と他者の配列を判別することができるだろう。進化のタイムスケールで言えば、アイスマンはそれほど昔に生きていたわけではなく、現代のヨーロッパ人によく似た、あるいはまったく同じｍｔＤＮＡの型を持っていてもおかしくないのだ。そして、発見されて以来、多くのヨーロッパ人が彼に触れたのは明らかだった。

アイスマンにはなんとか成功したが……

　幸い、インスブルックで手に入れた標本はかなり大きかったので、現代人のDNAに汚染されたとしても、それは表面に限られると期待できた。そこで表面を削って、誰も触っていない部分から試料を採取した。この方法はかなりうまくいったが、限界があった。配列の6か所の変異の種類が以前のものより少なく、その配列が、3人から4人に由来することを示唆していたが、だからと言ってそれらの配列を、3つか4つにグループ分けできるわけではなかった。その6か所の変異が配列のあちこちに散らばっていることに、オリヴァは気づいた。わたしがバークレー時代に論文にまとめた「ジャンピングPCR」の結果に違いない。ポリメラーゼが短いDNA断片を縫い合わせて、元の配列とは異なる新たな配列を作ってしまったのだ。このように組み換えの起きた配列を、またばらばらにして、どれがアイスマンの配列か（それが含まれているとして）明かすことはできるだろうか？

　ジャンピング現象は主に、長いDNA断片を増幅しようとする時に起きる。そこでオリヴァは短い断片をPCRで増幅してみることにした。この作戦は成功した。150ヌクレオチド以下の断片を増幅すると、組み換え（縫い合わせ）が起きないばかりか、ほぼすべてのクローンが同じ配列になっていたのだ。次第に状況が見えてきた。わたしたちが得た抽出物には、単一のmtDNA配列に属する短い断片が大量に含まれていた。しかし、それとは別に、ふたり以上の人間のmtDNA配列に属する、より長い断片が、より少なく含まれていた。おそらく、数は多いが、分解が進んで短くなった断片はアイスマンのもので、数が少なく、分解があまり進んでいない断片は、アイスマンに触れた現代人のものなのだろう。

その短い断片を二度増幅し、その産物をクローニングしてシーケンシングすることによって、オリヴァはついに、アイスマンのものと思われるｍｔＤＮＡ配列を再構築した。増幅した断片の重複から、３００ヌクレオチドよりも少し長い配列を決定することができたのだ。その配列は、現代ヨーロッパ人のｍｔＤＮＡの参照配列との違いが2か所だけで、現代ヨーロッパでもそれほど珍しくない配列だった。寿命が80歳から90歳である人類にとって、５３００年というのは長い年月であり、およそ２５０世代に相当する。しかし、進化的に見れば、あっという間だ。疫病や戦争で多くの人が死に、住む人が大幅に入れ替わったのでなければ、２５０世代を経ても、遺伝子はあまり変わらないだろう。実際、わたしたちの予測では、青銅器時代以来、対象とするセグメントでは、変異は多くてもひとつしか起きないはずだった。

しかし結果を公表する前に、越えなければならないハードルがもうひとつあった。この分野が信用できない結果にあふれていることへの苛立ちから、わたしたちは独自に、重要な結果や予想外の結果は他のラボで再現されなければならないというルールを定めていたのだ。アイスマンから得た配列は、予想外のものではなかったが、注目を集めるのは確かなので、この分野の研究や発表がどうあるべきかを周囲に示す格好の機会になるはずだった。そこで未使用の組織の標本をオクスフォード大学の遺伝学者、ブライアン・サイクスのもとに送った。彼は結合組織病の研究から転向して、人間と古代人のＤＮＡ、特にｍｔＤＮＡの変異について研究しており、ぜひ協力したいと申し出てくれた。サイクスの門下生がその組織から抽出・増幅した配列は、オリヴァが配列決定したものとまったく同じだった。わたしたちはその成果を『サイエンス』誌上で詳しく発表した。(注3)

一応の成功は収めたが、この経験を通して、わたしは古代人のDNA研究がいかに難しいかを痛感した。アイスマンは凍結していて保存状態が非常に良いと期待できたし、2年前に発見されたばかりで、あまり多くの人は接触しなかったはずなのだが、それでも回収した配列にはさまざまな配列が混入しており、選別は難しかった。成功できたのはオリヴァの忍耐と辛抱のおかげであり、また、アイスマンのものならこうなるだろうという配列を正しく推測できたからでもあった。それに比べて、人類進化の研究は、多くの個体からなる集団を対象とし、またそれらのDNAは骨の中にしか残されていない。その作業の大変さを思うと気が遠くなりそうだった。

しかし明るい側面もある。それは人間の標本について経験を積み、その難しさを十分理解できたことだ。アイスマンの経験を糧《かて》として、オリヴァはアメリカ先住民の遺物にふたたび取り組んだ。予想どおりそれは簡単にはいかなかった。友人のリック（リチャード）・ウォードが、アリゾナ州で見つかったおよそ600年前のミイラの標本を10個、入手できるよう手配してくれた。お祭しの通り、それらのmtDNA配列を調べて、アイスマンのものと比較するのだ。しかし、そのうちの9個は、何も増幅できないか、できたとしても配列があまりに乱れていて、ミイラの配列があるかないかということさえわからなかった。

しかし1個だけは違った。その標本からは、短い断片を増幅することができた。オリヴァは増幅を繰り返し、産出されたクローンをシーケンシングすることにより、その標本には比較的多くのDNA分子が含まれ、それらが現代のアメリカ先住民のものに似たmtDNAに由来することを明らかにした。しかし、残念ながら、わたしたちは、その研究をまとめた1996年の論文の概説にこう書かざるを得なかった。「これらの結果は、古代の人骨から増幅されたDNA配列を信用に足るものだと確認するには、現状よりさらに多くの実験が必要だと語っている」(注4)。もちろんこれは、他の研究者による古代の人間のＤＮＡに関する研究を暗に批判しているのでもあった。

そうだ、ネアンデルタール人を調べればいい

オリヴァの努力にもかかわらず、わたしは、古代の人間の遺物を相手にするのは一切やめることにした。ほかの研究室は、色々な結果を発表しつづけていたが、それらの大半は信用できないとわたしは感じていた。状況は絶望的だった。(注5) １９８６年に、将来有望と思えた医学の道へ進まなかったのは、エジプトなどにおける人類史の研究に新たな手法を持ち込むという夢を抱いたからだった。そして１９９６年までに、動物の剝製から遺伝子を抽出する方法を確立し、自然史博物館をまさに遺伝子バンクへと変貌させ、マンモス、地上性ナマケモノ、馬の祖先、その他最終氷期の動物の、遺伝子レベルでの研究を可能にした。それはそれでよかったが、わたしの心は別のところにあった。このままでは、意に反して動物学者になってしまうのではないかと思い悩んだ。

日々そのことばかり考えていたわけではないが、これから何をすればいいのかと思うたびに、焦りを覚えた。望んでいたのは人類の歴史に光を当てることだったが、古代人のＤＮＡを解き明かすのは不可能に近かった。ほとんどの場合、彼らのＤＮＡは現代人のそれと区別できなかったからだ。だが、しばらくしてわたしは、青銅器時代の人々や古代エジプトのミイラのＤＮＡを研究するよりもっと人類の歴史の探究に貢献できそうな方法を思いついた。人は人でも、別の人、アイスマンよりもっと昔にヨーロッパに住んでいた人を調べればいいのだ。つまり、ネアンデルタール人である。

古代人の研究をやめると宣言したばかりなのに、ネアンデルタール人に転向するのは妙に思わ

れるかもしれない。しかし、両者には大きな違いがある。彼らは、現代人のものとははっきり異なるDNAを持っているはずなのだ。それはただ3万年以上前に生きていたからというだけでなく、彼らは独自の長い歴史を持っているからだ。古生物学者のなかには、彼らとわたしたちは、少なくとも30万年以上前に共通の祖先から分岐したと見る人もいれば、彼らを「別の種」と呼ぶ人さえいる。解剖学的には、ネアンデルタール人は現代人とは著しく異なり、ほぼ同時期にヨーロッパにいた初期の現生人類とも異なっている。それでもネアンデルタール人は進化の歴史上、現代人に最も近い種である。その彼らとわたしたちが遺伝子レベルでどう異なるかを調べれば、現生人類の祖先と他のすべての動物の道を分かった「違い」が見えてくるはずだ。つまり、人類の歴史の最も基本的な部分、すなわち現生人類の生物学的起源や、今日生きる人々の直接の祖先について学ぶことができるのだ。また、ネアンデルタール人と現生人類との「関係」もはっきりするだろう。そういうわけで、わたしには、ネアンデルタール人のDNAは、最も研究する価値があるものに思えた。そして幸運にも、わたしはドイツにいる。ここドイツのネアンデル谷こそが、ネアンデルタール人の基準標本となった化石が発見された場所なのだ。どうすれば、その化石が収蔵されているボンの博物館と交渉できるだろう。学芸員が標本を渡すことを拒むかどうかわからなかった。その標本は、（おそらくは20世紀のドイツの恥ずべき歴史を忘れたいがために）「最も有名なドイツ人」と呼ばれている。つまり非公式の国宝のようなものなのだ。

運命的なチャンスが到来

何か月もどうしたものだろうと悩んですごした。博物館の学芸員と仕事をするには慎重さが求められるということは、身にしみて知っていた。彼らは、未来の世代のために貴重な標本を保存しつつ現代の研究を援助するという難しい任務を背負っているのだ。そしてその大半は、自らの任務は、権力を行使して標本へのあらゆる接近を拒むことだと考えており、たとえその骨から得られる知識が、小さな骨片を保存することよりはるかに価値があったとしても、断固としてその姿勢を崩さないということを、これまでの経験からわたしは学んでいた。そのような彼らに、不用意なアプローチをすれば、たちまち断られるだろうし、いったんそうなると、彼らはつまらないプライドに邪魔されて、前言を撤回できなくなるだろう。こんなことを考えていたある日、驚くべき運命の収斂が起きて、ボンから電話がかかってきた。かけてきたのは若い考古学者、ラルフ・シュミッツで、ボンの博物館の学芸員とともに、ネアンデルタール人の基準標本の管理を担っていた。電話の向こうで彼は、数年前に交わした言葉を覚えているかと訊いた。

1992年に、ネアンデルタール人からDNAを取り出せる見込みはどのくらいあるだろうとわたしに尋ねたのだという。こちらはそのことをすっかり忘れていた。考古学者や学芸員と交わした数多くの会話にまぎれこんでしまったのだろう。だが彼の話を聞いて、はっきり思い出した。当時のわたしには、何と答えればいいか、わからなかった。とっさに(少々、よこしまな気持ちもあって)、見込みはかなりある、ネアンデルタール人の骨から分離できそうだ、と言いそうになった。しかし、正直こそが最善の道だと思いなおし、しばらくためらった後に、成功の見込みはせいぜい5パーセントくらいでしょうと答えた。ラルフは礼をいい、以来、連絡はなかった。

だが、それから4年近くたって、彼は、ネアンデル谷から出土したネアンデルタール人の骨の断片をあなたがたにお預けしたい、と言ったのだ。あの時の事情も彼は語った。ある研究者が、DNAを取り出せるはずだから、ぜひネアンデルタール人の骨をわけて欲しいと、博物館に言ってきたそうだ。博物館の上層部は賢明にも、他の研究者の意見を聞くことにし、ラルフにわたし

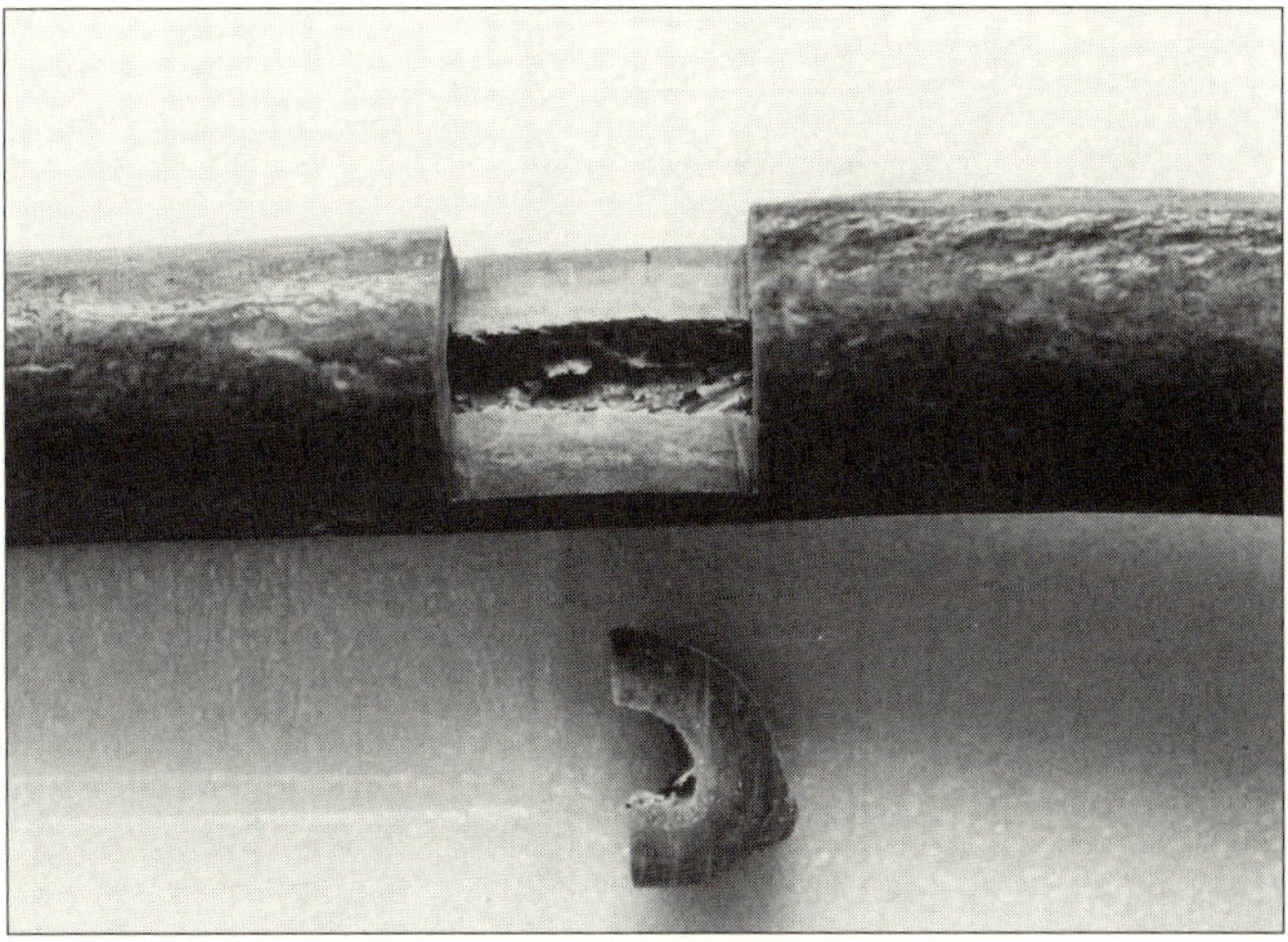

図5.3　ネアンデルタール人の基準標本の右上腕骨と、ラルフ・シュミッツが1996年に切り出した標本。写真：R.W.Schmitz, LVR-LandesMuseum Bonn.

の考えを尋ねさせたのだった。実績があり、また、成功の見込みはきわめて低いと正直に答えたことから、わたしたちこそベストパートナーだとラルフたちは確信したそうだ。彼らは、わたしが恐れていた妨害を旨とする学芸員とは正反対の人々だった。言葉にできないほどうれしかった。

その後、骨格のどの部分からどのくらい骨を採ればいいかということを、数週間かけて彼らと話しあった。博物館に収蔵されている骨はおそらく男性のもので、全身骨格の半分くらいあるという。これまでの経験から、肋骨のような髄腔の多い薄い骨より、上腕骨や脚骨や歯根のように高密度の骨の方が、成功率が高いことがわかっていた。最終的に、右の上腕骨の中央から切り取ることで合意した。端の部分と違ってそこには、隆起などの、筋肉が骨にどうつながっているかを研究する古生物学者の興味を惹く特徴はなかったからだ。また、次第に明らかになったのは、わたしたちには標本を切り取ることはできないということだった。ミュンヘンにやってきたラルフと彼の同僚に、殺菌済みのノコギリと手袋、防護服、標本を収納するコンテナを預けた。

ネアンデルタール人の骨にノコギリを入れることを許されなかったのは、結果から言えば、むしろ幸運なことだった。もしわたしに任されていたら、その象徴的な化石を前にひどく萎縮して、ほんの少ししか切り取れなかっただろう。それでは成功する見込みは薄い。標本を受け取ったとき、わたしたちはその大きさに驚いた。彼らは非常に保存状態の良い白っぽい骨を、3・5グラムも切り取ってくれたのだ（図5・3参照）。ラルフによると、ノコギリで切っていると、まぎれもない焼けた骨の臭いが部屋にひろがったそうだ。それは良い兆候だと言える。つまり、コラーゲン——骨を構成する主要なタンパク質——が保存されている証《あかし》なのだ。

わたしは怖れおののきつつ、その貴重な骨片が入ったビニール袋を手に取ると、古代エジプトのミイラからDNAを抽出するという不毛な試みに3年を費やした大学院生、マティアス・クリングスのところへ行って、最新かつ最善の方法で、この骨の解析をやってみてもらえないだろうか、と尋ねた。「あれは人間のDNAじゃありません」という彼からの電話で起こされ、深夜に研究室に駆けつけることになったのは、その数か月後だった。

第6章　二番目の解読で先を越される

1章で述べた「ミトコンドリアDNA」復元に続く第二のネアンデルタール人解読をめざし1999年に骨を入手したが、他の研究者に先を越されてしまう

ネアンデルタール人のｍｔＤＮＡの配列を公表する論文を発表した後、わたしはこれまでの歩みを振り返った。16年前にスーパーで買った子牛のレバーで初めてＤＮＡ抽出を試みた時から、ずいぶん長い道のりだった。そして今、初めて古代のＤＮＡを用いて、人類の歴史について新しく深遠な事実を語ろうとしているのだ。わたしたちが配列決定したネアンデルタール人のｍｔＤＮＡは、現代人のそれとは非常に異なっていて、彼もその仲間もｍｔＤＮＡを現世人類に伝えないまま絶滅したということを示唆していた。ここにいたるまでわたしたちは長年にわたって苦労を重ね、遠い昔に死んだ人間のＤＮＡ配列を決定する技術を確立させた。今ではその技術を思うままに使えるようになり、また、献身的なメンバーからなるわたしのグループは、何か新しいことに挑戦したいと思っていた。さて、どの方向に進めばいいだろう。

目前にある重要な課題は、他のネアンデルタール人のｍｔＤＮＡの配列を決定するということ

だ。まだ1個体しか調べていないのだから、他のネアンデルタール人のmtDNAがこの基準標本のものとは非常に異なっていて、もしかすると現世人類のそれに似ているという可能性は否定できない。また、他のネアンデルタール人の配列情報が加われば、ネアンデルタール人の遺伝学的歴史についても何かがわかるはずだ。たとえば現生人類は、いったん激減してからまた増えたせいでmtDNAのバリエーションが比較的少ないが、ネアンデルタール人のmtDNAもそうだとしたら、彼らもやはり小さな集団から発生し、拡散したといえるのではないか。逆に、彼らのmtDNAのバリエーションがすべての類人猿と同じように豊かだとしたら、その歴史上、彼らの人口は常に多かったはずだ。現生人類が経験したような、劇的な人口の減少と回復は起きなかったのだろう。マティアス・クリングスは、ネアンデル谷から出た基準標本での成功に続くものとして、別のネアンデルタール人についてもぜひ研究したいと考えていた。問題は、保存状態の良い化石が手に入るかどうかということだった。

ネアンデル谷の基準標本ではなぜうまくいったのだろうと、理由を考えるうちに、石灰岩の洞窟という環境が良かったのだと気づいた。以前、トマス・リンダルから、酸性の環境にあるとDNA鎖はばらばらにちぎれるということを教わった。北部ヨーロッパの酸性の沼で発見された青銅器時代の遺骸からDNAがまったく回収できなかったのはそのためだ。一方、石灰岩に染み込んだ水はいくぶんアルカリ性を帯びる。そういうわけで、わたしは石灰岩の洞窟から発掘されたネアンデルタール人の骨に狙いを定めた。

残念ながらわたしは、ヨーロッパの地質学的特徴についてほとんど学んでこなかった。しかし1986年に初めて参加した、当時のユーゴスラビアのザグレブで開かれた文化人類学の学会のことを覚えていた。その折にクラピナとヴィンディヤの洞窟を見学したが、いずれも大量のネアンデルタール人の骨が見つかった場所だ。さっそく文献で調べたところ、どちらも石灰岩の洞窟だったので、期待が持てた。さらに喜ばしいことに、そこでは大量の動物の骨、特にホラアナグマの骨が発見されていた。ホラアナグマは大型の草食動物で、ネアンデルタール人と同じく３万年前以降に絶滅した。それらの骨は洞窟内でよく見つかっており、大方は冬眠中に死んだようだった。わたしがありがたいと思ったのは、それらの骨は、ＤＮＡが保存されているかどうかを調べる格好の材料になるからだ。ホラアナグマの骨にＤＮＡが残っていることを証明できれば、同じ洞窟で見つかった、はるかに貴重なネアンデルタール人の骨でも試させてほしいと、及び腰の学芸員に交渉しやすくなる。わたしはホラアナグマ、とりわけバルカン半島にいたものについて調べることにした。

ヴィンディヤ洞窟はＤＮＡの金鉱だった

ザグレブは、セルビアとの血なまぐさい戦争を経てユーゴスラビアから独立したクロアチアの首都である。大量のネアンデルタール人の化石が収蔵されているが、それらはクロアチア北部のクラピナ洞窟から出土したものだ。１８９９年に古生物学者のドラグティン・ゴルヤノヴィッチ＝クランベルガーが75体ほどのネアンデルタール人に由来する８００個以上の骨を発見したことに始まり、その量は他のどこで発見されたネアンデルタール人の遺物よりはるかに多い。これらの骨は現在、中世の街並みが残る丘の上の、自然史博物館に収蔵されている。同じくクロアチア北部にあるヴィンディヤ洞窟（図６・１参照）では、もうひとりの古生物学者、ミルコ・マレスが１９７０年代末から１９８０年代初頭にかけて発掘作業を行った。数人のネアンデルタール人の骨の断片が見つかったが、クラピナで掘り出されたようなすばらしい頭蓋はなかった。マレス

図6.1　クロアチアのヴィンディヤ洞窟。写真：J. Krause, MPI-EVA.

は膨大な量のホラアナグマの骨も発見した。それらはザグレブのクロアチア科学芸術学会に所属する第四紀古生物学・地質学研究所部門に収蔵されている。わたしはこの研究所と自然史博物館を訪問する手はずを整え、１９９９年８月にザグレブを訪れた。

クラピナ洞窟のコレクションは見事だったが、ＤＮＡに関してはあまり期待できそうになかった。というのも、それらの骨は12万年以上昔のもので、わたしたちがＤＮＡを回収できたどの骨よりも古かったのだ。その意味では、ヴィンディヤ洞窟のコレクションの方が有望に見えた。それらは年代が新しかった。その洞窟ではいくつもの層からネアンデルタール人の骨が出土したが、一番上の層、つまり最も新しい層は４万年から３万年前のもので、そこに含まれていた骨は――ネアンデルタール人のものにしては――新しかった。ヴィンディヤの、もうひとつの刺激的な特徴は、ホラアナグマの骨が大量に見つかったことだ。

どちらの骨も、タイプとそれらが掘り出された層によって分別され、湿気で傷んだ大量の紙袋に入れられて、施設の地下室に収蔵されていた。肋骨でいっぱいの袋、脊椎でいっぱいの袋、足骨でいっぱいの袋……まさにＤＮＡの金鉱である。

そのコレクションを管理しているマヤ・パウノヴィッチは、一般向けの展示も研究設備もほとんどないこの研究所に長年勤めてきた。友好的ではあったが、科学の進歩に取り残されたことを自覚しているからか、陰鬱なムードを漂わせていた。彼女は、ヴィンディヤのいくつかの層から出土したホラアナグマの骨と、ネアンデルタール人の骨片を15個くれた。それはまさに、ネアンデルタール人の遺伝的バリエーションを調べるために、わたしたちが必要としていたものだった。ミュンヘンに戻る機内で、これさえあれば急速に進歩できるとわたしは確信していた。

第二のネアンデルタール人の解読競争

その頃、マティアス・クリングスは、基準標本のｍｔＤＮＡの、他の場所の配列解読に取り組んでいた。最初の配列と同じく、その結果も、この標本のｍｔＤＮＡと現代人のｍｔＤＮＡが、およそ50万年前の共通の祖先に遡ることを示していた。もちろんそれは予想した通りの結果であり、初めてネアンデルタール人の塩基配列を決定した時のような感動はなかった。当然ながらマティアスは、わたしがザグレブから持ち帰った15個のネアンデルタール人の骨片の解析にすぐにでも取りかかりたいといった様子だった。

わたしたちは初めにアミノ酸の保存状態を調べた。アミノ酸はタンパク質の構成要素で、ＤＮＡ抽出に必要とされるよりずっと小さな標本で調べることができる。標本がコラーゲン（骨を構成する主要なタンパク質）を含むことを示すアミノ酸組成が見つからなければ、また、アミノ酸があったとしても、生物を構成するタンパク質の化学組成をなしていなければ、DNAを回収できる見込みは低いので、より大きな標本を破壊する意味はない。15個のうち7個は有望に見え、中でも1個は突出していた。放射性炭素年代測定にかけると、4万2000年前のものだとわかった。マティアスはそれらの骨から5回、DNAを抽出し、基準標本のmtDNAで調べた2セグメントを増幅した。増幅はうまくいった。そうして産出された数百のクローンを彼はシーケンシングした。その際には、わたしの指示に従って、少なくとも2回の増幅ですべての配列が一致することを苦労して確認した。さらにわたしは彼に、各増幅が互いに無関係であることを証明するために、それぞれ異なる抽出物で行うことを求めた。

2000年3月、マティアスがこの研究をしている最中に、『ネイチャー』に驚くべき論文が掲載された。イギリスのグループが、コーカサス山脈北部のメズマイスカヤ洞窟から発掘されたネアンデルタール人のmtDNAの塩基配列を決定したのだ。(注1) 彼らは、わたしたちが提唱した配列を検証する方法をすべて行ったわけではなく、例えば、PCR産物のクローニングなどは行わなかった。それにもかかわらず、彼らが決定した配列は、わたしたちがネアンデル谷の基準標本から得た配列とほぼ同じだった。マティアスは世界で二度目となるネアンデルタール人の塩基配列決定を目前にしていただけに、先を越されてずいぶんがっかりしたようだ。作業が遅々として進まなかったのは、わたしが慎重さと再三の確認を求めたせいなので、なおさらだった。彼に同情したものの、ネアンデル谷由来の先駆的な配列が、他のグループが独自に行った解析によって検証されたのはうれしかった。だが、『ネイチャー』がその論文と共に掲載した解説には賛同できなかった。それは、この第二のネアンデルタール人の配列は、最初に決定された配列が正しいことを証明したので、最初のものより「重要だ」と主張していたのだ。おそらく『ネイチャー』

は、最初の配列が他の科学雑誌で発表されたことを悔しく思っているのだろう。わたしは無視することにした。もっとも、マティアスには残念賞がもたらされた。それに続いて彼がヴィンディヤのものから決定した配列も含めて、3つの配列が明らかになったので、ネアンデルタール人の遺伝的バリエーションについて、仮説ではあっても何かを語れるようになったのだ。遺伝学の理論では、3つの配列があれば、ある集団のすべてのmtDNAにつながる系統樹の、主軸となる枝の標本を抽出した可能性が50パーセントになるとされている。

マティアスとイギリスのグループが決定した3人のセグメントでは、ヌクレオチドの3・7パーセントが互いと違っていた。わたしたちは、全体像を見るために、それを人間および類人猿の配列のバリエーションと比べることにした。まず他のグループによってすでに配列決定されていた、世界各地の現代人、5530人のmtDNAの同じ部分と比べてみた。条件をネアンデルタール人と同じにするために、ランダムに3人を選んで配列の違いを数え、それを繰り返して平均値を出した。結果は3・4パーセントで、ネアンデルタール人の数値に非常に近かった。チンパンジーでは、入手可能な359頭分の同じセグメントを同様の方法で調べたところ、違いは平均で14・8パーセント、ゴリラ28頭では18・6パーセントだった。つまり、ネアンデルタール人はmtDNAのバリエーションがきわめて少ないという点で、現代人に似ており、類人猿とは異なっていたのだ。もちろん、たった3人の、しかもmtDNAだけから推測するのは危険なので、2000年にこのデータを『ネイチャー・ジェネティクス』で発表したときには、より多くのネアンデルタール人のDNAを分析する必要があるということを強調しておいた。それでも、ネアンデルタール人はおそらく現代人と同じく遺伝的なバリエーションが少ないので、現生人類と同じく、小さな集団から増えたのではないかと書き添えた。(注2)

第7章　最高の新天地

1997年、思わぬ機会を得て、マックス・プランク協会の進化人類学研究所を創立できることに。すばらしい施設を立ち上げ、私生活も大きく変わった

人生には思いがけないことが起きるものだ。1997年、最初のネアンデルタール人のmtDNAの塩基配列を発表して間もないある朝、秘書から、年配の教授から電話があり、わたしに会いたいと言っていた、と聞かされた。今後の計画について相談したいことがあるそうだ。誰なのか見当もつかなかったが、どこかの退任教授が人類の進化にまつわる奇矯な持論を聞いてほしがっているとか、おおかたそんなところだろうと思っていた。それはとんでもない間違いで、彼の話は非常に興味をそそるものだった。

訪ねてきた人物は、マックス・プランク協会（略称MPS）を代表して来た、と言った。MPSは基礎研究を支援するドイツの団体である。これまでいくつもの研究を支援してきたが、当時は、その7年前に統合された旧東ドイツで、国際レベルの研究機関の立ち上げを進めていた。目標のひとつは、他国に遅れている分野を増強するために、新たな研究機関を設立することだった。

とりわけ遅れていたのは人類学で、それには理由があった。

　ドイツの研究機関の多くがそうであるように、ＭＰＳには戦前からの歴史がある。前身はカイザー・ヴィルヘルム協会で、１９１１年に設立された。そして、ドイツが科学大国だった時代に、オットー・ハーン、アルベルト・アインシュタイン、マックス・プランク、ヴェルナー・ハイゼンベルクといった科学界の巨匠を中心とする研究機関を創設し、支援した。しかしそのような時代は唐突に終焉《しゅうえん》を迎えた。ヒトラーが権力の座に就き、多くの優秀な科学者をユダヤ人だという理由で失脚させたからだ。カイザー・ヴィルヘルム協会は本来、政府とは無関係の機関だったが、以後、ドイツの軍事機構の一部と化し、たとえば兵器の研究などに注力するようになった。時代を思えば、それは驚くほどのことではないが、さらにひどいのは、人類学、遺伝学、優生学の研究所を通じて、人種差別的な科学に積極的に関与し、そこに端を発する数々の罪を犯したことだ。ベルリンを拠点としたその研究所では、ヨーゼフ・メンゲレのような人々が補佐役を務め、アウシュビッツの死の収容所で被収容者（その多くが子ども）に実験を行った。戦後、メンゲレは罪に問われたが（しかし、彼は南米に逃亡した）、人類学研究所の彼の上司たちが起訴されることはなく、中には大学教授になった者もいた。

　カイザー・ヴィルヘルム協会の後継として１９４８年にマックス・プランク協会が設立されると、当然ながら人類学は最も避けられるべきテーマとなった。ナチスの支配下で起きたことの結果として、ドイツでは人類学という分野はその地位を失っていたのだ。資金も、優秀な学生も、先進的な研究者も、確保できなかった。それは明らかにドイツの極めて弱い分野であり、訪ねてきたこの人物が言うには、ＭＰＳが人類学分野で新たに研究所を設けることが可能かどうか、検討するために委員会を立ち上げたそうだ。また、最近までのドイツの歴史ゆえに、その計画には異論もあることを、彼は言い添えた。「そんな状況なのだが、もしその研究所が設立されたら、そこに移ってもらえないだろうか」と彼は尋ねた。ＭＰＳは資金が豊かで、その上、ドイツ統一後、東側に新たな研究所を作るためにさらに資金が増えたことを、わたしは漠然とながら知っていた。新たな研究所の設立に加勢するのはいかにもおもしろそうだったが、あまりうれしそうにして、どんな条件でも来るとは思われたくなかった。そこで、研究所の構造や機能に関与できるのであれば検討しましょう、と答えた。すると向こうは、わたしには創設者として組織を指揮する地位と自由が与えられる、と請けあった。「まずは委員会にお越しいただき、どんな組織にすればいいか、意見をお聞かせ願いたい」と彼は言った。

現実味を増してくる新研究所

しばらくして、委員会への出席とプレゼンテーションを請う手紙を受けとった。会はハイデルベルクで開かれ、オクスフォード大学のヒト遺伝学者で免疫系を専門とするサー・ウォルター・ボードマーを始めとする、何人もの外国の専門家が参加した。プレゼンテーションでわたしは、自分たちの研究の人類学研究所にふさわしいと思える側面について説明し、古代人、特にネアンデルタール人のＤＮＡの研究に焦点を当てながら、いくつかの集団の言語学的な関係と遺伝学的な関係から人類の歴史を再構築することについて説明した。その場では、ドイツにおける人類学の悲惨な歴史に鑑《かんが》みて、ＭＰＳがその分野に関わるべきかどうかについて、非公式の話し合いもなされた。

わたしはドイツ人ではないし、また、戦後かなりたってから生まれたので、特に気負うこともなくこの問題に向き合うことができた。戦後50年以上たっているのだから、ドイツは過去に罪を犯したからといって科学の挑戦をためらう必要はないと思っていた。歴史を忘れるべきではないし、そこから学ばなければならないが、同時に、前に進むことを恐れてはならないのだ。その死から50年たってもなお、ヒトラーにできることとできないことを決めさせてはならない、とさえ言ったように思う。しかしまた、人類学のための新たな研究所が、人類の歴史を哲学的に思索する場所であってはならないということも強調した。そこはもっぱら科学をなす場であるべきなのだ。そこで働く科学者は、人類の歴史にまつわる純然たる事実のみを集め、それらによって自らの思考を検証しなければならない。

わたしの主張が受け入れられたかどうかはわからなかった。ミュンヘンに戻り、数か月が過ぎるうちに、そのことをほとんど忘れてしまった。そんなある日、MPSの人類学研究所の設立作業を進めている新たな委員会の会議に招待された。その後、何度も異なるメンバーと話し合った。正直なところ、この分野を立ち上げるにあたり、MPSにもドイツにもその伝統がないのはむしろ都合がよかった。学界のしがらみや既存の枠組みに捉われることなく、どんな研究所を作ればいいだろうと自由に話し合うことができたからだ。そうするうちに浮かんできたのは、そこでの研究は、既存の学問の系統に沿うものではなく、「何が人類を特別な存在にしているのか？」という疑問に焦点を当てるというアイデアだった。そして古生物学者、言語学者、霊長類学者、心理学者、遺伝学者らが協力してこの問題に取り組む、学際的な研究所にしよう。その足場となるのは「進化」であり、究極の目標は、人類の進化の道筋がなぜ他の霊長類とこれほどまでに異なったかを明らかにすることだ。つまりそこは、「進化人類学」の研究所になるべきなのだ。

ネアンデルタール人は現生人類に最も近い絶滅種であり、まさにこのコンセプトに合致する。現在生きている人類の近縁種、大型類人猿ももちろんそうだ。そこで、立ちあげメンバーとして以下の3人が招聘《しょうへい》された。人間と類人猿を研究しているアメリカの著名な心理学者マイケル・トマセロ。スイスの霊長類学者、クリストフ・ボッシュ。ボッシュは長年にわたって、妻のエドゥイージュと共にコートジボワールの森に住んで野生のチンパンジーを研究していた。イギリスの比較言語学者のバーナード・コムリー。当時、コムリーはアメリカで研究していた。錚々たる顔ぶれに圧倒される思いだったが、彼らが皆、ドイツ人でないということにも感銘を受けた。7年ほどドイツに暮らしているわたしが、中ではいちばん「ドイツ人」だった。このように愛国主義に左右されず、大規模な研究機関――最終的に職員の数は400人を超えた――の手綱をすっかり外国人に預けることができる国は、ヨーロッパでは少ないはずだ。

ミュンヘンで開かれた、将来の部門責任者が集結した最初の会議の期間中、息抜きに町を抜け出そうと、トマセロ、ボッシュ、コムリーに声をかけた。夕方、わたしの小さな車にぎゅう詰めになって、バイエルンアルプスのテーゲルン湖までドライブした。日が落ちかけた頃、湖畔のヒルシュベルク山に登り始めた。友人や学生たちとよくハイキングやジョギングを楽しんだ、なだらかな山だ。とは言え、わたしたちは誰も山歩きに向く靴を履いていなかった。日没がせまり、頂上に行きつけないとわかったので、小高い丘の上で休み、アルプスの穢《けが》れない風景を楽しんだ。4人が互いに真の意味で結びついていることを感じた。

こういう時、人は本音を語るものだ。そこで彼らに、本当にドイツに来るつもりなのか、それとも、MPSと交渉しているのは、現在所属する研究所からより多くの資金を引き出すためなのかと、尋ねてみた。後者は、成功した研究者がよく使う手だ。彼らは皆、本気で来るつもりだと答えた。日は頂の向こうに沈み、迫ってくる宵闇の中、高木の下を歩いて山を下りた。その道すがら新しい研究所や、そこでする研究について興奮気味に語りあった。皆、経験主義に基づく堅牢な研究計画を持っており、自分たちの研究だけでなく、他の人々のしていることにも関心があり、年齢も同じくらいだった。この新しい研究所はきっとうまくいくとわたしは確信し、そこにいられることを幸せに思った。

新天地はロストックか、ドレスデンか、ライプツィヒか

マックス・プランク協会や創設メンバーと話し合うべきことはまだたくさんあった。大きな問題は旧東ドイツのどこに設立するかということだった。MPSには、明確なプランがあった。中世にはハンザ同盟の有力都市だったバルト海岸の小さな港市、ロストックである。そこを選んだのには、やむを得ない事情があった。ドイツは16の州から成る連邦国家であり、州はそれぞれの経済規模に応じて、MPSに資金を提供している。そして各州の政治家たちは当然ながら、「出した金に見合う」だけの研究機関を地元に持とうとする。

ロストックがあるメクレンブルク＝フォアポンメルン州は、唯一マックス・プランク研究所がない州で、それを欲しがるのも当然と言えば当然だった。しかしわたしたちの使命はこの研究所を科学的に成功させることであって、州間の政治的不平等を正すことではない。ロストックは人口20万ほどの小さな町で、国際空港もなく、ドイツ国外ではほとんど知られていなかった。優秀な人材を引き寄せるのは難しいだろう。わたしの理想はベルリンだったが、それは無理だとじきに悟った。ベルリンには、旧西ドイツから膨大な数の国立研究機関が移設されていたからだ。そこへさらにわたしたちの研究所を加えてもらうのは、政治的にも経済的にも難しかった。

MPSはロストックを強く推しており、視察の手はずを整えた。市長らがロストックの利点を説明し、現地を案内するという。わたしは断固反対し、視察に参加しないのはもとより、ロスト

ックに作るのであれば、ミュンヘン大学に残って研究を続けるつもりだ、とＭＰＳに話した。それまでＭＰＳ当局は、わたしがロストックへ行かないと言っているのは、待遇の交渉をするためだと思っていたようだが、ようやくこちらが本気だということを悟ったらしい。

候補地の決定は振り出しに戻った。わたしには、南部のザクセン州ライプツィヒかドレスデンがよさそうに思えた。どちらも大都市で、産業の歴史が古く、州政府はその歴史を未来へつなげることを熱望していた。また、ドレスデンではマックス・プランクのもうひとつの研究所の設立が進められていた。その研究所をリードするのは、フィンランド出身の卓越した細胞生物学者、カイ・シモンズで、わたしは大学院生だったころに何度か会ったことがある。その頃のわたしは、細胞がウイルスタンパクに対処する方法を研究していたからだ。おそらくそこも素晴らしい研究所になるにちがいない。ふたつの研究所が隣接し、相互に協力しあえたらどんなにいいだろうと、わたしは夢想した。しかし、残念ながらドイツ連邦政府はそれに反対した。東ドイツで新たにスタートする大規模な研究所を同じザクセン州に建てるだけでも問題なのに、どちらもドレスデンに建てるなどというのは論外だと言うのだ。シモンズらの計画の方が先で、すでに実際の作業も始まっていたため、わたしたちはライプツィヒに目を向けた。全般的によさそうな都市だった。

ライプツィヒは戦禍を逃れて美しい歴史的なたたずまいを残しており、音楽と芸術の都として世界に知られていた。また重要なこととして立派な動物園があり、マイク・トマセロが大型類人猿の認知発達を研究する施設の建設に協力してもらえそうだった。また、ドイツで二番目に古い、大きな大学があった。大学との話し合いを進めるうちに、旧東ドイツの時代にはそこが他大学より強く政治の影響を受けてきたことに気付いた。おそらく教員の養成やジャーナリズムの研究といった繊細な分野で中心的な役割を担っていたからだろう。最高位にいた教授たちは、自らの意思で、あるいは必要に迫られて、共産党と深く関わっていたために、ドイツ民主共和国が崩壊すると、離職を余儀なくされた。自殺を図った人さえいたという。職を失わなかったのは、東ドイツ時代にはうだつの上がらなかった人ばかりだった。出世できないのは、政治的迫害による場合もあったが、大方は西側でもそうであるように、能力や意欲、その他、研究に必要な資質の欠如がその理由だった。

空席になった椅子は、西ドイツの学者たちによって埋められた。しかし最も優秀な面々は、あえて東へ行って、面倒事や障害を引き受けようとはしなかった。東に行くことを選んだのは、それをキャリアの行き詰まった状況から抜け出すチャンスと捉えた人々だった。ライプツィヒの大学のそのような内情を知るにつれ、厄介な歴史の重荷を背負うことなく、研究所を一から立ち上げられるというのは何と幸運なことかとわたしは実感した。ドレスデンの大学の方がまだ新たな時代の問題に取り組む気構えがあるように思えた。だが、どちらもというわけにはいかない。もっと時間がたてば、ライプツィヒの大学も、前進に必要な柔軟性を培うことができるだろう。長所を言えば、ライプツィヒはとても住みやすい町だ。ドレスデンよりよほど住みやすい。ここへなら引っ越そうと思う研究者も多いことだろう。１９９８年、わたしたちのグループはライプツィヒの仮の研究所に移った。

この新たな環境で研究を軌道に乗せるため、また、その舞台となる大規模研究所を設計するために、わたしたちは懸命に働いた。心躍る経験だった。ＭＰＳは潤沢な資金を提供してくれたので、各グループの必要は完璧に満たされ、わたしの部門も、理想に沿う研究所をデザインすることができた。たとえば、そこに閉鎖的な会議室はない。部門のセミナーや週一度の研究者のミーティングは、廊下脇のオープンスペースで行われる。会議は招かれた者だけが密室で行うという

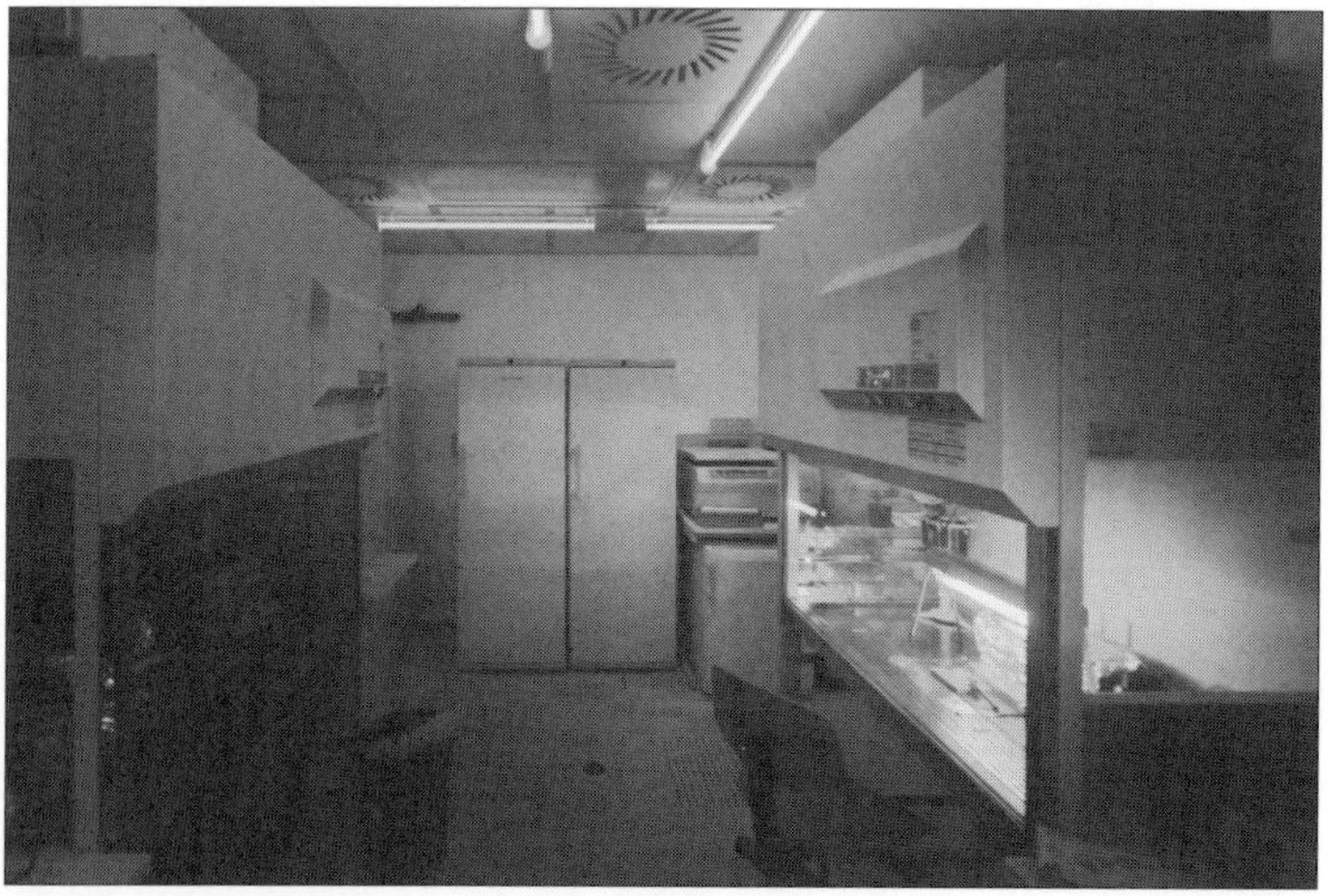

図7.1　ライプツィヒのマックス・プランク進化人類学研究所で一番奥にあるクリーンルーム。写真：MPI-EVA.

イメージを払拭するためだ。通りがかった人は誰でも会議の内容を聞くことができ、発言も自由で、出ていくのも自由、ということだ。

国外から多くの人をライプツィヒへ招きたかった。それには、ここへ来た科学者や学生が、社会的な生活を楽しみ、同僚や地元の学生と連帯感を持てる環境を作り出すことが重要だと感じていた。そのため設計者にかけあって、卓球やテーブルサッカーを楽しめる場所を設け、エントランスホールには45個の足掛かりが付いたフリークライミング用の壁を作ってもらうことにした。さらには、故郷の北欧ではサウナが社交の場になっていることにヒントを得て、屋上にはサウナが必要だと言って設計者を驚かせ、ついには納得させた。

だが最も重要なのは、古代のDNAを抽出するためのクリーンルームを、初めて思い通りに設計できることだった。つまりそれは、わたしが異常なまでに恐れていた、埃に付着したヒトDNAによる汚染を避けるために、いくらでもお金をかけていいということなのだ。そうしてできあがった「クリーンルーム」はひとつではなく、複数だった。地階にあり、現代人のDNAを扱う研究室に近づくことなく入室できる。まず、最初の部屋で、クリーンルーム用の衣料に着替える。次の部屋は、準備のための部屋で、そこでは標本の骨を砕いて粉にするといった少々「手荒な」仕事をする。それからいちばん奥の部屋に入り、DNAの抽出や処理を行う。また、その部屋では、貴重な抽出物が特別な冷凍庫で保管されている。すべての作業は、フィルターで空気を濾過したフードの中で行われる（図7・1参照）。さらに、クリーンルーム全体の空気も循環・濾過されている。床の格子から排気し、0・2マイクロメートル以上の微粒子の99・995パーセントを取り除いて、部屋に戻すのだ。そのような設備を地下にふたつ作り、一方は絶滅動物、一方はネアンデルタール人というように、異なるタイプの研究ができるようにした。そのふたつの間で、試薬や機器などは一切共有しない。仮に一方に混入があっても、もう一方が影響を受けないようにするためだ。このクリーンルームが完成したおかげでついにわたしは熟睡できるようになった。

もっとも呼び寄せたい研究者との複雑な三角関係

もちろん建物や設備は二の次で、一番重要なのはそこで働く人々だ。理想とするのは、複数のグループが別々の、しかし関係のあるテーマを研究し、互いに助けあい、刺激しあえる場を築くことで、わたしはそれにふさわしい各グループのリーダーを探した。中でも、ぜひ呼び寄せたいと思っていたのは、マーク・ストーンキングだ。しかし彼との間には、複雑な事情があった。

マークはアラン・ウィルソンと共にカリフォルニア大学バークレー校で博士課程を終えた。当時、わたしもアランの下でPCRによるゲノム解読に明け暮れていた。マークはヒトのmtDN

Aの変異について研究しており、「ミトコンドリア・イヴ」説の主唱者のひとりだった。それは、ヒトのmtDNAのバリエーションを遡ると、20万年から10万年前のアフリカにいたひとりの女性（人類共通の祖先）にたどりつくという説だ。当時マークは、大学院生だったリンダ・ヴィジラントと共に、登場して間もないPCRを用いて、アフリカ、ヨーロッパ、アジアの人々のmtDNAの変異した部分の塩基配列を決定していた。ふたりはアランと共に、アフリカ単一起源説を裏づける論文を『サイエンス』に発表し、その論文は大きな反響を招いた。後に統計的な根拠が問題視されたが、彼らの結論は年月の精査に耐えた。

そうしたバークレーでの激動の時代に、わたしは、毎日オートバイで研究所に通うリンダのボーイッシュでかわいい姿と聡明さに強く惹かれた。しかし当時のわたしには男性の恋人がいて、また、エイズ患者の支援活動にも熱心に関わっていたので、マークがリンダと付き合うようになっても平気だった。結局、ふたりは結婚し、ペン・ステート（ペンシルヴァニア州立大学）へ移り、子どもをふたりもうけた。だがリンダとわたしのつながりは、それで終わったわけではなかった。

1996年、わたしがバークレーを去って6年後、マーク、リンダ、ふたりの幼い息子たちがミュンヘンにやってきた。サバティカルの1年をわたしの研究グループで過ごすためだ。わたしとマークのファミリーは、よくアルプス（たとえばわたしのお気に入りのヒルシュベルクなど）へ遠足にでかけた。彼らに車を貸すことも多かった。リンダは研究所では働かず、子どもたちの世話をしていた。時々、彼女は家族から離れて息抜きしたくなるらしく、夕方から一緒に映画に行くようになった。彼女とは気が合ったが、わたしはふたりの関係を深く考えてはいなかった。しかしある日、教え子の大学院生に、リンダはわたしのことが好きなのだと冗談めかして言われてから、ふたりの間に漂う緊張感に気づくようになった。特に強くそれを感じたのは、暗い映画館でヨーロッパ映画を観ている時だった。ある晩、わたしの住まいからそう遠くない映画館で、たぶん偶然に、ふたりの膝が暗がりで触れあった。どちらも膝を動かそうとしなかった。まもなくわたしたちは手を握った。映画が終わっても、リンダはまっすぐ家に帰らなかった。

自分のことをゲイだと思っていた。実際、通りを歩いていて目にとまるのはハンサムな男性だ。しかし、わたしは女性にも惹かれた。特に自分が何を欲しいかを知っていて、積極的になれる女性に。それまでにふたりの女性と付き合ったことがあったが、同僚の奥さんでふたりの子どもがいるリンダと一緒にいるのは、ほめられたことではない。せいぜい一時のものだと思っていた。しかし、週が過ぎ、月が過ぎるうちに、わたしたちはさまざまなレベルで互いを理解しており、性的にも理解しあえることがはっきりしてきた。それでも、サバティカルを終えてマークとリンダがペン・ステートに戻ればすべては終わると考えていた。ところがそうはならなかった。

ちょうどマックス・プランク協会から新たな研究所についての話が来た時期に、ペン・ステートから、魅力ある寄付基金教授職を提示された。わたしは悩んだ。州立大学の気まじめで田舎っぽい雰囲気は自分に合わないとわかっていたが、ペン・ステートから堅牢な仕事のオファーがあったとなると、MPSとの交渉はしやすくなる。それに、ペン・ステートに惹かれたのには、私的な理由もあった。そこにはリンダがいたのだ。そういうわけで、わたしはペン・ステートに何度も足を運び、リンダと会い続けた。

大変な時期だった。マークに対して秘密があったばかりか、マークと秘密を共有してもいたからだ。わたしはペン・ステートからスカウトされていたにもかかわらず、ライプツィヒに新しくできる研究所に来ないかとマークを誘っていたのだ。やがて、このように秘密を抱え、裏表を演じわけるのがどうにも耐えられなくなってきた。父が二重生活を送っていた反動かもしれないが

（父はふたつの家庭を持ち、どちらの家族も、もう一方の存在を知らなかった）、わたしは常に正直に生き、私生活で隠し立てしないことを誇りに思っていた。だがその時は、父の二重生活のまねごとのようなことをしていたのだ。今後も会い続けるつもりなら、マークに打ち明けた方がいいと考え、リンダを説得した。彼女はそうした。予想通りの危機が訪れた。しかし、比較的早い時期に打ち明けたので、傷は浅かったのではないだろうか。

時がたつにつれ、マークは研究者としての感情と、個人的な感情を切り離せるようになり、ライプツィヒへ移る可能性を考えられるようになった。科学の観点から言えば、研究所にとってそれは大きな恩恵だった。MPSに掛けあって、マークのために永年教授の椅子と専用の予算を用意してもらった。1998年、研究所のスタートに合わせて、マーク、リンダ、ふたりの息子がライプツィヒに越してきた。マーク率いる研究グループも一緒だ。幸いリンダも研究所に職を見つけることができた。霊長類学部門の構想を練っていたクリストフ・ボッシュが、野生の類人猿に焦点を当てた遺伝学研究室を運営できる人を探していたのだ。この研究では、チンパンジーやゴリラがジャングルに残し、フィールド研究者が集めた、糞や体毛といった風変わりな試料を扱う。リンダの博士論文は、ヒトの体毛から抽出したDNAの変異分析を基盤としていた。わたしは胸を張ってリンダを推薦し、彼女は霊長類学部門の遺伝学研究室を指揮することになった。

わたしが購入してリフォームした小さなアパートメントにわたしたちは移った。何年かするうちにリンダとわたしはもっと親しくなり、マークは新しい恋人を見つけ、共同生活は特に大きな問題もなく過ぎていった。2004年6月、リンダとテーゲルン湖で休暇を過ごした。今回もヒルシュベルクから下りてくるとかなり遅い時間になっていた。この休暇中に、自分たちはいい方向に向かっていると語りあった。だが時間は無限にあるわけではない。思いがけずリンダが、

「あなたが子どもを望むのなら、わたしも欲しいわ」と言った。それについては以前から漠然と考えていたし、冗談めかして彼女に言ったこともあった。しかしその時になって初めて、自分は本当に子どもが欲しいのだとわかった。こうして２００５年5月、息子のルネが誕生した。

月日とともに生活は少しずつ変わり続けた。リンダとマークは円満に離婚し、２００８年、リンダとわたしは結婚した。研究所は他に例を見ないすばらしい施設になった。そこには「文科系」、「理科系」という昔ながらの線引きはなく、所属する部門にかかわらず共に働くことができる。世界中から最も優秀な人材を集めるという方針はその後も貫かれ、フランスの古生物学者ジャン＝ジャック・ウブランが招聘され、五番目の部門を設立した。ウブランが、ほぼ決まっていたコレージュ・ド・フランスという誉れ高いフランスの高等教育機関への出向を断ってこちらへ来たことは、ここがいかに魅力的であるかを証明した。実際、この研究所が設立されて15年のうちに、イギリスのケンブリッジ大学やドイツのチュービンゲン大学など、世界の大きな大学がその方針を模倣した。時折わたしは、この研究所はなぜこれほどうまくいったのだろうと、その理由を考える。まず、創設メンバーは皆、ドイツに不慣れだったので、研究所を立ちあげるには互いに仲良くした方がいいと感じていたはずだ。また、わたしたちは同じような問題に関心を持っていたが、専門分野が違ったので、競争やライバル意識がなかった。さらに、ＭＰＳから潤沢な支援を受けられたおかげで、多くの大学の雰囲気を暗くしている、乏しい財源を巡るつまらない競争を避けることができた。このようにすべてがとてもうまくいったので、時々わたしは、ミュンヘンに近いヒルシュベルクのあの小高い丘をまた訪れたくなる。１９９７年に4人の創設者が一緒に日の入りを眺めたあの場所だ。かつてわたしは何か重大なことが起きると、個人的な記念碑としてその丘に石を積んだものだった。いつかまた、そうするつもりだ。

第8章　アフリカ発祥か、多地域進化か

1997年の論文で現生人類の出アフリカ説を採用したわたしは多地域進化論者の批判を受ける。それには答えたが、真の結論には「核DNA」調査が必要だ

わたしが研究所の設立準備に追われ、マティアス・クリングスが新たに得たネアンデルタール人の骨からｍｔＤＮＡを回収しようとしている時に、科学コミュニティは、わたしたちがネアンデル谷の基準標本から導いた結果の検証を始めた。あの結果は、「多地域進化説」を信奉し、ネアンデルタール人はヨーロッパ人の祖先のひとつだと考える人々には不評だった。だが、そう怒る必要はなかったはずだ。と言うのも、１９９７年の論文でわたしたちは、ネアンデルタール人のｍｔＤＮＡはどの現代人のｍｔＤＮＡとも明らかに異なっているが、ネアンデルタール人が現代のヨーロッパ人に遺伝子——核ゲノムの遺伝子——を提供した可能性はあると、慎重に指摘しておいたからだ。

多地域進化論者が苛立ったのは、おそらく、いよいよ包囲が厳しくなってきたという漠然とした不安の反映だったのだろう。わたしたちはｍｔＤＮＡに関して、多地域モデルではなく出アフ

リカモデルを採用しており、また、他の研究者が現代人の遺伝的バリエーションに見出したパターンも、出アフリカ説を支持していたからだ。例えば、1980年代にアラン・ウィルソンの研究室でmtDNAに取り組んだリンダ・ヴィジラントやマーク・ストーンキングらの研究も出アフリカモデルとよく調和した。さらに、ドイツでわたしたちは、対象を核DNAに広げて解析を続けていたが、結果は明白なように思えた。

現生人類の核DNAの解析に取り組んでいたのは、才気あふれる大学院生、ヘンリク・ケースマンだった。ヘンリクは1997年にわたしの研究室に入った。金髪で、背が高くたくましい体つきをしていて、極めて真剣に研究に取り組んだ。じきにわたしは彼とミュンヘン周辺のアルプス、とりわけヒルシュベルク（この山はわたしの人生でよく重要な役目を果たした）を走るようになった。曲がりくねった伐採道路を懸命に駆けあがったり、のんびりと走り降りたりした後、科学について、特に現生人類の遺伝的バリエーションについて語って過ごした。アラン・ウィルソンらの研究により、現生人類のmtDNAは大型類人猿のものよりバリエーションが乏しく、それは人類が小さな集団から増えて拡散したことを示唆していることを、わたしたちは知っていた。しかしmtDNAは配列が短く、女系のみで継承されていくので、それだけで判断すると、人類と類人猿の遺伝的歴史を曲解しかねないということも認識していた。ヘンリクがメンバーに加わった頃には、シークエンシングをスピーディにこなす新手法のおかげで、mtDNAのみならず、現代人の核DNAの一部を解析できるようになっていた。ヘンリクはその手法で、人類と類人猿の核DNAのバリエーションを解き明かそうとしていた。では、どこを調べればいいのだろう。

様々な核DNAを最も広く採取するには？

核DNAの中でその働きがわかっているのは、全体のおよそ10パーセントにすぎない。そこにはタンパク質をコードする遺伝子が含まれている。それらの配列は個体間でほとんど違いがない。それは、変異が起きても、多くは有害なので、自然淘汰によって排除されるからだ。逆に有益な変異が起きて、それを持つ個体の生存率が高まったり、より多くの子を持つようになったりすれば、その変異を持つゲノムは拡散し、やはり、個体間でほとんど違いのない配列をもたらす。一方、残りの90パーセントは、自然淘汰の拘束をほとんど受けない。その部分は重要な機能を持たないので、変異は淘汰も拡散もされず、そのまま保存される。わたしたちが知りたかったのは、進化の過程でランダムな変異がどのように蓄積されてきたかということなので、見るべきは、この残り90パーセントの部分だ。そこで、X染色体上の、既知の遺伝子や重要な配列を含まない1万ヌクレオチドからなる領域を調べることにした。

領域が決まると、次は、どの個体を選ぶかが問題となる。女性はX染色体をふたつ持っているが、男性はひとつしか持たないため、当然ながら男性を選べば仕事はずっと簡単になる。しかし、どの男性にするかという選択は難しかった。科学者がよく選ぶのは、接近しやすい人々である。例えば、遺伝研究（通常、医学的なもの）の多くは、DNAの標本をヨーロッパ人から集めてきた。遺伝的バリエーションに関するデータベースを利用する人の中には、ヨーロッパ人の方が他の集団より遺伝的バリエーションが豊かだから、その標本を集めたのだと思う人がいるかもしれない。だが、ヨーロッパ人の標本が多いのは、それ以外の集団はあまり研究されていないというだけのことなのだ。

より筋の通った方法が3つある。第一の方法は、世界各地にどれだけ多くの人が暮らしているかに基づいて集める方法だ。しかし、これはあまり望ましくない。その方法では1万年前とは桁違いの膨大な人口を抱えるようになったインドと中国の男性を主に選ぶことになり、世界の遺伝的バリエーションの大半を無視してしまうからだ。第二の方法は、5～8平方キロメートルごとに標本を採るという、土地面積に応じて集めるものだ。だが、その実行にはさまざまな困難が伴うだろうし、北極圏のような人口の少ない地域で標本を採りすぎる結果にもなる。第三の方法はわたしたちが採用したものだが、主な言語グループに的を絞るというものだ。インド・ヨーロッパ語族、フィン・ウゴル語族といった主要な言語グループは、1万年以上前に遡る文化的多様性をいくらか反映しているはずだ。したがって、主な言語グループから標本を採取すれば、独自の長い歴史を持つ集団の、大半の標本を得ることができる。うまくいけば、人類の遺伝的バリエーションの広域をカバーできるだろう。

幸運なことに、わたしたちより前にこれを思いついた人がいたので、その標本を利用することができた。スタンフォード大学に所属する、イタリア出身の著名な遺伝学者ルカ・カヴァッリ＝スフォルツァが収集したものだ。ヘンリクはその標本から、すべての主要な言語グループを代表する69人の男性を選び、それぞれについて1万ヌクレオチドの配列を解析した。ランダムに選んだふたりの配列を比較すると、平均で3・7個の違いが見つかった。ｍｔＤＮＡと同様に、アフリカの外より中のペアの方が、違いは多かった。これらの結果をさらに広い視野から見るために、ヘンリクは現存する中で人類に最も近い種であるチンパンジーに目を向けた。

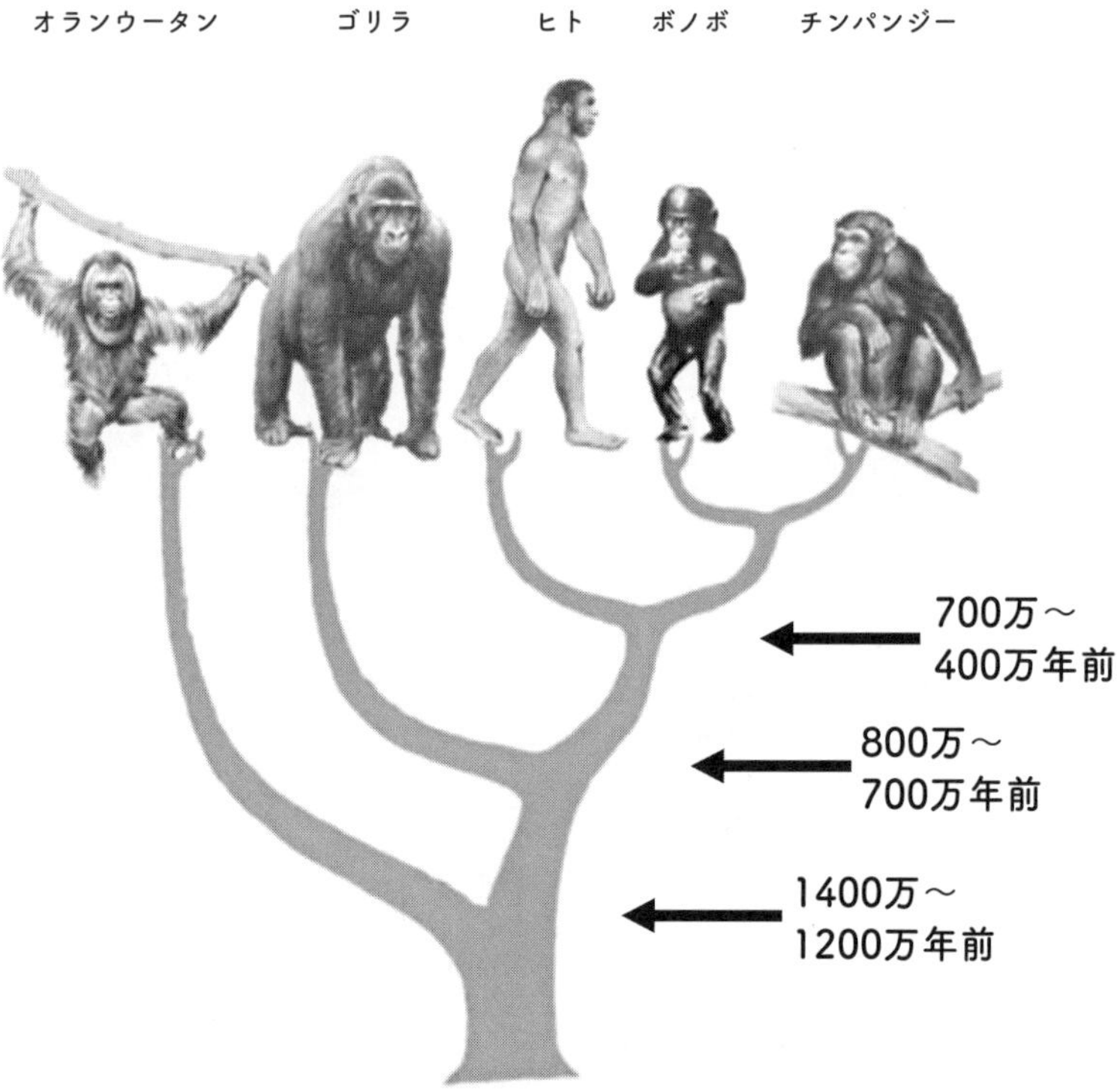

図8.1　人類と大型類人猿が共通の祖先から枝分かれした時期を示す系統樹（もっとも、その時期はきわめて不確かである）。ヘンリク・ケースマンとスヴァンテ・ペーボの"The genetical history of humans and great apes（人類と大型類人猿の遺伝的歴史），"*Journal of Internal Medicine* 251, 1-18（2002）より修正

人類はチンパンジーよりずっと多様性が少ない

チンパンジーにはふたつの種があり、いずれもアフリカに生息している。「普通の」チンパンジーは赤道周辺の森と、東のタンザニアから西のギニアまでの間に点在するサバンナにいる。一方、「ピグミー・チンパンジー」と呼ばれるボノボは、コンゴ民主共和国のコンゴ川南部にだけ棲んでいる。DNA配列から、この2種のチンパンジーが人類に最も近い種で、同じ系統に属し、おそらく700万年前から400万年ほど前に人類と分岐したことがわかっている。さらに800万年から700万年前まで遡ると、人類とチンパンジーは、アフリカにいるもう一種の大型霊長類、ゴリラとの共通の祖先に辿りつく。ボルネオ島とスマトラ島のオランウータンと、人類や他の霊長類との共通の祖先は、おそらく1400万年前から1200万年前（図8・1参照）に生きていたと思われる。

ヘンリクは東部、中央部、西部アフリカのチンパンジー（ボノボではなく、普通のチンパンジー）の主要なグループを代表する30頭のオスを選び、人間でしたように、X染色体上の同じ領域の配列を解析した。そして今回もランダムに選んだ2頭を比較したところ、平均で13・4個の違いが見つかった。驚くべき結果だった。現在、世界人口はおよそ70億で、おそらく20万頭弱しかいないチンパンジーよりはるかに多い。そして、人類は地球のほぼ全域に暮らしているが、チンパンジーがいるのはアフリカの赤道周辺だけだ。それでも、2頭のチンパンジーのDNAの違いは、ふたりの人間のそれより3、4倍多かったのだ。

ヘンリクは次に、ボノボ、ゴリラ、オランウータンの同じ領域の配列を解析した。人間が異常に互いに似ているか、チンパンジーが異常に多様なのではないか、と疑ったからだ。すると、ゴリラとオランウータンのDNAは、チンパンジーのそれよりさらに多様だったが、ボノボだけは、違いの数が人間と同程度だった。わたしたちはこれらの結果を、1999年から2001年にかけて、『ネイチャー・ジェネティクス』『サイエンス』に3本の論文として発表し(注1)、核DNAのバリエーションのパターンは、アラン・ウィルソンのグループがmtDNAで発見したパターン――現生人類のmtDNAは大型霊長類のものよりバリエーションが乏しいというもの――によく似ていることを示した。そのパターンはヒトゲノム全体に見られると予想され、わたしは、アフリカ単一起源説は正しいと、あらためて確信したのだった。したがって、わたしたちのネアンデルタール人研究を多地域進化論者から批判されても、さほど動じなかった。ほとんどの場合、返答さえしなかった。誰が正しいかは、年月が明らかにしてくれると信じていたからだ。

多地域進化論者たちの批判

多地域進化論者の大半は古生物学者や考古学者だった。わたしは、あえて公言はしなかったが、古代のある集団が他の集団と入れ替わったのか、混じり合ったのか、それとも前者が後者に進化したのかという謎を、彼らが解明できるとは思っていなかった。なにしろ古生物学者たちは、研究している古代の集団の定義についてさえ意見が分かれているのだ。ホミニンの化石を、多くの異なる種に分類しようとする「細分派」と、より少ない種にまとめようとする「併合派」は、当時も今も激しく議論を戦わせている。1980年代にアラン・ウィルソンと研究を行った人類学者、ヴィンセント・サリッチの言葉はよく知られている。曰く、「わたしたちは今ここに存在するので、過去に祖先がいたことがわかるが、化石を見ても、その化石に子孫がいるかどうかはわからない」。実際、わたしたちが博物館で見る化石の大半が現生人類によく似ているのは、遠い昔のどこかで祖先を同じくしていたからであって、それらの直接の子孫が今日生きているわけではない。彼らは人類の系統樹では「行き止まり」の枝になっているのだ。それでも、彼らを「祖先」と見なす傾向がしばしば見られる。わたしは研究に打ち込みながら、いずれ化石から抽出したＤＮＡをシーケンシングすることによって、この不確かな状況に終止符が打たれるだろうと、その日を夢想した。

わたしたちを批判した多地域進化論者のひとりは、著名な古生物学者、エリック・トリンカウスである。「ネアンデルタール人の骨から抽出し、解読したＤＮＡ配列のうち、今日の人類のそれに似たものを、汚染によるもの（すなわち、混入した現生人類のＤＮＡ）としてすべて排除したのであれば、その結果は歪んでいる恐れがある」と彼は指摘した。それらはネアンデルタール人のＤＮＡだったのかもしれないというのだ。実のところ、ネアンデルタール人の骨のいくつかからは、現代人のものらしい配列しか回収できなかった。だが、それらは保存状態が悪く、ネアンデルタール人のＤＮＡはすっかり失われていたはずなので、回収できたものはすべて混入した現代人のＤＮＡと見て間違いない。とは言え、トリンカウスの主張は筋が通っており、その疑いは迅速に解決する必要があった。

その任に就いたのは、デヴィッド・セールだ。キノコみたいに膨らんだヘアースタイルが印象的な、グルノーブル出身のフランス人大学院生で、冬には急峻な山をスキーで滑り降り、夏には轟々たる急流をカヌーでくだる猛者《もさ》だ。彼の仕事は、すべてのネアンデルタール人がその基準標本のものに似たｍｔＤＮＡを持っており、一方、ヨーロッパでネアンデルタール人と同時期か少し後に生きた初期の現生人類がそのような配列を「持っていない」ことを確認することだった。

特に後者は、事実を突き止めるために欠かせなかった。先に述べたように、集団内でｍｔＤＮＡのある配列が生き残るかどうかは、運任せの部分が大きい。初期の現生人類がヨーロッパに到達し、そこに住んでいたネアンデルタール人と交配したのであれば、そのうちの何人か、あるいは多数が、ネアンデルタール人のｍｔＤＮＡ配列を持っていたかもしれない。だが、それを持つ女性に娘が生まれないということが重なれば、数世代でその配列は失われる。実際、１９９７年の『セル』誌での発表直後、アメリカで研究するスウェーデン人の理論生物学者、マグヌス・ノールベルグがこの可能性を指摘していた。

面倒な批判だった。と言うのも、それはふたつの問いを混同していたからだ。第一の問いは、ネアンデルタール人は現生人類にｍｔＤＮＡを伝え、それを現代人は受け継いでいるか、というものだ。これについては、「ノー」と即答できる。第二の問いは、ネアンデルタール人と現生人類が交配したかどうかである。この問いにわたしたちは答えていなかったが、そもそも、わたしから見れば、第一の問いの方がより興味深くより重要だった。自分、あるいは今歩き回っているだれかが、身体の中にネアンデルタール人のＤＮＡを持っているかどうかをわたしは知りたかったのだ。わたしたちがそれを受け継いでいないのであれば、３万年前に起きた交配は、遺伝的な意味では何の結果も残さなかったと言える。

ジャーナリストと話すときはいつも、この点を理解してもらうよう努めた。わかりやすいように、「今日のわたしたちの遺伝子にその痕跡が残っていないのであれば、更新世後期に人類が誰とセックスしようと、そんなことに関心はない」とも言ったし、「現生人類がネアンデルタール人に出会ったのなら、当然、セックスしたはずだ」と付け加えたこともあった。つまり問題は、両者の間に子どもが生まれ、その遺伝子が今日に伝えられたかどうかということなのだ。

批判への回答――やはり現生人類はネアンデルタール人のmtDNAを持っていない

このような混乱した問いは煩わしかったが、ヨーロッパにいた初期の現生人類がネアンデルタール人のmtDNAを持っていたかどうかをデヴィッド・セールに調べさせたのは、わたし自身、それを知りたかったからだ。彼らがネアンデルタール人のmtDNAを持っていたのであれば、当然ながらその核DNAも持っていたはずだ。もしそうなら、ネアンデルタール人のmtDNAは失われても、核DNAの一部が現代人のDNAに残っている可能性がある。

ヨーロッパ各地の博物館に宛てて手紙を書き、ネアンデルタール人と初期現生人類の骨を提供してくれるよう頼んだ。ネアンデルタール人の基準標本で成功して以来、学芸員との交渉はずいぶん楽になり、最終的にネアンデルタール人24体と初期現生人類40体の骨のかけらを入手することができた。デヴィッドはそのすべてについてアミノ酸の保存状態を調べた。状態が良く、mtDNAの抽出を期待できたのは、ネアンデルタール人4体と現生人類5体だけだった。厳しい数字だが、典型的な割合だ。デヴィッドはこれら9体の骨からDNAを抽出し、人間のみならず大型類人猿やネアンデルタール人の試料からもmtDNAを増幅できるプライマーを用いてPCRにかけた。すると、9つの標本すべてから増幅産物が得られた。それらの配列を調べたところ、いずれも現代人の配列と同じか、よく似ていた。この結果に心がざわついた。もしかするとトリンカウスが疑うように、ネアンデルタール人のmtDNAの配列は現代人のそれによく似ているのかもしれない。

デヴィッドに、ホラアナグマの標本（ヴィンディヤ洞窟の5体とオーストリアの1体）でも試すよう促した。すると、やはりそれらからも現代人の配列が現れた！　この結果は、わたしたちが抽出したのが混入した現代人のＤＮＡにすぎないという、こちらの見方を裏づけた。さらにデヴィッドは、ネアンデルタール人のｍｔＤＮＡだけを増幅し、現代人のそれを増幅しないプライマーを苦心して設計した。ＤＮＡの混合物を用いてその効果を確かめた上で、ホラアナグマで試したところ、増幅産物はゼロだった。これでそのプライマーがネアンデルタール人のｍｔＤＮＡだけに有効だと確認できた。さらにデヴィッドは、そのプライマーで、ネアンデルタール人と現生人類の骨から抽出したものの増幅を試みた。ネアンデルタール人の骨はすべて、基準標本のものによく似たｍｔＤＮＡ配列を産出したが、５体の初期現生人類からは何も生じなかった。このことは、ネアンデルタール人のｍｔＤＮＡは明らかに現生人類のそれとは異なるということを、あらためて示唆していた。トリンカウスの疑念は誤りだったのだ。

次に、わたしたちはこの事実をさらに探究するための理論の構築に取りかかった。まず、３万年前にネアンデルタール人が現生人類と交配し、その現生人類の子孫が今日も生きているという個体群モデルを設計した。それから、どの現代人も、３万年ほど前の５体の初期現生人類も、ネアンデルタール人のｍｔＤＮＡを保持していないというわたしたちの発見を前提として、現代人への遺伝的寄与は、最大でいくらになるかを調べた。このモデル（現生人類の人口増加を無視するなど、単純化して、扱いやすくした）によると、ネアンデルタール人は現代人の核ＤＮＡに最大で25パーセント寄与しうるという答えが出た。しかし、ネアンデルタール人がＤＮＡを人間に寄与したことを示す証拠は見つかっていない。したがって最も合理的な仮説は――新たなデータが何か別のことを語らない限り――、ネアンデルタール人は現代人のＤＮＡに寄与していない、というものだ。

結論を出すには核DNAを調べるしかない

この結果は、わたしたちのアプローチが従来の古生物学的分析に比べていかにすぐれているかをはっきり語っていた。わたしたちは、仮定をはっきりさせることによって、境界値を確率で示すことができたのだ。骨の形態学的特徴を調べるようなやり方では、このような精密な答えは得られない。古生物学者の多くは自分たちのアプローチを純然たる科学と見なしているが、20年以上にわたって議論してきたにもかかわらず、現代人がネアンデルタール人の遺伝子を受け継いだかどうかについて彼らが合意に至っていないという事実が、そのアプローチに限界があることを示している。

デヴィッドの出した結果(注2)を発表した後、集団遺伝学者ロラン・エクスコフィエ率いるスイスの理論好きなグループが、ネアンデルタール人と現生人類の交配について説明する、わたしたちのものよりはるかに妥当なモデルを構築した。現生人類がヨーロッパを横断したとき、その最前線では常にネアンデルタール人との交配が起きたと彼らは推測した。そして現生人類の集団は、最初にヨーロッパに侵入したときは小さかったが、ネアンデルタール人と交配しながら増大していくと仮定した。エクスコフィエのグループは、このモデルでは、交配が稀でも、今日の人類のmtDNAの遺伝子プールに痕跡が残る可能性が高いことを示した。膨張しつづける集団では、平均的な女性は複数の娘を生み、その娘らがまた複数の娘を生んで、母親のmtDNAを伝えるからだ。そのため、人口が一定の集団に比べると、ネアンデルタール人のmtDNAが失われる可能性は低くなる。しかし実際には、5体の初期現生人類においても、これまでに研究された数千人の現代人においても、ネアンデルタール人のmtDNAは見つかっていない。ゆえにエクスコフィエのグループは、わたしたちのデータは「ネアンデルタール人の女性と現生人類の男性とが交配しても子どもは生まれず、このふたつのグループが生物学的に別種だということを示唆している」と結論づけた。(注3)

わたしとしては、彼らの結論に異存はなかったが、ネアンデルタール人と現生人類が出会ったときに、彼らのモデルが捉えていない何かが起きたという可能性は残る。例えば、ネアンデルタール人と現生人類の祖先が交配してできた子どもが全員、ネアンデルタール人のコミュニティで生涯を終えたとしたら、ネアンデルタール人はわたしたちの遺伝子プールに寄与せず、その結果は、彼らが述べるように、両者の間に子どもは生まれないように見えただろう。また、交配がすべて、ネアンデルタール人の男性と現生人類の女性との間で起きたのなら、男性は子どもにmtDNAを伝えないので、彼らのmtDNAは、現代人の遺伝子プールからは検出されない。こうした交配の痕跡は核DNAにおいてのみ見られるはずだ。祖先とネアンデルタール人との交配が、わたしたちのゲノムにどのような影響を与えたかを深く理解するには、明らかに、ネアンデルタール人の核DNAを調べる必要があった。

第9章　立ちはだかる困難「核ＤＮＡ」

1999年、1万4000年前の永久凍土のマンモスから核DNAの抽出に成功する。だが冷凍保存でないネアンデルタール核DNA復元は不可能に思えた

ヘンリク・ケースマンのX染色体への取り組みは、「現生人類のｍｔＤＮＡは大型霊長類のものよりバリエーションが乏しい」というパターンが核ＤＮＡの少なくとも一部にも見られることを示した。しかし、いずれネアンデルタール人の核ＤＮＡを研究できるようになるのか、それとも永久にｍｔＤＮＡを調べるのがせいぜいなのか、見通しは立っていなかった。落ち込んでいる時のわたしは、今後もずっとｍｔＤＮＡが提供する曖昧《あいまい》で近視眼的な視座から歴史を見るしかないのだろうと、悲観した。確かに、対象が琥珀に閉じ込められた昆虫や植物であれ、恐竜やその他「ノアの洪水以前」の生物（わたしが調べていたのはこれだ）であれ、これまでだれも、古代の核ＤＮＡの回収には成功していなかった。だが、熟慮を重ねるうちに、やはり、それに挑戦すべきだと思えてきた。

そんな時期に、小柄ながら意思の強いアメリカ出身のポスドク、アレックス・グリーンウッド

が新たに研究室のメンバーになった。わたしは彼に、「リスクは高いがきわめて重要なプロジェクトだ」と、ネアンデルタール人の核DNAを回収するという夢を語った。彼は早くそれに挑戦したくてたまらないといった様子だった。

わたしは「力ずく」の方法を提案した。それはたくさんの骨でmtDNA抽出を試み、最も多く抽出できた骨の、より大きな標本で核DNAの抽出を試みる、というものだ。しかし、このアプローチを試すのに、最初からネアンデルタール人の化石を使うわけにはいかない。失敗する恐れがある時に用いるには、それはあまりに希少で、あまりに貴重だ。そこで、まず動物の骨で試すことにした。それらは豊富にあり、古生物学者にとってそれほど価値のあるものではない。手許には、ザグレブの第四紀研究所の暗い地下室から持ち帰ったホラアナグマの骨があった。それが見つかったヴィンディヤ洞窟では、ネアンデルタール人の骨も出土しており、それらはmtDNAを含んでいた。したがって、ホラアナグマから核DNAを回収できたら、ネアンデルタール人からも回収が期待できる。

ホラアナグマの思わぬ困難

そういうわけで、アレックスは4万年から3万年前のホラアナグマの骨からのDNA抽出に取り掛かり、クマのものに似たmtDNAが含まれているかどうかを調べた。多くはそれを含んでいた。それから、最も多くmtDNAを含んでいるらしい抽出物で、核DNAの短い断片の増幅を試みたが、うまくいかなかった。アレックスはがっかりしていた。わたしは落胆したものの、驚きはしなかった。彼が直面した問題は、わたしにはお馴染みのものだった。生きている動物の細胞ひとつひとつに数百のmtDNAが含まれているが、核DNAはふたつしかなく、抽出物の中にその断片は、ｍｔＤＮＡの断片の１００分の１から１０００分の１しか含まれないのだ。したがって、もし核ＤＮＡが微量に存在していたとしても、それを増幅できるチャンスは、ｍｔＤＮＡの１００分の１から１０００分の１しかないのである。

この問題を克服する方法のひとつは、単に、より多くの骨を使うことだ。アレックスは大量のホラアナグマの骨から抽出した試料で、クマの配列を合成するプライマーを用いて、さらに短い核ＤＮＡの増幅を試みた。そうすれば増幅されたものが、古代のクマのものか、混入した人間のものかを識別できるからだ。しかし、この大量の抽出物からは何も増幅できなかった――ｍｔＤＮＡでさえ。増幅産物はゼロだったのだ。

数週間にわたり、大量の骨で失敗を繰り返した後、この方法で有用なＤＮＡを増幅するのは不可能だとわたしたちは悟った。それは増幅するものが骨に含まれていないからではなく、酵素を阻害する何かが抽出物に含まれているからだった。酵素が不活性になり、増幅が起きないのだ。抽出物からそれを除去しようとしたが、うまくいかなかった。そこで、抽出物を段階的に希釈し、再びｍｔＤＮＡを増幅できるようになったもので、核ＤＮＡの増幅を試みた。しかし何度やっても失敗に終わった。

わたしは楽観的でいようとしたが、アレックスの方は、数か月たつうちに失望を深め、論文に書くほどの結果が得られるだろうかと不安を募らせた。もしかすると、クマの死後、腐敗しつつある細胞の核膜から漏れ出した酵素によって、核ＤＮＡが分解されたのかもしれない。ミトコンドリア内のＤＮＡは二重の膜に包まれているので、核ＤＮＡよりうまく保護され、組織がひからびたり凍結したりするまで生き延びたか、あるいは別の形で酵素の攻撃を切り抜けたのではないだろうか。そう考えると、増幅を阻害しているものをどうにか排除できたとしても、果たして古代の骨の核DNAをわずかでも見つけることができるのだろうかと、ますます不安になってきた。次第にわたしも、アレックスと同じく挫折感に囚《とら》われるようになった。

マンモスに方向転換

わたしたちはホラアナグマに阻まれ、洞窟という環境は核DNAの保存には適さないのではないかと思うようになり、最善の保存状態が期待できるものへ、いったん方向転換することにした。それはシベリアとアラスカの永久凍土層に閉じ込められていたマンモスだ。それらは死んだ直後から凍結保存されていたため、バクテリアの繁殖や化学反応、それらがもたらすDNAの劣化が遅れるか、ストップしたと期待できる。また、シベリアの永久凍土層から出土したマンモスには大量のmtDNAが含まれていることが、マティアス・ヘスの研究からわかっていた。永久凍土層でネアンデルタール人の骨は見つかっていないので、マンモスへの方向転換は、最終的な目標から一歩後退することを意味していた。しかし、まず核DNAが数万年以上、保存されるかどうかを確認する必要があったのだ。凍ったマンモスの遺骸に核DNAをひとつも見つけられないなら、それよりずっと過酷な環境にあったネアンデルタール人の骨に見つけるなどということは、最初からあきらめた方がよさそうだった。

幸い、わたしたちはここ数年来、各地の博物館から古代の骨を系統立てて収集していたので、アレックスはさっそく数体のマンモスの遺骸で試すことができた。その1本の歯はmtDNAをかなり大量に含んでいた。それは、第二次世界大戦中に、ブリティッシュ・コロンビア州北東部からフェアバンクス近郊まで延びるアラスカハイウェイが急造された時に凍土から出てきたもので、以来、アメリカ自然史博物館の大きな箱のなかに保管されていた。

核ＤＮＡの探索を少しでも容易にするために、２８ＳｒＤＮＡと呼ばれる遺伝子を含むセグメントに狙いを定めた。２８ＳｒＤＮＡはリボソームを構成するＲＮＡ分子をコードする遺伝子だ。２８ＳｒＤＮＡはひとつの細胞に数百コピー存在するため――死後の核ＤＮＡとｍｔＤＮＡの劣化スピードが同じであれば――、抽出物中にｍｔＤＮＡと同じくらい豊富に含まれることが期待できた。とてもうれしく、そしてほっとしたことに、アレックスはこの遺伝子の増幅に成功した。彼はマンモスのＰＣＲ産物の塩基配列を解析し、わたしたちがネアンデルタール人のｍｔＤＮＡを調べたときに確立した、セグメントの重複を探す方法により、その配列を再構築した。彼はその配列をマンモスに最も近い種であるアフリカゾウとアジアゾウの配列と比較することにした。それまでわたしは、汚染を防ぐために、アレックスであれ誰であれ、ゾウについて研究するのを禁じていたが、無事マンモスの配列を得られたのでそれを許可した。アレックスはマンモスで用いたプライマーで、アフリカゾウとアジアゾウの２８ＳｒＤＮＡを含む配列を増幅し、シークエンシングした。アジアゾウの配列はマンモスと同じだったが、アフリカゾウの配列は２か所が違っており、マンモスがアフリカゾウよりもアジアゾウと近い関係にあることを示唆していた。

だが、マンモスと現存するゾウとの比較はこの挑戦の目的ではなかった。要はそれが本当に古代の核ＤＮＡかどうかということなのだ。それに決着をつけるため、その歯のかけらを放射性炭素年代測定に送った。１万４０００年前という年代が返ってきたとき、ここ数か月で初めて満足を覚えた。ようやく公にできる結果が出たのだ。わたしたちが得たのは、史上初めて決定された更新世後期の核ＤＮＡの配列なのだ。

マンモスでは成功したが、道は険しい

この成功に力を得て、アレックスはフォン・ヴィレブランド因子遺伝子（マンモスのゲノムにその遺伝子は1個しか存在しない＝単一コピー遺伝子）の2つの短い断片を増幅するプライマーを設計した。ｖＷＦと略称されるこの遺伝子は、傷ついた血管に血小板が粘着するのを助けるタンパク質（フォン・ヴィレブランド因子）をコードする。ｖＷＦを選んだのは、他の研究者がすでにゾウ（および、現存する多くの哺乳類）のｖＷＦの配列を決定していたので、今日の配列との比較が容易だからだ。彼はみごとにこのチャレンジに成功した。毎週恒例のミーティングで、彼からマンモスのｖＷＦの断片を増幅できたことを示すゲルのバンド（電気泳動でゲルに生じた縞模様）の写真を見せられた時には、我が目を疑った。だが結果は確かだった。彼は同じマンモスの骨から別々に準備した抽出物を用いて、この作業を二度行っていた。配列を解析したクローンの中にエラーのあるものが混じっていたが、それは古いＤＮＡが化学的に損傷したか、あるいはＰＣＲサイクル中にポリメラーゼが誤ったヌクレオチドを付加したためだと思われた（図9・1参照）。

しかし、ある位置に興味深いパターンが見つかった。アレックスは全3回のＰＣＲの増幅産物から30個のクローンの配列を解析したが、その位置のヌクレオチドは、クローンの15個ではC、14個ではT、残り1個ではAになっていた。1コピーだけに見られるAは、ポリメラーゼのエラーだと思えたが、ＣとＴの違いにわたしの鼓動は速まった。それは明らかに、遺伝学者が「ヘテロ接合体」もしくは「一塩基多型（ＳＮＰ）」と呼ぶものであり、このマンモスが父と母から受け取った遺伝子のヌクレオチドが異なる位置なのだ。わたしたちは世界で初めて、氷河時代のヘ

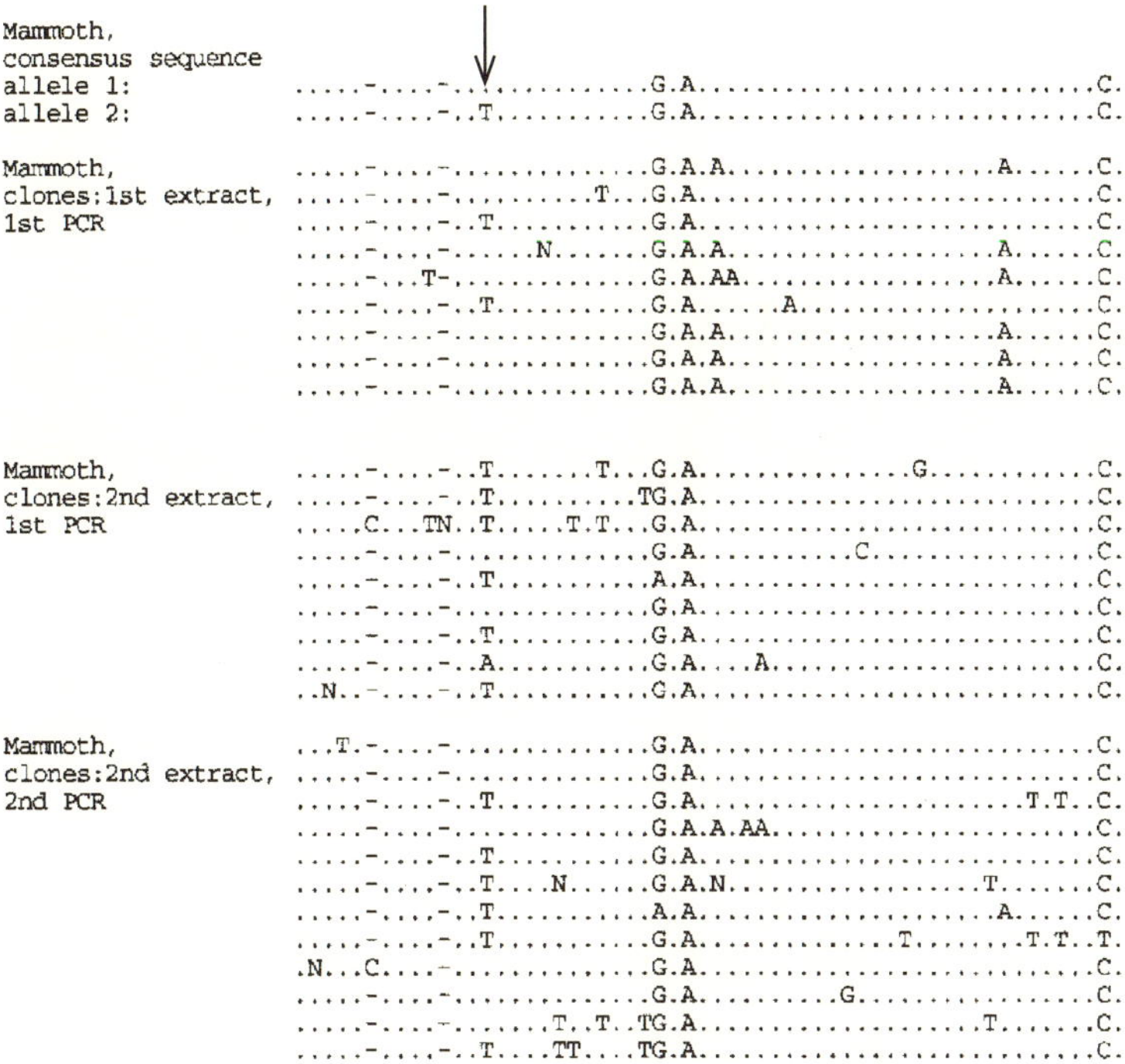

図9.1　1万4000年前のマンモスから抽出した核遺伝子の断片を3回増幅して得たクローンのDNA塩基配列。矢印は初めて観察された更新世後期のヘテロ接合部位、つまりSNP。A. D. グリーンウッドら "Nuclear DNA sequences from Late Pleistocene megafauna（更新世後期の大型動物相の核DNA塩基配列）," *Molecular Biology and Evolution* 16,1466-1473（1999）より

テロ接合体、つまりSNPを見たのである。

それは言うなれば、遺伝の本質——ある個体群においてふたつの異型（この場合はCかT）を持つ核遺伝子だった。状況は上向きつつあった。このマンモスの遺伝子の2タイプを見ることができたのであれば、ゲノムのすべての部分にアクセスできるはずだ。したがって、少なくとも理論上は、何千年も前に絶滅した種から必要な遺伝情報を取り出すことは可能なのだ。この点をよく理解してもらうために、アレックスはさらに2つの単一コピー遺伝子の断片を増幅した。ひとつは、脳内の神経伝達物質を調整するタンパク質をコードする遺伝子で、もうひとつはビタミンAと結合して目の桿体《かんたい》と錐体の視物質を構成するタンパク質をコードする遺伝子である。どちらも成功した。

核DNAの回収に長く苦闘してきたわたしたちにとって、アレックスがマンモスで出した結果は、まさに待ち望んでいたものだった。数日間、わたしはとても幸せだった。だが、言うまでもなく、わたしが関心を持っているのはマンモスではなかった。知りたいのはネアンデルタール人についてであり、残念ながら永久凍土にネアンデルタール人が埋もれていないことをわたしは知っていた。そこでアレックスに、ヴィンディヤのホラアナグマの骨に戻って、凍結保存されていない遺物からも核DNAが回収できるかどうか調べるよう促した。彼はホラアナグマ数体から抽出したmtDNAを分析し、核DNAを多く含んでいそうな骨を特定した。その骨を放射性炭素で年代測定したところ、3万3000年前のものだとわかった。ネアンデルタール人が生きた時代とほぼ重なっている。アレックスはこの骨に注力し、ゲノム内にコピーが多数存在するリボソームRNA遺伝子（28SrDNA）の増幅を試みた。結果、少量の増幅産物を得ることができ、その配列を再構築したところ、今日のクマの配列と全く同じであった。

これは成功だったが、暗い側面を伴った。この多コピー遺伝子でさえ、断片の増幅は非常に難しかった。したがって、マンモスでシーケンシングに成功したｖＷＦ遺伝子のような単一コピー遺伝子の増幅はどう考えても無理だった。それでもアレックスは挑戦したが、予想通り失敗に終わった。マンモスでの成功には大いに興奮させられたが、最終的な結果にわたしは――密かにではあったが――大いに失望した。核ＤＮＡが永久凍土層で数万年以上も生き延びたことは示せたが、ホラアナグマの骨では、非常にたくさん含まれるはずの核ＤＮＡ配列の痕跡をとらえるのがせいぜいだった。永久凍土層と石灰岩の洞窟との間には、とてつもない隔たりがあったのだ。

１９９９年、わたしにはすばらしいと思える論文で、アレックスの発見を発表したが、反響はほとんどなかった。(注１) その論文は、核ＤＮＡは永久凍土層で発見された遺骸の中に残っており、ヘテロ接合も確認できたことを示した。永久凍土層における遺伝子調査のさらなる発展を期待して、以下のように結んだ。

動物相の大量の遺物が永久凍土層やその他の寒冷な環境に残されている。そのような遺物がｍｔＤＮＡのみならず、単一コピー遺伝子の配列も産出しうるという事実は、核遺伝子座を系統発生学や集団遺伝学の研究に用いたり、表現型の特質を決定する遺伝子の研究を行ったりする可能性を広げるだろう。

いつか、他の誰かがこの路線を引き継ぐだろうが、５年先から10年先と見るのは楽観がすぎるだろう。また、永久凍土層でネアンデルタール人が発見されないかぎり、わたしたちがネアンデルタール人の全ゲノムを見ることは決してないと思われた。

第10章　救世主、現れる

2000年にわたしが顧問となったDNA増幅の新技術「次世代シーケンサー」は生物学全体を変えるほど強力だ。ネアンデルタール人復元も現実味を帯びる

わたしは研究室では実験を監督し、グループがゆっくりとながら着実に前進するよう導き、忙しく過ごしていた。しかし、長時間のフライトで狭いシートに押し込められている時や、学会に参加し、薄暗い講堂で見当違いのプレゼンテーションを聞かされている時などは、ネアンデルタール人の核DNAを回収できずにいるということに強い焦りを覚えた。PCRでは回収できなかったが、核DNAはそこにあったはずだ。それを見つけるもっとよい方法さえわかればいいのだが。

新たな方向からこれに挑戦したのは、ヘンドリク・ポイナーだ。彼は琥珀のなかに何百万年も閉じ込められていた動植物からDNAを回収しようとする実りのない探究に飽きて、もっと勝算がありそうなテーマを探していた。ヘンドリクとわたしのどちらにとってもラッキーなことに、

その頃のわたしは、いくつかの会議で退屈な講演を聞きながら、動物の糞からＤＮＡを回収した自分たちの研究のことを思い出していた。そのひとつが氷河時代のアメリカにいた地上性のオオナマケモノだ。その巨大なナマケモノは絶滅したが、大量の糞を残した。考古学者らはそのような動物の糞の化石（糞石）に、「コプロライト」というしゃれた名をつけた。ネバダ州などのいくつかの洞窟は、床全体がかなりの深さまでこの太古のナマケモノの糞に覆われている。ヘンドリクは１９９８年の『サイエンス』誌の論文で、コプロライトにｍｔＤＮＡが保存されていることを述べ、同じ論文でわたしたちは、オオナマケモノのコプロライト１個から植物のＤＮＡを回収し、それをもとに、２万年前に死ぬ直前にそのナマケモノが食べたものを再現できたことを公表した。(注1) この成功は、大量のｍｔＤＮＡ、さらには核ＤＮＡまでもが、古代の糞の中に保存されている可能性を示唆していた。わたしはヘンドリクに、それを探してみてはどうだろう、と提案した。

かつてのミイラの失敗がヒントに

ヘンドリクは、わたしたちがその前年に開発した化学的手法によってそれを探すことにした。ベルリンのミイラを分析していた１９８４年、抽出物（ＤＮＡが含まれていれば紫外線の照射でピンクの蛍光を発する染料を添加したもの）に紫外線をあてたが、大半は青い蛍光を発し、ＤＮＡを産出しなかった。どんな化学成分のせいなのかわからなかったが、期待するピンクではなく青を見たときの失望ゆえに、その記憶は深く心に刻まれた。数千年前に死んだ細胞でどんな化学反応が起きたのかと調べるうちに、メイラード反応という現象に行きついた。それは食品業界でよく研究されてきた現象であり、たまたま、わたしの母は食品科学者なので、それに関する文献をたくさん送ってくれた。
メイラード反応は、糖がタンパク質やアミノ酸とクロスリンク（架橋結合）して大きな複合体になる現象で、通常の形態の糖を高温で加熱したり、低温で長時間温めたりしたときに起きる。さまざまな調理方法によって起こり、副産物として、焼きたてパンの香ばしい匂いや焦げ色をもたらす。だが、わたしの興味を惹いたのは、メイラード反応の産物が紫外線をあてると青い蛍光を発することだった。エジプトのミイラで起きたのはこれかもしれない。その抽出物の青い蛍光だけでなく、（間違っているかもしれないが）その茶褐色の肌と、それほど不快でない独特な甘い匂いもそのせいではないだろうか。ミイラからDNAを抽出できなかったのは、メイラード反応によってDNAが他の分子と結びついていたせいかもしれないと、わたしは推理した。
この謎を解明する方法があった。1996年に『ネイチャー』誌に掲載されたある論文が、メイラード反応によって生じた複合体を分解する化学物質、N-フェナシルチアゾリウムブロミド（PTB）について述べていた。[注2] なんと、焼いたパンにPTBを添加すると、パン生地に戻るのだ（オーヴンでまた焼けるような生地ではないが）。PTBは市販されていないので、ヘンドリクは研究室でそれを合成した。そしてホラアナグマとネアンデルタール人の抽出物に加えたところ、より多くの増幅産物を得ることができた。さらに、ネバダで採取された2万年前のコプロライトからの抽出物にPTBを加えると、アレックスがマンモスから抽出しシーケンシングに成功したvWF遺伝子だけでなく、他の2つの核遺伝子の断片を増幅することができた。いずれもわたしにとって大きな驚きだった。凍結保存されていない遺物からでも核DNAを回収できる見込みが出てきたのだ。2003年7月、この成果を発表した。[注3]
こうした結果に力づけられ、ホラアナグマの骨から——今度はPTBを用いて——核DNAを回収する試みは続ける価値があると思った。だが、残念ながらホラアナグマにその化学のトリックは効かなかった。実のところネバダのコプロライトは稀な例外で、ＰＴＢ処理がたまたまうまくいっただけのことだったのだ。とは言え、コプロライトの成功により、核ＤＮＡはそこにあり、必要なのはそれを見つける新たな技術だけだという思いはさらに強くなった。

革命的新技術「次世代シーケンシング」の誕生

少量のＤＮＡをシーケンシングする新技術のアイデアを得るために、多くの人の意見を聞いた。そのひとりスウェーデン人の生化学者、マティアス・ウーレンは、創造力あふれる発明家で、バイオテクノロジーの事業家でもある。とてつもなくエネルギッシュで、子どものように新しいアイデアが好きだ。周囲に創造性に富む人々を集め、自らの熱心さを彼らに伝染させる才能があった。彼に会うたび、元気になる気がした。ウーレンの周りにいる創造的な人のひとりがパル・ニュリエンである。10年前にシーケンシングの新たな技術を思いつき、うまくいくはずがないという周囲の声をはねのけて、その開発を進めていた。ウーレンはパルのアイデアの可能性をよく理解しており、また彼自身、そろそろシーケンシングの新手法を考えるべき時だと感じていた。当時はだれもが依然として、１９８０年に英国でフレッド・サンガーが考案した方法を用いていたのだ。サンガーはその功績により二度目となるノーベル化学賞を受賞した。

サンガーのシーケンス法は、ＤＮＡポリメラーゼによってヌクレオチドを連続的に取り込むことを軸とする。ポリメラーゼが元からあるＤＮＡ鎖を鋳型とし、プライマーを起点として新たな鎖を作っていくのだ。その材料となる４つのヌクレオチドの一部に工夫を加える。４色の蛍光染料で色分けした上で、化学的に修正して、ＤＮＡポリメラーゼがそれらを取り込むと鎖の合成がそこで止まるようにするのだ。その結果、長さの異なるＤＮＡ鎖が何本も生まれる。それぞれの端の蛍光色はそこにどのヌクレオチドがあるかを示す。こうして短く切り、端に標識（蛍光色）をつけた断片を、ゲルに入れて電気泳動にかけると、鎖の長さによって分類される。そうすれば、元の鎖のどこにどの染料が、ひいてはどのヌクレオチドが存在するかがわかる――例えば、合成を始めたところから10個目は赤なのでＴ（チミン）、11個目は緑なのでＡ（アデニン）、12個目は……といった具合だ。その最も優れた装置――例えば、ヒトゲノムプロジェクトが使っているようなもの――は、一度にほぼ１００個のＤＮＡ片を、８００ヌクレオチドの長さまでシーケンシングできる。一方、パルがウーレンの研究室で開発したものは、パイロシーケンス法と呼ばれる方式で、まだ初期段階だったが、サンガー法よりもはるかに速く容易に配列決定できる可能性を秘めていた。

パイロシーケンス法も配列を読むのにＤＮＡポリメラーゼを使うが、ＤＮＡ断片を長さによって分けるといった面倒なことはしない。ヌクレオチドがＤＮＡに取り込まれると、反応液が発光するようになっており、その光を検出するだけだ。ポイントは、反応液に、4種のヌクレオチドのうち1種だけを入れておくことだ。たとえばＡ（アデニン）を入れておくと、ＤＮＡポリメラーゼは、鋳型ＤＮＡのヌクレオチド（の塩基）がＴ（チミン。Ａとペアになる）のときだけ、伸長しつつあるＤＮＡ鎖の端にＡを付加する。すると反応液中の一連の酵素によって発光が起きる。その光を強力なカメラで捉え、コンピュータが記録する。もしも鋳型ＤＮＡがＴでなければ、発光は起こらない。このような反応を何度も行い、反応ごとに4種のヌクレオチドを順番に入れていく。そして、光るか光らないかを記録していけば、ヌクレオチドの順番がわかるのだ。きわめて巧妙な方法であり、微小な区画の中にヌクレオチドなどを入れて反応させ、カメラで写せばそれで終わりだ。さらに重要なこととして、この作業は容易に自動化できるはずだった。ウーレンの説明を聞きながら、わたしも彼と同じくらい夢中になった。

しばらくしてウーレンから、この技術を商業化するために彼とパルが設立した会社、パイロシーケンシング社の科学顧問団に入ってくれないかと頼まれた。喜んで引き受けた。そうすれば、このわくわくするような新技術の成長を見守ることができるし、この技術にはわたしたちの古代のＤＮＡの研究を変える力があると思ったからだ。２０００年に顧問団に入ったが、会社が最初の販売用の製品を作ってから1年がたっていた。そのシーケンサーは、プラスチックプレートの窪みにひとつずつ入れた96個の異なるＤＮＡ断片を一気に配列決定することができた。しかし、解読できる長さは最長で30ヌクレオチドだった。サンガー方式による最新の装置には遠く及ばないが、パイロシーケンス法は若い技術で、成長の可能性はまだいくらでもあった。正直なところ、わたし自身、当時はその真価に気づいていなかったのだが、パイロシーケンス法は後に「次世代シーケンシング」と呼ばれることになる革命的な技術であり、やがて古代ＤＮＡ研究だけでなく、生物学の多くの側面を根本から変えることになる。

パイロシーケンス法を試したくてたまらなかったので、ヘンリク・ケースマンにストックホルムの王立技術院にあるウーレンの研究室でその作業にあたってほしいと頼んだ。ヘンリクは快諾した。彼はドイツ南部で育ったが、スウェーデン人の母親のおかげで、スウェーデン語を流暢《りゅうちょう》に話すことができる。その非の打ち所のないスウェーデン語を聞けば、ストックホルムの人々はびっくりすることだろう。また、パイロシーケンス法でヨーロッパとアジアの現代人の個体群のデータを作成すれば、両者の互いとの関係を明かすのに役立つはずだ。あらゆる新技術と同じく、パイロシーケンス法には新たなスキルの習得と、トラブルを解決する作業が求められたが、最終的にそれはよく機能した。

２００３年8月、パイロシーケンシング社の顧問団は、４５４ライフサイエンス社に、パイロシーケンサーを製造販売するライセンスを与えることに同意した。４５４社はバイオテクノロジー起業家、ジョナサン・ロスバーグが設立したアメリカの企業で、最先端の流体工学を用いてパイロシーケンス法を強化する予定だという。その革新性のポイントは、ＤＮＡ断片の両端に、合成した短いＤＮＡ片（アダプター配列）をつけることにある。そのＤＮＡ鎖を小さなビーズにくっつけ、オイルに水を混ぜて作った無数の小さな水滴（極小のシャーレに相当する）の中で増幅する。この方法でなら、何十万個もの異なる鎖を同時に増幅することができる。それを数十万個の窪みのあるプレート上に流すと、ビーズは1個ずつ窪みの中に収まる。それをパイロシーケンサーにかけるのだ。最終的に（そして厳密に）、どの窪みが光を発したかを記録するために、同社は、天文学者が数百万の星を観察するために用いる画像追跡法を借用した。おかげで、一度に96個ではなく20万個のＤＮＡ断片を同時にシーケンシングできるようになった！

そのパワーをもってすれば、古代の骨から抽出したＤＮＡ断片を手当たり次第に配列決定し、含まれる全配列を明かすことも可能だと思えてきた。この力ずくのアプローチは、狙いをつけた配列の断片を見つけ出そうとするＰＣＲの方式とは全く違っていた。ＰＣＲ法は手間がかかるだけでなく、（探す配列を事前に決めなければならないので）狙ったもの以外の配列はわからない。４５４社のパイロシーケンサーが処理できるのは、１００ヌクレオチド以下の断片に限られたが、いずれにせよ、これまでに調べたマンモスや地上性ナマケモノの核ＤＮＡの断片に、１００ヌクレオチドより長いものはなかった。わたしは４５４社のシーケンサーをすぐにでも試したかった。

改良されたバクテリア増殖法は「使える」か

わたしがシーケンシングの新技術のアイデアを得るために話を聞いたのは、ウーレンを始めとするパイロシーケンス派だけではなかった。活動的でエネルギッシュなゲノム学者、エドワード・M・ルービンにも助言を求めた。彼はカリフォルニア州バークレーにあるローレンス・バークレー国立研究所の教授にしてアメリカエネルギー省合同ゲノム研究所の責任者で、2005年7月にわたしたちの研究所を訪ねてきた。ルービンはバクテリアの中でDNAのクローンを作る方法が最善だと確信していた。1980年代にわたしがウプサラでミイラのDNAを調べる時に用いた手法だ。その方法は当時よりずっと効率的になったと彼は言った。そこでわたしはホラアナグマでそれを試すことに同意し、mtDNAを多く含むホラアナグマの骨から抽出したものを、バークレーの彼の研究所へ送った。

ルービンのグループは、1984年にわたしが行ったように、抽出物に含まれるDNA分子を運び屋《ベクター》（プラスミド）と結合させ、バクテリアに導入した。このバクテリアが増殖すると、「ライブラリ」と呼ばれるものが形成される。ライブラリを構成するバクテリアのコロニー、つまり「クローン」には、ホラアナグマから抽出したDNA分子のコピーが数百万個含まれる。ルービンのグループは、ふたつのライブラリからランダムに選んだ約1万4000個のクローン——1984年に可能だった数よりけた違いに多い——の塩基配列を、伝統的なサンガーの方式で決定した。その1万4000個のクローンのうち、イヌのDNA配列に似ていて、ホラアナグマに由来すると思われるものは389個、全体のわずか2・7パーセントだった。残りはその動物が死んだ後に、骨に繁殖したバクテリアや真菌のものだった。ホラアナグマ自体のDNAの割合は腹立たしいほど少なかったが、それでもこの結果は胸躍るものだった。ヨーロッパの洞窟から出土した骨が実際に核DNAを含んでいることを示せたからだ。

2005年、この結果を論文にまとめ、ルービンと彼のグループを主著者として『サイエンス』で発表した。[注4] その論文でわたしたちは、「この結果は古代の遺物から抽出したゲノムの配列決定が可能であることを意味する」と、いささか大げさに述べた。しかし、論文が発表された後、他ならぬわたしのグループの数名がその結果をさらに深く考察し、計算を重ね、厳しい現実を明らかにした。ルービンのグループは、こちらが送ったDNAライブラリのすべての断片の塩基配列を決定し、ホラアナグマのゲノムから総計2万6861ヌクレオチドを見つけた。このライブラリを作るのに0・2〜0・3グラムの骨を用いたが、推定で30億ヌクレオチドからなるホラアナグマのゲノムの概要をつかむには、今回用いた骨の10万倍以上、つまり20キログラム以上の骨が必要になる。それほど多くの骨を粉にし、シーケンシングの下準備をするのは、この上なく大変なはずだが、不可能ではない。しかし、その後のシーケンシングには莫大な費用がかかる。さらに、たとえそれがうまくいったとしても、この力ずくの手法のために、非常に貴重なネアンデルタール人の骨を大量に使うわけにはいかない。そもそも、わたしたちはその骨をほんのわずかしか持っていないのだ。

そういうわけで、ネアンデルタール人のゲノムをバクテリアによるクローニングでシーケンシングするというのは、少なくともわたしには、進むべき道とは思えなかった。実際それは不可能なのだ。まずネアンデルタール人のDNAはバクテリアの中に入らないだろうし、もし入ったとしても、中にある酵素に破壊されてしまうので、できあがったライブラリの中に、そのDNAはほとんど残っていないだろう。それでも、ルービンは相変わらずその方法を信奉しており、今回の効率の悪さは例外的なものだと弁解し、将来はもっとうまくいくはずで、必要とされる試料は少なくなるだろう、と主張した。

パイロシーケンス法の強力さを目の当たりにする

ルービンから熱心にバクテリアによるクローニングを勧められていたし、唯一の方法に頼るのは嫌だったが、それでも、試すべきはパイロシーケンス法だとわたしは確信していた。抽出物中のすべてのDNAを454社のパイロシーケンサーにかければ、気まぐれなバクテリアにまかせるより、はるかに損失は少なくて済むはずだ。さらにうれしいことに、ロスバーグと454社は、1日に数十万個のDNA分子の配列決定ができる装置を開発しようとしていた。

しかし、ロスバーグと接触するのは容易ではなかった。賢明にも彼は、その新しいテクノロジーを使わせてほしいと押し寄せるであろう風変わりな科学者を避けるために、外部からの接触をシャットアウトしていたのだ。さまざまなルートを試みたが、無駄だった。最終的に、ジーン・マイヤーズに相談した。彼は生物情報工学の魔術師ともいうべき人物で、著名なゲノム学者、クレイグ・ベンターが牽引した2000年のヒトゲノム解読でも一役買った。ジーンとは2001年にブラジルで開かれた生物情報工学の会議で初めて出会い、どんな難問にも果敢に取り組むその姿勢にたちまち魅了された。また、共通の趣味であるスキーとスキューバダイビングを通じても絆を深めた。当時ジーンはカリフォルニア大学バークレー校の教授で、ロスバーグの会社の顧問を務めていたので、2005年7月に、ロスバーグとEメールでコンタクトをとれるようにしてくれた。

ロスバーグは、454社で実際に機械を動かしているデンマーク人の科学者、ミカエル・エグホルムと3人での電話会議に応じてくれた。ロスバーグと電話で話しながら、次第に不安になってきた。起業家としての業績から予想していた通り、彼はエネルギッシュで鋭い人物だったが、その興味はひとつのことに集中しているようだった。恐竜のゲノム解読である。このやっかいな嗜好をどうしたものかとわたしは悩んだ。加えて、過去にわたしは、恐竜のゲノム解読は不可能であり、今後も不可能であり続けるだろうと発言していたのだ。そこで、逃げ道をなくさないよう気をつけながら、その主張を繰り返し、恐竜の他にも魅力的なゲノムがある、とりわけネアンデルタール人のそれは解読するだけの価値がある、と語った。幸いロスバーグは、こうした調査は人間を人間たらしめる遺伝的差異を明らかにできるという考えに、すぐ惹きつけられた。わたしは彼とエグホルムに、マンモスとホラアナグマから始めるのがいいということも納得させた。

1週間後、454社にマンモスとホラアナグマの抽出物を送った。その頃、勤勉で才能豊かな生物情報工学者のリチャード・エド・グリーンが研究室のメンバーに加わった。彼はカリフォルニア大学バークレー校で博士号を取得したばかりで、全米科学財団から受けた名誉ある高額のフェローシップで、人類と大型霊長類のRNAスプライシングを比較するプロジェクトを進めることになっていた。スプライシングとは、タンパク質合成を指示するメッセンジャーRNAを形成するために、その前駆体（一次転写産物）の一部（イントロン：アミノ酸をコードしない余分な配列）が切り捨てられるプロセスのことだ。遺伝子を切ってつなげるこのプロセスの違いが、ヒトとチンパンジーの相違の多くをもたらしているのではないかと彼は考えていた。だが、それに着手した時に、454社から最初のデータが届いた。

それは、マンモスとホラアナグマの骨から採取した数十万個のDNA片をシーケンシングした結果だった。わたしはエドに、標本本来の配列と混入した微生物などの配列を分離してくれないだろうか、と頼んだ。彼は引き受けてくれたが、容易な仕事ではなかった。彼は454社から戻ってきた配列と、マンモスとホラアナグマのそれぞれに最も近い現生動物であるゾウとイヌの配列を比較した。しかし、古代の配列は短く、また数千年の間に起きた化学変化のせいでエラーを含んでいる恐れがあった。骨にはさまざまな微生物や菌類も巣くっていたはずだ。しかし彼は、古代のDNAへの挑戦に強く惹かれ、じきにRNAスプライシングのことはすっかり忘れてしまった。そしてついに、全米科学財団で彼のフェローシップを担当する人に、研究テーマを変更したことを報告した。残念ながら全米科学財団には、ネアンデルタール人のゲノムは計算生物学者が取り組むのに最適なテーマだというビジョンが欠けており、フェローシップは打ち切られた。しかし幸運にもこちらには潤沢な予算があったので、彼を引き留めることができた。

エドは、マンモスの骨から抽出したDNAの約2・9パーセントがマンモスに由来し、ホラアナグマの骨から抽出したDNAの約3・1パーセントがホラアナグマに由来することを明らかにした。この数字は、かつてわたしたちがエディ・ルービンとの共同研究で出した結果——バクテリアによるクローニングで得た配列の5パーセントがホラアナグマ由来だった——が、かなり良いものであることを語っていた。

3パーセントであれ5パーセントであれ、多いとは思えないが、今回の作業では、トータルで7万3172個のマンモスの異なる配列と、6万1667個のホラアナグマの異なる配列を得ることができた。454社の方式は、たった1回の作業で、しかも抽出物をすべて使ったわけでもないのに、バクテリアによるクローニングで得たデータの、ほぼ10倍のデータを産出したのである。これは本物のブレークスルーだと思えたが、リスクがないわけではなかった。PCR法では、実験を何度も繰り返し、同じ結果が出るか、エラーは含まれていないか、と確かめることができた。しかしこの新しい方法では、配列を見ることができるのは一度だけで、また、どちらのゲノムもあまりに大きいので同じセグメントのコピーを見比べようとしても、それを見つける見込みは薄い。したがって、古代のDNAの化学的損傷や配列のエラーが結果にどう影響しているかは、すぐにはわからなかった。

エラーの検知は新しい問題ではなく、わたしたちは既にいくらか進歩をとげていた。2001年、大学院生だったマイケル・ホフレイターと研究室の他のメンバーが、古代の配列で最も一般的なエラーは、シトシン・ヌクレオチドの脱アミノ化（アミノ基が失われること）だということを明らかにした。これは水が少しでもあれば自然に起きる。シトシン（C）がアミノ基を失うと、ウラシル（U：通常はRNAに見られるヌクレオチド）になる。DNAポリメラーゼはそのUを構造がよく似たT（チミン）と読みまちがえる。

わたしたちはマンモスとホラアナグマの塩基配列を、ゾウとイヌの塩基配列と照合し、現生の動物がCを持つ場所に、予想されるより多くのTがあるかどうかを調べた。すると、明らかにTが過剰だった。だが、意外にも、現生の動物ではアデニン（A）になっている場所がグアニン（G）になっていることが、Tほどではないとしても、多かった。それは古代のDNAにおいて、Aも脱アミノ化したことを示唆していた。それを確かめるためにわたしたちは脱アミノ化したAとCを組み込んだDNA片を合成し、454社がパイロシーケンス法で用いたポリメラーゼがそれをどう読むかを調べた。すると、ポリメラーゼは、脱アミノ化したCをTと読んだだけでなく、脱アミノ化したAをGと読んだのだ。そこで、この結果を論文にまとめ、「CだけでなくAも脱アミノ化した可能性がある」として、2006年9月の『米国科学アカデミー紀要』で発表した。（注5）

しかし間もなく、それが間違いだったことがわかった。

ふたつの方法を直接対決させる

そうこうしている間に、バークレーのエディ・ルービンのグループとの間にちょっとした摩擦が生じてきた。パイロシーケンス法がバクテリアによるクローニングより少なくとも10倍、効率的だということは今や明白だった。バクテリアによるクローニングでは、DNAを取り込ませる過程で、その多くが失われるようだ。ところがルービンは、ホラアナグマの実験で効率が悪かったのはたまたま運が悪かったのだと信じきっていた。

電話会議で彼は熱心にその持論を語った。賛同できなかったが、わたしの心は揺れた。ネアンデルタール人のゲノムを解読しようと長年にわたって悪戦苦闘してきたが、ここへ来て急にその見込みが出てきただけでなく、いくつもの選択肢が現れたのだ。それでもわたしには、実現可能なのは数グラムの骨でできる方法であって、ルービンの方法のように、何キロもの骨を必要とするものではないとわかっていた。454社のパイロシーケンス法はその条件を満たしているように思えたが、結局ルービンに説得されて、バクテリアによるクローニングにもう一度チャンスを与えることにした。454社のパイロシーケンス法と直接対決させることにしたのだ。それも、ネアンデルタール人のDNAを使って。

手もとにある中で最良と思えるネアンデルタール人の骨、Vi-80からふたつの抽出物を用意した。デヴィッド・セールが2004年にmtDNAの変異の多い部分の配列を決定した骨だ。2005年10月中旬、その一部を454社のエグホルムらに送り、もう一部をエディ・ルービンのもとへ送った。その抽出物は、ヨハネス・クラウゼがクリーンルームで準備したものだったが、送った先では汚染されるにちがいないと思うと、落ち着かなかった。このテストでどちらが優れているかがわかれば、最終的にここのクリーンルームでその方法を再度、確かめなければならないだろう。

その頃、大学院生のエイドリアン・ブリッグスがわたしたちのグループに加わった。オクスフォードで学部を終えたばかりの彼は、ハーバードの著名な霊長類学者、リチャード・ランガムの甥だった。そのような家柄とオクスフォード卒という学歴から、傲慢な俗物ではないかと心配したが、それはとんでもない思い違いだった。さらにありがたいことに、エイドリアンには問題を定量的に考えるずば抜けた能力があった。しかし彼の最もすぐれている点は、誰より速く正確に問題について考えることができるのに、他の人に劣等感を抱かせないところだった。

わたしは、ルービンらがライブラリを作る過程でDNAの大半は失われるだろうと悲観するだけだったが、エイドリアンは緻密な計算によって、ルービンのもとへ送ったDNAのうち、ライブラリに残るのはわずか0・5パーセントだと推定した。彼はまた、ホラアナグマやネアンデルタール人のゲノムの30億ヌクレオチドの配列を決定するには、バクテリアのクローンを約6億個、分離し、配列決定しなければならないということをはじき出したが、それはルービンの研究所が総力を挙げてもとうてい処理しきれない数だった。2006年1月、緊張感を増した電話会議で、エイドリアンはこの結果をルービンらに説明した。しかし、ルービンは相変わらず、バクテリアを用いる手法に問題はないと考えているようだった。そうしている間にも、454社とルービンの研究室では、ゲノムの解析が進んでいた。

古代のゲノムをパイロシーケンス法で解読しようと考えたのは、わたしたちだけではなかった。2006年の初め、エド・グリーンがホラアナグマとマンモスのデータ解析に忙しくしていた頃、かつてわたしの下で学び、その後カナダ・オンタリオ州のマクマスター大学に移ったヘンドリク・ポイナーと、ペンシルヴァニア州立大学のステファン・シュスターが共同執筆した論文が『サイエンス』に掲載された。彼らは、永久凍土に閉じ込められていたマンモスから抽出したDNAをパイロシーケンサーにかけ、2800万ヌクレオチドの配列を決定したのだ。(注6) パイロシーケンス法で古代のDNA配列を決定する先駆けになれなかったことを、わたしのグループの面々は残念に思ったようだが、わたしはかつての教え子がそれを成し遂げたのがうれしかった。わたしたちは、数か月かけてマンモスとホラアナグマのデータを得たが、この『サイエンス』の論文がしなかったふたつのことに多くの時間を費やした。それは、シーケンシングした配列と参照配列を比較する最善の方法を検討することと、配列のエラーが結果にどう影響するかを考えることだ。

そうした慎重さには欠けていたとしても、ヘンドリクの論文は、パイロシーケンス法こそが進むべき道だということをさらに裏づけていた。その一方で、永久凍土では遺物が驚くほどよく保存されていることも語っていた。ヘンドリクの試料に含まれるDNAのうちマンモスに由来するのはほぼ50パーセントで、ネアンデルタール人の骨に期待できる数字とはかけ離れていた。1、2パーセントでも入っていればありがたいというのがこちらの状況だったのだ。

しかしヘンドリクの論文に先を越されたことは、科学におけるジレンマも体現していた。完璧さを求めて必要な分析や実験をすべて行おうとすると、完璧さは重視しないが目指すものは同じという人々に先を越されてしまう。そして誰かがブレークスルーを成し遂げた後で、より優れた論文を発表しても、先駆者がとりこぼした細部を拾い集めただけと見なされてしまうのだ。ヘンドリクの論文の発表を受けて、わたしたちはこの点を集中的に議論した。こちらももっと前に発表すべきだったと言う人もいた。最終的に、わたしたちの論文は、先述した2006年9月発行の『米国科学アカデミー紀要』に掲載され、皮肉にもその論文でわたしたちは、脱アミノ化したAが配列の変異を増やすという誤った結論を報告したのだった。(注7)

今後の研究の行方を示す重要な発表

毎年5月に、ロングアイランドのコールド・スプリング・ハーバーでゲノム生物学会議が開かれる。この会議は世界中のゲノム科学者が集まる非公式のサミットで、発表者は未発表の新しい結果について話すことが期待される。往々にしてその会合は、ゲノムセンター同士のライバル意識や、ヒトゲノム解読レースを巡る対立や攻撃に彩られた、緊張感あふれるものになる。

2006年の会議はわたしにとって、それまで以上に緊張させられるものとなった。454社とルービンのグループの双方から配列結果を得たばかりで、わたしは予備的な分析の結果を発表することになっていたからだ。それにはふたつのテーマがあった。ひとつは古代のDNAをシーケンシングするふたつの技術を比較することで、もうひとつはネアンデルタール人や他の絶滅した生物の全ゲノム配列を得るための指針を明らかにすることだ。わたしたちが得た結果はパイロシーケンス法こそが未来の方法だということを語っていたので、それを強調することにした。

コールド・スプリング・ハーバーに着いたとき、わたしはいつになくぴりぴりしていた。この会議に頻繁に出席する者に与えられる栄誉として、キャンパスの狭く簡素な部屋を提供され、そこに泊っていたが、他のメンバーはあちこちのホテルからバスで会場に来なければならなかった。わたしはニューヨークまでのフライトの間も、その狭い部屋で過ごした最初の夜も、ずっと発表の準備をして過ごした。翌日、会議に参加したメンバーを集めて、廊下でその予行演習をした。

この発表で今後数年間になすべきことが決まるという予感がした。

科学の研究発表で、聴衆が集中して話を聞くなどということはめったにない。コールド・スプリング・ハーバーでのゲノム生物学会議はそのいい例で、それまでにもわたしは何度もそこで発表したが、会場にいる600人ほどの聴衆の大半は、ラップトップをいじって自分の発表の内容や同僚からのEメールをチェックしたり、時差ぼけや、込み入った発表のせいで、居眠りしたりしていた。だが、今回は違った。マンモスとホラアナグマの結果を経てネアンデルタール人のデータへと進むにつれ、聴衆が熱心に耳を傾けていることがひしひしと感じられた。最後のスライドはヒトの染色体のマップで、いくつもの小さな矢印は、ネアンデルタール・ゲノムからシーケンシングした数万のセグメントが収まるべき場所を示していた。スライドが消えたとき、聴衆からあえぐような声が聞こえた。シーケンシングしたのは、ネアンデルタール・ゲノムの0・003パーセントにすぎなかったが、今や——原理上は——全塩基配列を決定できることをわたしたちは示したのだ。それは誰の目にも明らかだった。

第11章　500万ドルを手に入れろ

2006年、わたしは2年以内のネアンデルタール・ゲノム解読を宣言した。しかし次世代シーケンサーの500万ドルもの費用を始め、次々と難題が襲う

その夜、コールド・スプリング・ハーバーの狭い部屋でベッドに横たわり、天井を見つめた。これまでのところ、わたしは順調にキャリアを重ねてきた——きわだったキャリアだと言う人もいるかもしれない。財源の豊かな研究機関の安定したポストにあり、興味深いプロジェクトを行い、年に何回も、講演してほしいと招かれて世界各地を訪れている。しかし今、危険を覚悟の上で、ネアンデルタール人の全ゲノム解読を公の場で約束した。成功すれば、わたしにとってこれまでで最大の成果となるだろう。だが、もし失敗したら、ひどい醜態をさらし、キャリアには終止符が打たれるはずだ。そして、成功するのはその日公言したほど容易ではないということを、自分自身よくわかっていた。成功するには3つのものが不可欠だ。大量の454社のパイロシーケンサー、多額の資金、そして質の良いネアンデルタール人の骨。わたしたちはそのいずれも持っていなかったが、幸い他の人はだれもそのことに気づいていないようだった。とは言え、わた

しは十二分にそれを知っていたので、ベッドに横たわったまま、必要なものを次々に思い浮かべた。

まず、454社のパイロシーケンサーを多く使えるようにしたい。それにはロスバーグを訪ねるしかない。454社はコネティカット州ブランフォードにあり、コールド・スプリング・ハーバーからそれほど遠くない。翌朝、朝食の席にネアンデルタール人研究のキーパーソンを招集した。エド・グリーン、エイドリアン・ブリッグス、ヨハネス・クラウゼである。そして朝食がすむと4人でレンタカーに飛び乗り、ブランフォードに向かった。わたしには限られた時間に予定を詰め込むくせがあり、結果的にしばしば約束に遅れたり、フライトに間に合わなかったりする。この遠出も例外ではなかった。ロングアイランド北岸のポート・ジェファーソンに向かって車を走らせながら、対岸へ行くフェリーに間に合わないかもしれないということに気づいた。港に着いたのはぎりぎりで、わたしたちの車は最後の一台としてどうにか滑り込んだ（航行中、車の後部は海上に突き出たままだった）。この危機一髪が良い前兆であればと願った。

壮大なプロジェクトに必要な方法、そして金

これは、その後何度も訪ねることになる454社への最初の訪問だった。ロスバーグは電話越しに感じた通りの、緊張感と破天荒なアイデアに溢れる人物だった。その傍《そば》でバランスをとるべく現実面のチェックに心を砕き、実務をこなすのはエグホルムだ。プロジェクトが進むにつれ、わたしはこのふたりを高く評価するようになった。ビジョンと意欲にあふれるロスバーグと現実的で地に足のついたエグホルムは、すばらしいコンビだった。その日の話しあいは、ネアンデルタール人のゲノムを解読するには何が必要かということに終始した。

当然ながら「ショットガン」法を使うことになるだろう。それは、クレイグ・ベンターが自社のセレラ社でヒトゲノムを解読するために導入したアプローチで、ランダムな断片の配列を決定し、それをひとまとめにしてコンピュータで重複部分を探し、もとの配列を再構築する手法だ。ゲノムには配列が繰り返す部分（反復配列）があり、ヒトと類人猿のゲノムでは、ほぼ半分がそうした反復配列からなる。その大半は数百から数千ヌクレオチドの長さがあるが、ゲノム全体に同じものが何千個も存在するので、その位置の特定が難しい。ショットガン法では短い断片だけでなく長い断片も用いることにより、反復配列を単一コピー配列に挟まれた定位置に固定《アンカー》する。だが、古代のＤＮＡは短く壊れていて、長い断片がない。そこでわたしたちはヒトゲノム（ゲノムプロジェクトによって配列決定された最初のヒトゲノム）を鋳型として、ネアンデルタール人のゲノムを再構築することにした。しかし、この方法は、ゲノムに一度しか出現しない配列（単一コピー配列）には効果的だが、反復部分の配列の決定は望めなかった。そのくらいは仕方がないだろうとわたしには思えた。と言うのも、機能をもつ遺伝子の大半は単一コピー配列の中にあり、ゆえにそこが最も興味深い部分だったからだ。

また、シーケンシングするゲノムの量も決めなければならなかった。４５４社を訪ねる前から約30億ヌクレオチドをシーケンシングしようと決めていた。可能だと思ったし、それがヒトゲノムのサイズだったからだ。古代のＤＮＡはばらばらになっているため、ゲノムの多くの部分の配列をただ一度しか得られない可能性があった。しかし、中には二度、三度出現する配列もあるはずだ。また、シーケンシングしたどの断片にも含まれず、ゆえに全く目にしない配列が多く残る可能性も高かった。統計的に見て、わたしたちは全ゲノムの三分の二に相当する配列を少なくとも一度見ることができるが、三分の一は見逃すことになるだろう。しかし、平均すれば個々のヌクレオチドは一回観察されるので、ゲノム科学ではこれを「1フォウルド・カバレッジ」と呼ぶ。わたしにとってそれは実現可能な目標であり、ネアンデルタール人ゲノムの全容を十分見せてくれると期待できた。重要なのは、そうして得たゲノムが、将来に向けての足がかりになることなのだ。いずれ他のネアンデルタール人から抽出したゲノムが配列解読された時に、それと合わせて「カバレッジ（カバー率）」のレベルを上げれば、最終的に全ゲノム——少なくとも反復配列ではない配列のすべて——が明らかになるだろう。

このように、わたしが定めた目標はいくらか曖昧で、20フォウルド以上のカバレッジが目指されている現存する生物のゲノム解読プロジェクトに比べると、お粗末でさえあった。また、抽出物は最良のものでもネアンデルタール人のＤＮＡを4パーセントしか含んでいない。今後さらに状態の良い骨が見つかり、それらがネアンデルタール人のＤＮＡを少しでも多く含んでいればいいのだが。含有率が4パーセントなら、30億ヌクレオチドの配列を得るには７５０億ヌクレオチドを生成しなければならない。また、残っている断片は短く、平均で40から60ヌクレオチドなので、シーケンサーは最高３０００回から４０００回動かす必要がある。それは４５４社の全シーケンサーを数か月にわたってネアンデルタール人プロジェクトのためだけに稼働させることを意味する。通常の使用料でそれをするというのは、想像も及ばない話だった。

わたしとエド、エイドリアン、ヨハネスは、これらすべてについてロスバーグ、マイケルと話しあった。このプロジェクトはロスバーグだけでなく４５４社にとっても魅力があるはずだった。それは人間の進化をこれまでにない角度から明かすことになるだろうし、より現実的なこととして、４５４社の技術を世間にアピールする絶好のチャンスになるからだ。４５４社の技術者を研究のパートナーとして認め、論文の共著者にしてほしいという彼らの要望をわたしは快諾した。

だからといって、ただでシーケンシングしてもらえるわけではなかった。最終的に提示された金額は、500万ドルだった。妥当なのか、法外なのか、わからなかった。希望していた金額より高かったが、話にならないというほどでもない。いったん戻って考えてみます、と返事した。

交渉が終わると、ロスバーグはテイクアウトのサンドウィッチとソーダをテーブルに運ばせ、コールド・スプリング・ハーバーに戻る前に、自分の家を見たくないか、と尋ねた。わたしたちは賛成した。その遅めのランチを終えて、彼とともに同社を出た。わたしは質素な環境で育ち、母は、第二次世界大戦の終わりにソ連がエストニアを侵略した際に難民になった経験からも、極めて実用主義的な考え方をわたしに伝えた。ゆえにわたしは贅沢なものを見ても何とも思わないのだが、ロスバーグ邸への訪問は忘れがたいものとなった。もっとも、訪ねたのは彼の自宅ではなく、ロングアイランド湾に突き出た半島にある地所だった。そのプライベートビーチに、彼はストーンヘンジのレプリカを建てていた――ノルウェイ産の花崗岩で作った点を除けばすべて本物と同じで、本物よりも重く、家族の誕生日に太陽が石の間に沈むように修正されていた。巨大な石柱の間を歩いていると、ロスバーグがわたしの方を向いてこう言った。「頭がどうかしていると思っているだろうね」。もちろん否定したが、礼儀としてだけではなかった。そんなことは思いもしなかったのだ。彼は古代の歴史に深く魅了され、さらに重要なこととして、偉大なアイデアを抱き、自らの夢を現実にすることができる。今にして思えば、彼のストーンヘンジは、わたしたちがしようとしていることの、もうひとつの良き前兆だった。

500万ドル、さらに100万ドルを手に入れる

翌日、コールド・スプリング・ハーバーにいても、会議の中身に全く集中できなかった。50

0万ドルというのは大変な金額で、当時もらっていた助成金のほぼ十倍だった。マックス・プランク協会は惜しみなく資金を提供してくれるので、各機関の代表は、助成金の申請に追われることなく、研究に専念できるのだが、それにしても、500万ドルというのは、わたしの部門の年間予算をはるかに上回る額だ。金がないというだけで、このプロジェクトを他のゲノムセンターに任せることになるのだろうか。

ふと、分子生物学者のヘルベルト・ヤックルのことを思い出した。わたしが1990年にドイツに移ることになったのは、当時ミュンヘンの遺伝学教授だった彼に誘われたのがそもそものきっかけだった。彼もまた、マックス・プランク協会——ゲッティンゲンにある生物物理化学研究所——に移っており、1997年にわたしがライプツィヒで進化人類学研究所を立ちあげた時にも、非公式ながら重要な役割を果たしていた。実際、ドイツに来て以来、科学者として重要なターニングポイントにさしかかった時にはいつも彼が傍にいて支援し、助言してくれた。この時、彼はマックス・プランク協会の生物医学部門の副会長を務めていた。そしてありがたいことに、協会を動かしているのは役人や政治家ではなく、ヘルベルトのような科学者なのだ。さっそく、その日の午後、コールド・スプリング・ハーバーから彼に電話をかけることにした。

ひんぱんに電話しているわけではないので、ヘルベルトには重要で緊急の要件だとわかるはずだ。電話がつながるとさっそく、ネアンデルタール人のゲノム解読の実現性とコストについて説明し、その資金をどうすれば調達できるだろうと尋ねた。彼は、2、3日のうちに返事をする、と答えた。翌日、ライプツィヒに戻る機内では、不安と希望が交錯した。裕福な支援者を見つけることはできるだろう。だが、どうすれば見つけられるのか。

帰国して2日後、約束通りヘルベルトから電話があった。マックス・プランク協会は最近、特別に優れたプロジェクトを支援するために、プレジデンシャル・イノベーションファンドを設立したそうだ。そして、わたしたちのプロジェクトについて協会の会長と話し合った結果、協会は――基本的に――その基金で3年間わたしたちを支援してくれることになった、という。協会はすでにその資金を確保しているが、まずは申請書を書き、専門家のチェックを受ける必要があるとのこと。わたしはすっかり面食らった。電話を切る前にヘルベルトにきちんと御礼を言ったかどうかも覚えていない。その金ですべてが変わる！　わたしは研究室から走り出て、相手かまわずこのニュースを伝えた。それからすぐ腰を落ち着けて、申請書の草案を書き始めた。十分な資金があれば、3年以内にネアンデルタール人のゲノムを解読できると確信する根拠として、これまでの実験結果と計算を盛り込んだ。

申請書の最後に、資金計画を提示しなければならなかった。書き始めて、重要なことに気づいた。わたしは米国からヘルベルトに電話し、わたしたちのプロジェクトには「500万」必要だと伝えたが、それはドルでの金額だった。一方、ヘルベルトはヨーロッパにいたので500万ユーロだと思い込んだに違いなかった。さらに電話で彼はマックス・プランク協会がわたしたちのプロジェクトのために「500万ユーロ」用意したと言ったように思うのだが、わたしはあまりに興奮していたので、よく覚えていない。当時の為替レートでは、それは600万ドルに相当した。どうすればいいだろう。このままにしておけば、入ってくる資金は20パーセントも多くなる――だが、それはあまりにも不誠実だし、454社との契約書に署名した時点で、嘘がばれるだろう。

ヘルベルトに電話して、かなり気恥ずかしい思いをしながら、状況を説明した。彼は笑った。そして、454社への支払いの他にも、ライプツィヒで作業を進めるのに金が要るのではないかと尋ねた。もちろん必要だった。最良の試料を見つけるには、数多くの化石からＤＮＡを抽出し、そのすべてをまず自分たちでシーケンシングする必要がある。そのために、454社のパイロシーケンサーを1台、購入しなければならず、試薬も必要だった。為替レートの差額分があれば、本当にプロジェクトをスタートさせることができる。わたしは有頂天になり、ライプツィヒの作業も含めた計画書を書いた。

2年以内にネアンデルタール人30億ヌクレオチドを決定すると宣言

その頃、バークレーのルービンのグループは、わたしたちが送ったネアンデルタール人の抽出物をすべて使ってバクテリアのライブラリを作った。ポスドクのジム・ヌーナンがそれをシーケンシングし、6万5000ヌクレオチド超の配列を得た。一方、454社では、わたしたちが送った抽出物の約7パーセントを用いて、およそ100万ヌクレオチドを配列決定した。つまり、エイドリアンが予測した通り、パイロシーケンス法は、バクテリアを使う方法よりおよそ200倍も効率的だったのだ。それでもルービンは、自分たちの手法のほうが効率的だから、抽出物はこちらへ送るべきだと主張した。この見解の相違はどうしようもなかった。454社でこれほど多くのデータが得られるというのに、友情だけでバークレーに抽出物を送ることはできない。しかしわたしは決断を先送りにし、ふたつの手法を比較する論文を発表すれば、ルービンもきっと、バクテリアのクローニングがいかに非効率的であるかを悟るだろうと考えた。

とは言え、この段階で、論文を1本だけ書くというのは難しかった。ふたつの方法はあまりにも違っていたし、生成されるデータの量も桁違いで、しかもバクテリアによる方法が使い物になるかどうかという点でルービンとは意見が対立していたからだ。そこで論文を2本書くことにした。1本はルービンが主著者でわたしたちは共著者となる。もう1本はわたしたちとエグホルム、ロスバーグなど454社の関係者が書く。ルービンの論文にはこう書かれていた。「ライブラリNE1のカバレッジの低さは、このライブラリの質が特に劣っていたからで、古代のDNAの一般的傾向というわけではない」。そして、さらに多くのライブラリを用意すれば、よりよい結果が得られるだろうと、彼は示唆していた。初期のホラアナグマのライブラリが等しく非効率的であったことを思うと、その見方には同意できなかったが、彼との友好的な関係は続いた。ルービンは6月に論文を『サイエンス』に投稿し、8月に受理された。わたしたちの方は、より多くのデータを分析しなければならなかったので、7月になってようやく『ネイチャー』に論文を送った。ルービンは寛大にも、こちらの論文が査読を経て受理されるまで、自分の論文の掲載を遅らせるよう『サイエンス』に申し入れ、2本の論文が同じ週に発表されるようにした。

こうしたことが進んでいる間、わたしたちは、ネアンデルタール人の塩基配列を大量に得るための準備を始めていた。まず初めに、貴重で汚染されやすいDNA抽出物をよそへ送らずにすむように、ライプツィヒのクリーンルームで454社用のライブラリを生成する手はずを整えた。また、454社のシーケンサーを1台注文し、こちらでライブラリをテストできるようにした。

エグホルムとわたしは以下の計画を立てた。骨からDNAを抽出し、クリーンルームで454社用のライブラリを作り、こちらの454シーケンサーでそのライブラリを調べる。そして有望なライブラリを見つけて、454社に送り、シーケンシングしてもらうのだ。454社でのシーケンシングは段階的に行われ、ネアンデルタール人のヌクレオチドが一定量、配列決定されるごとに、費用を支払うことになった。これはわたしの提案で、正直言って、454社がすんなり同意するとは思っていなかった。それ以前の共同作業により、最良のライブラリでもネアンデルタール人のＤＮＡは4パーセントしか含んでおらず、残り96パーセントはバクテリアや菌類と出所不明のＤＮＡの寄せ集めだと同社の人々もわかっていたはずだからだ。

加えて、これから作るネアンデルタール人のライブラリに、何パーセント、ネアンデルタール人のＤＮＡが含まれているかはわからない。もし、それが4パーセントではなく1パーセントだった場合、４５４社は、約束の代金を得るのに、4倍多くシーケンシングしなければならなくなる。契約書には、代金は、配列が決定された全ヌクレオチド（バクテリアのヌクレオチドも含む）に対してではなく、ネアンデルタール人のヌクレオチドに対して支払われる、と書かれていた。署名する前に契約書を見た４５４社の科学者や弁護士たちは、そのことに気づいていないようだった。ある意味、それは問題ではなかった。と言うのも、両者はいつでも協力関係を解消できるという条項があったからだ。４５４社の意に反して、いつまでもシーケンシングさせるわけにはいかないのだ。それでも、バクテリアのものであれネアンデルタール人のものであれ一定量のヌクレオチドを配列決定すればそれでいいというような契約に比べれば、はるかによかった。

４５４社との共同作業は、とても楽しかった。それは互いの強みを生かしたみごとな連係プレーで、また、４５４社の人々は愉快で話しやすかった。しかし、わたしたちと４５４社との間には、ひとつの大きな違いがあった。それは同社が、今後競争が激化するはずの大量処理型《ハイ・スループット》シーケンサーの市場で早急に足場を固めなければならないという、強いプレッシャーに晒されていたことだ。既に大手2社が大量処理型シーケンサーの販売を始めることを発表していた。そのため、４５４社はネアンデルタール人プロジェクトへの協力を積極的に宣伝したがっており、その全ゲノム解読が予定されている2、３年後ではなく、できるだけ早期の公表を望んでいた。エグホルムはこちらの興味と優先事項を考慮してくれたので、こちらも彼らの優先事項を重視したかった。そこで契約書に署名した時に、2006年7月20日、合同の論文を『ネイチャー』に送った直後に、ライプツィヒで記者会見を開くことを約束した。

記者会見には、エグホルムを始め454社の重役たちが飛行機でやってきた。わたしたちは、1997年にネアンデルタール人の基準標本を提供してくれた、ボンの博物館の学芸員、ラルフ・シュミッツを招待した。彼は、わたしたちが最初に配列決定したネアンデルタール人のmtDNAのコピーを携えてきた。プレスリリースでは、古代のDNAを解読する技術を開発するまでには、長年にわたる苦労があったことと、ネアンデルタール人のゲノム解読が可能になったのは454社の大量処理型のシーケンシング技術とのコラボレーションのおかげだという点を強調した。また、記者会見の日は偶然にも、ネアンデル谷で最初のネアンデルタール人の化石が発見されてからほぼ150年後だということも書き添えた。

記者会見は興奮に満ちたものとなった。室内はジャーナリストで溢れ、世界中のメディアがインターネットを介してその進行を追った。わたしたちは、2年以内にネアンデルタール人の約30億ヌクレオチドの配列を決定する予定だと宣言した。思えば、20年以上前に、ウプサラの研究室で、博士課程の指導教官に見つかったらどうしようとびくびくしながら牛のレバーをオーヴンで焼いたのがすべての始まりだった。それが今や、これほどの成長を遂げたと思うとまさに感無量だった。陶然とするようなひとときだった。

『ネイチャー』論文撤回の不安

しかしそれは、科学においても気持ちの上でも、大きな浮き沈みを経験した時期でもあった。

記者会見のおよそ1か月後、決定的な下降が来た。ルービンとわたしたちが率いた2本の論文はまだ発表されていなかったが、わたしたちはすでに、454社が出したネアンデルタール人のデータをジョナサン・プリチャードに送っていた。プリチャードはシカゴ大学の若く聡明な集団遺伝学者で、ルービンが、（454社のものより少ない）ネアンデルタール人のDNA断片のデータを解析するのを手伝っていた。プリチャードのグループのふたりのポスドク、グラハム・クープとシュリダル・クダラバッリからEメールが届いた。ふたりは、454社のデータで見つけたパターン、特に、長い断片より短い断片の方がヒトゲノム参照配列との違いが多い、という点を心配していた。エド・グリーンは、すぐ彼らの指摘が正しいことを確認した。

確かに憂慮すべき問題だった。長い断片の方がヒトゲノムにより近いということは、それがネアンデルタール人のものではなく、混入した現代人のものである可能性を示していた。わたしはEメールでルービンに、454社のテストデータにいくつか心配なパターンが見つかったと報告した。そして、こちらのデータを彼らのデータと交換することにした。データを送ると間もなく、ルービンのグループのジム・ヌーナンからEメールが届いた。454社のデータには確かに、プリチャードらとわたしたちが見たパターンが見られた、とあった。

『ネイチャー』に送った論文を、訂正あるいは撤回せざるを得ないと思われたが、論文は既に印刷段階に入っていた。ルービンにまたメールを送り、彼の論文発表の妨げにならないよう、できるだけ早く何が起きているのかを解明するつもりだと伝えた。わたしはアラン・ウィルソンの研究室のポスドクだった頃に、『ネイチャー』に受理された論文を撤回したことがあった。主要な結論を覆しかねない誤りが見つかったからだ。今回もそうなるのだろうかと不安になった。

わたしたちは懸命にその原因を調べた。プリチャードのグループが見つけたパターンは、汚染によるものと見なすことができたが、汚染がどのくらい起きたかを見積もるのは容易ではなかった。しかし、汚染が原因だと決めつけるのも間違いだろう。古代の短く、傷んだ配列と、ヒトゲノム参照配列がどう違うかを、自分たちはあまり理解していないということを痛感した。汚染以外の要因が働いたのではないだろうか。いずれにせよ、急いで原因を解明しなければならない。

エドが、454社のデータの短い断片には、長い断片よりGとCのヌクレオチドが多く含まれていることに気づいた。GとCはAとTより変異が起きやすい。短い断片が長い断片よりヒトゲノムとの違いが多いのはそのせいではないだろうか。これを確かめるために、エドはヒトゲノム参照配列の、ネアンデルタール人の長い断片と短い断片に対応する部分を、他のヒトゲノム配列と比較した。するとこの場合も、短い配列の方が長い配列より他のヒトゲノムとの違いが多かった。この観察は、「GCが多い配列は変異が起きる頻度が高いので、参照配列との違いが多くなる」というシナリオを語っていた。

しかし、他の要因についても検討する必要があった。わたしたちは、ネアンデルタール人の塩基配列をヒトゲノムの配列にマッピングした方法を振り返ってみた。長い配列の方が情報量が多いので、ヒトゲノムの対応する位置に正しく置かれる可能性が高い。一方、短い配列は、たまたまヒトゲノムに配列が似たバクテリアのDNA断片であるかもしれず、そうだとしたら、ヒトゲノムとの違いが多いのも当然と言えるだろう。こうした現象は他の古代のデータ――例えばマンモスのデータ。その断片は平均して長めだった――でも見落とされていた可能性がある。わたしは次第に落着かない気分になっていった。分析を進めるにつれて、短い断片と長い断片の違いについて、日々、新たなことが見えてくるように感じた。明らかに、わたしたちは何が起きているかをすべて理解できているわけではなかった。さらに言えば、依然として試料が現代人のDNA

に汚染されている可能性は否定できなかったのである。

やはり汚染はほとんど起きていなかった！

言うまでもなく、当初から汚染が起きることは想定していた。ルービンと454社の双方に送った抽出物は、送る前にmtDNAで汚染レベルを調べ、その数値が低いことを確かめていた。しかし、いったんわたしたちのもとを離れれば、汚染の危険性はいくらでもあるということを、わたしたちは認識していた。『ネイチャー』に送った論文にそれについて但し書きを添えたほどだ。わたしたちにできる唯一確かな汚染の分析方法は、mtDNA断片を調べるというものだが、それはmtDNAがネアンデルタール人と現生人類との違いがわかっている唯一のゲノムだったからだ。それ以外の方法は、例えばGCの多寡や、バクテリアDNAのミスマッピング等々の、あいまいな要因に左右された。そういうわけでわたしは、454社が解析した配列のmtDNAを再度調べるべきだと主張した。

2004年にわたしたちはネアンデルタール人の骨、Vi-80から抽出したmtDNAの一部の塩基配列を決定したが、454社とルービンらのために試料を抽出したのも、まさにその同じ骨からだった。そこで、454社が配列決定したmtDNA配列を精査することにした。そのいくつかは、Vi-80と現生人類とでヌクレオチドが異なる部分をカバーしているはずだ。そこを見れば、その配列がネアンデルタール人由来か現生人類由来かがわかり、454社の最終的なデータセットにおける汚染のレベルを推定することができる。だが腹立たしいことに、それをするのに十分なデータが手許にないことに、エドが気づいた。454社が出した配列には、mtDNA断片の配列はわずか41しか含まれておらず、いずれも、わたしたちがこれまでに決定したV i－80や他のネアンデルタール人のｍｔＤＮＡとは重なっていなかったのだ。バークレーのデータも調べたが、そちらはそもそも数が知れているので、ｍｔＤＮＡ断片はひとつも見つからなかった。

幸い、解決策があった。ライブラリはまだ十分残っていたので、さらに多くのｍｔＤＮＡ断片の配列決定が可能だ。そうすれば、ライブラリが汚染されたかどうかを教えてくれる断片も出現することだろう。わたしは454社に連絡し、急いでさらに多くシーケンシングするよう依頼した。彼らは記録的なスピードで6回、それを行った。データが届くとエドはさっそくそれを分析し、2004年に配列決定したｍｔＤＮＡの変異のある部分と重なる断片を6個見つけた。その6個はすべてネアンデルタール人のｍｔＤＮＡと一致し、現代人のそれとは異なっていた！

これは、今回のシーケンシングでは汚染がほとんど起きなかったことを示す直接的なデータだった。興味深いことに、これらの分子は明らかに古代のものだったが、特に短いというわけではなかった。6つのうち4つは、80ヌクレオチドかそれ以上の長さがあったのだ。これは、長いＤＮＡ断片の中にも、古代の断片があることを示唆していた。こうして、短い分子と長い分子に見られた差異は、汚染とは別の原因によることが確認できた。エドはこの結果をグループの皆にＥメールで知らせた。よほどうれしかったらしく、末尾には「きみたちひとりひとりにキスしたいよ」と書かれていた。

わたしたちは『ネイチャー』の論文をそのまま出版へ進めることにした。わたしたちのグループの集団遺伝学者、スーザン・プタクはルービンとジム・ヌーナンに長いテクニカル・メールを送った。そのメールで彼女は、「長い配列と短い配列の差異は、いくつもの既知の要因と未知の要因に左右され、汚染の直接的な証拠にはなり得ず、一方、汚染率が低いことを示すｍｔＤＮＡ

による証拠は、直接的で信頼できる」というこちらの見解について説明し、こう書いた。「いくらか汚染が起きたことを示す間接的な証拠が見られるものの、わたしたちには最終的なデータセットの汚染率を知る直接的な尺度があり、それは汚染率が低いことを示唆しています」。このEメールへの返信はなかった。ルービンらとの間に緊張が高まっていることを思うと、それほど意外でもなかった。

この一件には、ひどくストレスを感じさせられた。皮肉にも、後に、ルービンとわたしたちのどちらもが正しかったことがわかった。454社のデータには確かに汚染が含まれていたのだ。しかし、長い断片と短い断片の比較によって汚染を間接的に検知する方法は不適切だということも確認されたのだった。

これまでの協力者と決別しライバル関係に

2本の論文は11月16日と17日にそれぞれ『ネイチャー』と『サイエンス』で発表された。(注1) 予想した通り、マスコミは大いに興奮したが、わたしはもう慣れていた。実のところ、わたしは興奮していたというより上の空だった。わたしたちは、2年以内にネアンデルタール・ゲノムの30億ヌクレオチドの配列決定を行うと世界に約束した。わたしたちの論文の最後には、それを成し遂げるには何が必要かを書いた――すなわち、約20グラムの骨と454社のシーケンサーを600回作動させることである。これは非常に困難な課題だと書いたが、しかし、早晩、シーケンシングの効率を10倍向上させる技術革新が起きることは「想像に難くない」と付け加えた。わたしたちが思い描く革新には、ライブラリ作成時の試料の損失を減らすことや、エグホルムから内々に聞いていた、454シーケンサーの改良の計画が含まれていた。

状況は上向いているように思えたが、大きな課題が依然として残っていた。それは、質のいいネアンデルタール人の骨を見つけることだ。２本の論文のためのテストランに用いたＶｉ－80に並ぶほど上質の骨は、20グラムもなかった。実のところ、もう０・５グラムしか残っていなかったのだ。最初に試したヴィンディヤ洞窟の骨にはネアンデルタール人のＤＮＡが約４パーセント含まれていたのだから、同じくらい質の良いものはすぐ見つかるはずだと、自分に言い聞かせた。できるだけ早くこの問題を解決する必要があったが、その前に、もっと不愉快な任務を遂行しなければならなかった。エディ・ルービンとの協力関係に幕を引くことだ。

往々にして、科学的な協力関係を終わらせるのは容易ではなく、友人になってしまっているときはなおさら難しい。わたしはバークレーでルービンの家に泊めてもらったことさえあり、その時には彼の研究室まで自転車で一緒に丘を駆け登った。コールド・スプリング・ハーバーの会議に出席した折には、ふたりでニューヨークの劇場まで繰り出した。彼といると、いつも楽しかった。だから、彼に送るＥメールは、時間をかけて考え、何度も書き直した。バクテリアクローニングの有用性について、自分の考えがどれだけ彼と違ってきたかを説明し、わたしたちのコミュニケーションが、特にこの点について生産的ではなかったと語った。また、今、彼のグループは、わたしたちのグループがしようとしていることを補完するのではなく、同じことをしようとしているように見える、と指摘した。例えば電話会議で彼らは、ＤＮＡ抽出物とＰＴＢ（メイラード反応によって生じた複合体を分解する化学物質）を送るように言ってきた。わたしたちの抽出物をわたしたちのＰＴＢで処理するために。こちらに、それに応じようと思う人はいなかった。彼を傷つけず、侮辱せず、協力関係を終わらせる理由を書いたつもりだったが、そのメールを送る際には、かなり気が引けた。

ルービンから返事があった。そちらの言いたいことはわかったが、自分はバクテリアによる方法の有用性と、将来それがさらに改善されることを信じつづける、と書かれていた。穏やかな語調だったのでほっとしたが、これからは、わたしたちは協力者ではなくライバルになるのだ。

ネアンデルタール人の骨の調達に本腰を入れるとすぐ、それを思い知らされた。ルービンも骨を手に入れようとしていたのだ。しかも、長くわたしたちに協力してくれていた人々からである。

また、すでに7月には、『ワイアード』誌がネアンデルタール人に関するルービンの取り組みを紹介する記事を載せていた。その記事の最後は、ルービンの次の言葉で締めくくられていた。

「もっとたくさん骨が必要です。枕カバーと封筒に詰め込んだユーロを持ってロシアへ行き、頼れる人たちに会うつもりです。何としてでも」

第12章　骨が足りない！

ゲノム解読にはとにかく骨が必要だ。2006年、新たなネアンデルタール人の骨試料をもらいにザグレブに向かった。だが、不可解な力が骨の入手を阻む

ヨハネス・クラウゼは、わたしたちの論文がまだ『ネイチャー』に載っていない頃から、クロアチアなどヨーロッパ各地で集めたネアンデルタール人の骨のDNA抽出に取り組んでいた。Vi－80と同じくらい、願わくばそれ以上に、ネアンデルタール人のDNAを含む骨を見つけようとしていたのだ。ヨハネスは金髪で、背が高く、いかにもドイツ人らしい風貌をしている。そしてとても頭が切れる。故郷はドイツ中部のライネフェルデ、1803年にヨハン・カール・フールロットが生まれた街だ。ダーウィンの『種の起源』がまだ世に出ていない1857年、ギムナジウムの教師をしていたフールロットは、知人の解剖学教授とともにネアンデルタールで発見された骨を検証し、有史以前の人類のものだろうと推定した。現生人類以前に別の人類がいたと示唆したのは彼らが初めてで、世間は嘲笑したが、同様の骨がさらに見つかるにつれて、彼らの見方が正しいことが証明された。後にフールロットはチュービンゲン大学の教授になった。奇遇に

も現在ヨハネスはその大学の教授を務めている。

わたしたちのグループに入った時、ヨハネスはまだ生化学を専攻する学部生だった。実験の助手として非常に優秀だったが、それだけでなく彼は、わたしたちが進めている複雑な実験を完全に理解し、的確な判断を下すことができた。彼と話をするのはいつも楽しかったが、ネアンデルタール人のＤＮＡに関しては、何か月たっても朗報を聞くことはできなかった。彼はさまざまなネアンデルタール人の骨から試料を抽出したが、そのいずれにも、Ｖｉ－80に含まれているようなＤＮＡは見つからなかったのだ。骨の大半はネアンデルタール人のＤＮＡをまったく含んでいないか、含んでいたとしても、あまりに微量で、ＰＣＲ法ではｍｔＤＮＡを検出するのがせいぜいだった。より状態の良い骨が、より多く必要とされた。

再び骨を求めてザグレブへ

行くべき場所はわかっていた。ザグレブの古生物学・地質学研究所だ。Ｖｉ－80の骨の残りも含め、ヴィンディヤ洞窟で発見された多くの骨が保管されている。そこへ行って、Ｖｉ－80(注1)のＤＮＡを再度抽出し、１９７４年から86年にかけてミルコ・マレスがヴィンディヤ洞窟で発掘した骨についても、同様のサンプリングができればいいのだが。残念ながら、１９９９年に力を貸してくれたマヤ・パウノヴィッチはすでに亡くなっていた。コレクションの管理は古生物学者の手を離れていたのだ。

ザグレブ大学の地質学名誉教授で89歳になるミラン・ヘラクが所長を務めていたが、姿を見せるのは稀で、事務的なことはデヤナ・ブライコヴィッチという年配の女性と、若い助手のヤドランカ・ルナルディチがこなしていた。２００６年4月、彼女らにメールを送った。「そちらの研究所と共に進めてきたヴィンディヤ洞窟の骨に関する研究――すでに3つの論文が、権威ある科学雑誌に掲載されていた――をさらに進めたいのですが、そちらへうかがって詳しいことを相談し、いくらか骨の試料をいただけないでしょうか」と。「ザグレブ大学であなたの研究について講演をしていただけるのであれば、協力しましょう」という返事だった。

ところが、2006年5月、ヨハネスとわたしがザグレブへ発つ4日前になって、先方から、試料の採取は許可できそうにないというメールが届いた。ヴィンディヤ洞窟の骨は登録しなければならず、登録が完了した後でなければ、いかなる研究も行うことはできない、というのだ。裏に誰かがいるらしい。メールは、ヤコヴ・ラドヴチッチのことに触れていた。ラドヴチッチは著名な古生物学者で、クラピナ洞窟で発見されたヴィンディヤの骨よりはるかに古い骨（ザグレブのクロアチア自然史博物館に収蔵されている）を、多数管理している。ヴィンディヤの骨に関して正式な権限を持っているわけではないが、そもそも骨はクロアチア科学芸術学会のものなので、ラドヴチッチが彼女らに圧力をかけ、約束を撤回させるというのは十分あり得る話だった。わたしはその返事を無視して、ともかく行ってみることにした。わたしたちのプロジェクトがいかに有望かを知れば、向こうも納得し、協力してくれるだろうと思ったからだ。

ヨハネスとわたしは6月初めにザグレブに到着し、すぐ研究所へ向かった。数年前、ここでわたしは故マヤ・パウノヴィッチとかなり長い時間を過ごした。相変わらず埃っぽく、エネルギーに満ちているとは言い難い場所だ。デヤナ・ブライコヴィッチと助手は、わたしたちの来訪に、神経をとがらせた。試料の採取はもとより、標本を見せることさえ拒み、そうするには事前に科学芸術学会の許可をもらう必要がある、と言った。しかし、コーヒーを飲みながらしばらく話をするうちに、骨を見ることだけは許可してくれた。コレクションの一部はぞんざいに箱に入れられていた。そうしたことも、わたしたちの介入を拒む一因だったのかもしれない。これらの骨のきちんとした目録をぜひとも作るべきだと思った。ひとつの箱に収められた骨に、特に興味を惹かれた。それは数年前にカリフォルニア大学バークレー校の名高い古生物学者、ティム・ホワイトが選《よ》りわけておいたものだ。発掘者のミルコ・マレスはホラアナグマの骨と見ていたが、ティムはネアンデルタール人の骨の可能性が高いと考えていた。

それらの骨を眺めていると、1年前にカリフォルニア大学バークレー校でティムから聞いた話が思い出された。ヴィンディヤのネアンデルタール人の骨は、すべて砕かれて小さな破片になっていた、と彼は言った。それはヴィンディヤのどこで見つかったものについても言えることだった。もちろん、数千年前の骨が良い状態でないのは、驚くほどのことではない。しかし、筋肉や腱がついていた部分や、頭蓋骨には、鋭利なもので切った跡が見られた。つまり、故意に肉を切り離されたのだ。また、骨髄を含む骨は、おそらくその滋養に富む部分を採るために、砕かれていた。

ティムは、そのばらばらに破壊された様子が、北米南西部にいた先住民族アナサジ族の、紀元1100年頃の遺跡で見つかった骨に似ていることを指摘した。それらは30人あまりの男、女、子どもの骨で、ばらばらにされ、調理されたことを語っていた。ティムによると、ネアンデルタール人の骨の砕かれた様は、ネアンデルタール人が解体したシカなどの動物の骨によく似ているそうだ（図12・1参照）。ネアンデルタール人にとって、互いを殺し食べるのがどれくらい一般的だったのか、あるいは、弔いの儀式の一環として死者を解体し、食べていたのか、確かなことを知るすべはない。だが、他の場所ではネアンデルタール人の骸骨が無傷で見つかっており、時には、意図的に体位を整えて埋葬したように見えるものも発見されていることから、ヴィンディ

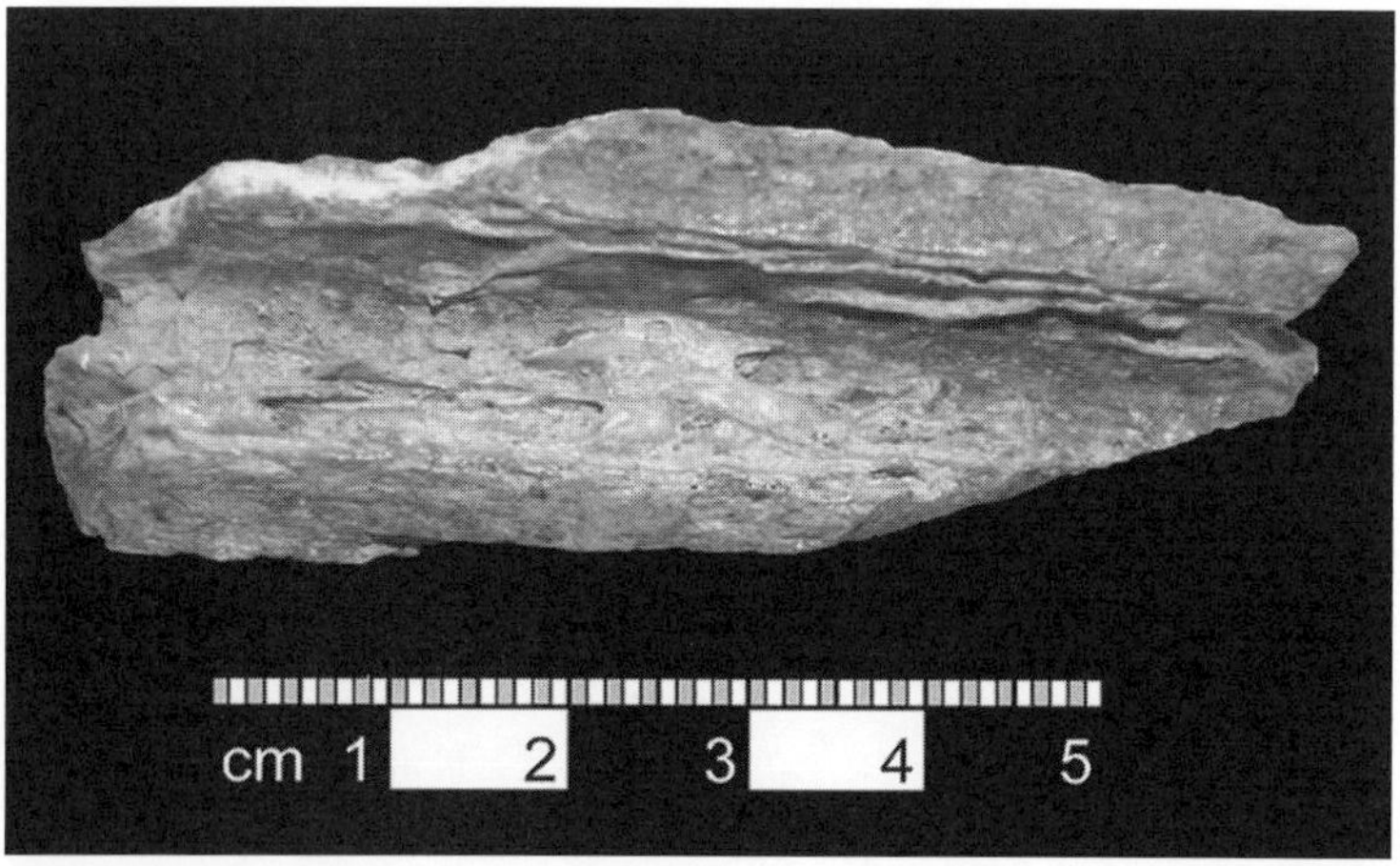

図12.1　ネアンデルタール・ゲノムのシーケンシングに使ったヴィンディヤ洞窟の骨Vi-33.16。骨は砕かれており、それは滋養の多い骨髄を採るためだったと思われる。写真：クリスティーヌ・ヴェルナ、MPI-EVA.

ヤ洞窟のネアンデルタール人はたまたま運悪く、腹をすかせた隣人に出くわした可能性が高い。

とは言うものの、ヴィンディヤのネアンデルタール人が他のネアンデルタール人に食べられた、少なくとも骨から肉を切り取られたおかげで、その骨の破片のいくつかにはネアンデルタール人のＤＮＡがより多く残っており、バクテリアのＤＮＡが比較的少なかったとも考えられる。もし、亡骸が埋葬されていたら、柔らかい組織は、バクテリアや他の微生物にじわじわと食べられていっただろう。すべて食べつくされるまでにはかなり年月がかかり、その間に、バクテリアは骨に入り込み、ネアンデルタール人の細胞やＤＮＡを分解し、自らは増殖し、やがて死滅する。そうした骨からＤＮＡを抽出すると、見つかるのは大抵、微生物のものだ。一方、ネアンデルタール人が解体され、骨を砕かれ、肉をかじられ、骨髄の中身を吸いとられ、投げ捨てられた場合、一部の骨片はすぐ干からび、バクテリアが増殖する機会は限られる。そういうわけで、ヴィンディヤ洞窟の骨からネアンデルタール人のDNAを回収できたのは、彼らの食人習慣のおかげと言えるかもしれないのだ。

そんなことを考えながら、わたしは、あまりに細かく砕かれ、動物のものなのかネアンデルタール人のものなのかわからない骨の入った箱を見つめていた。そしてデヤナ・ブライコヴィッチのほうを向いて、せめてこれらの身元不明の骨片をサンプリングさせてもらえないだろうか、と頼んだ。もしDNAが残っていたら、何の骨なのかわかるから、と言い添えた。しかしブライコヴィッチは頑としてそれを拒んだ。「数年のうちに、センサーを近づけただけでゲノムの全配列がわかるようになると聞きました。ですから、今は、ほんのかけらでも無駄にするわけにはいかないのです」と彼女は言った。わたしは、確かに技術は進歩するでしょうが、と認めながらも、「わたしたちが生きているうちに、それほどの進歩があるでしょうか？」と、やんわりと釘を刺した。彼女の背後に大きな力が働いていることを、再び感じた。「クロアチアの学会に交渉して、また連絡します」。そう言ってわたしたちは研究所を辞した。

骨への接近を阻む謎の敵と、思わぬ援軍

その日の午後、自然史博物館のヤコヴ・ラドヴチッチを訪ねた。彼は、わたしたちのプロジェクトを支持するような姿勢を見せながらも、色々事情があるのでクラピナの骨であれヴィンディヤのものであれ、サンプリングは認められないと言った。なぜ拒むのか、相手の真意がわからないまま、わたしたちは憂うつな気分で、狭くみすぼらしいホテルの部屋へ戻った。ベッドに横たわり、天井の塗りの剝げかかった部分を見つめながら、苛立ち、途方に暮れた。

あの箱の骨には、わたしの知る限り世界で最も状態の良いネアンデルタール人のＤＮＡが含まれているはずなのだ。その大半はあまりに小さく、形態学的にはほとんどか、まったく価値がない。そもそもネアンデルタール人のものなのか、ホラアナグマか何か他の動物のものなのか、見分けもつかないのだ。であるにもかかわらず、影響力を持つ誰かが、わたしたちがそれらを調べるのを阻もうとしているらしい。お気に入りのキャンディをもらえなかった子どものように、わめいて足をばたつかせたいくらいだったが、スウェーデン人としてのプライドがそうさせなかった。代わりにわたしは、ヨハネスと連れだってホテルのすぐそばの安っぽいレストランへ行き、夕食をとりながら、謎に包まれた敵について、あれこれと無為に考えを巡らせた。

翌日、ザグレブ大学の医学部生の前で講演し、古代のＤＮＡに関する総論と、自分たちのネアンデルタール人に関する研究について語った。たくさんの学生が集まり、質問も多かった。ザグレブ大学の若者たちが科学への熱意を見せてくれたおかげで、わたしは少し元気を取り戻した。その日の夕方、同大学の人類学教授であるパヴァオ・ルダンとディナーを共にした。パヴァオは、アドリア海に浮かぶ美しいフヴァル島に土地を所有する旧家の出身である。同僚とともに、わたしたちを招いての夕食会を、ガロというレストランで開いてくれた。行ってみるとそこは、わたしがこれまで行った中でも指折りの素晴らしいレストランだった。最上のシーフードと、独創的な地中海料理が、高級なワインとともに次々に出された。驚くほど新鮮なフルーツジュースにシャンパン、食べたこともない食材の数々に、わたしは少し気分がよくなった。やがてパヴァオは、科学について話を始めた。彼との会話は、その日食した極上の料理よりもなお、わたしの精神を高揚させ、その高揚は長くつづいた。

最初の話題は、パヴァオが進めているクロアチアの島の少数の住民に関する研究についてだった。彼は、高血圧や心疾患など一般的な病気の原因となる遺伝子やライフスタイルを見つけようとしていた。長年にわたってアメリカ、フランス、イギリスから助成金を受けてきたという事実が、パヴァオの科学者としての信用の高さを裏づけている。彼なら価値をわかってくれるように思えたので、自分たちの計画と抱えている問題について、詳しく話をした。パヴァオはわたしの窮状に同情し、どうにか力になりたいと言ってくれた。ありがたいことに、彼はクロアチアの込み入った政治術に通じていた。つい最近、クロアチア科学芸術学会のメンバーに選ばれ、まもなく正式に加入するそうだ。「あなた方とザグレブ大学の共同研究としてではなく、クロアチアの学会とあなたが所属する学会との共同研究という形をとった方がいいでしょうね」と彼は言った。

わたしはいくつもの学会の会員になっていたが、それは名誉なことではあっても、自分が日々行っている研究とは無関係だと思っていた。学会の会議に出たこともなく、行ったところでどうせ高名な老学者たちの侃々諤々の議論を聞かされるだけだろうと、想像していた。それが急に、重要性を帯びてきた。どの学会にアプローチすべきだろう？　「米国科学アカデミーはどうでしょう？」と尋ねた。わたしが所属する中でおそらく最も高名な学会だと思われたが、パヴァオは首を縦に振らなかった。そして、「むしろドイツの学会のほうがいいと思います」と言った。検討した結果、ベルリン・ブランデンブルク科学・人文科学学会に話を持っていくことになった。わたしが1999年から所属している学会だ。「ベルリンの学会の総裁に頼んで、あなた方の研究を両学会の共同研究にするようにと、クロアチアの学会の総裁あてに手紙を書いてもらうといいでしょう」とパヴァオは言った。自分がクロアチア学会の会員になるまで数週間待ってほしい、とも言った。「そうすれば、賛成してくれる他の会員とともにあなた方のプロジェクトを総裁に推薦できますから」とのこと。

翌朝、ヨハネスとわたしは飛行機でライプツィヒに戻った。わたしはいくらか楽観的になっていた。望んでいた骨は手に入らず、わたしたちとの共同研究が科学にとっていかに意義深いものであるかを、クロアチアの学会に納得させる見通しも立っていなかったが、パヴァオの助力でどうにかなるかもしれないと思えるようになったからだ。

家に戻るとすぐ、ベルリン・ブランデンブルク学会の総裁、ギュンター・ストックに電話をかけた。彼はこちらの話を熱心に聞き、即座に支援を約束してくれた。クロアチアの学会とのつながりを強化するという考えが気に入ったらしい。クロアチア学会の総裁に手紙を送ることも快諾してくれたので、わたしは総裁の助手で外国との交渉を担当する人に手伝ってもらいながら、その下書きをした。「ネアンデルタール・ゲノムプロジェクトを両学会の共同研究にしましょう。こちらにはコンピュータや資源を提供し、ヴィンディヤの骨の目録作りをサポートする用意があります」としたためた。

だがわたしは、それで終わりにはしなかった。ザグレブの不可解な抵抗を乗り越えるためなら、何でもする覚悟だった。関係のあるすべての人を巻き込むというのもそのひとつだ。まずラドヴチッチに手紙を書き、「７月に行う予定の４５４ライフサイエンス社との記者会見に出席して、古生物学的な見地からネアンデルタール人について発表していただきたい」と依頼した。彼からは、別の用事があって出席できないという返事が届いた。次に、所属するＥＭＢＯ（欧州分子生物学機構）の機構長フランク・ガノンに連絡し、クロアチア科学教育スポーツ省大臣のドラガン・プリモラッツへの口利きを頼んだ。プリモラッツは政治家らしからぬ人物で、クロアチアのスプリット大学の法医学教授にして、アメリカのペンシルヴァニア州立大学の非常勤准教授でもある。事情を説明すると、プリモラッツは、クロアチアの学会にわたしたちのプロジェクトを推薦すると言ってくれた。以来、彼とは友達としてつきあっている。こうした根回しがプロジェクトの助けになるかどうかわからなかったが、できることはすべてしたかった。

そうこうする間に、ギュンター・ストック総裁の手紙とわたし自身の手紙が、ザグレブの学会に届いた。すでにその会員になっていたパヴァオは、共同研究について同僚に意見を求められ、いくつか条件を提示した――ヴィンディヤの骨に関する論文は、少なくともひとり、クロアチアの科学者を共著者とすること。謝辞でクロアチアの学会に言及すること。そしてプロジェクトを進めている間、毎年、少なくともふたり、クロアチアの科学者をライプツィヒに招待すること――。以上の条件にわたしは同意し、加えて、ベルリン学会と協力してヴィンディヤの骨の目録作りをサポートすることを約束した。

ヴィンディヤ以外の発掘場所の可能性を探る

こうした事柄はすべて時間がかかった。夏から秋へ、そして冬へと季節は移り、その間にわたしは、ネアンデルタール人の骨が見つかった別の場所についても再検討した。中でも、以前そこから出た骨を調べた際に、DNAが検出された場所に焦点を絞った。まず頭に浮かんだのは、1856年に洞窟で基準標本が発見されたネアンデル谷である。そこは科学的に採掘されたわけではなく、石を切り出していた職人がたまたま骨を見つけたのだった。その後、洞窟は周囲の小さな山とともに石灰岩の採掘場となり、残念ながら残りの骨が収集されることはなかった。何年か前、わたしとともに基準標本を研究していたラルフ・シュミッツが、失われた骨《ミッシング・ボーン》を見つけるという、突飛ながらすばらしいアイデアを思いついた。苦心惨憺《さんたん》して昔の地図をいくつも調べ、ネアンデル谷を延々と歩きつづけ、直感に大いに助けられて、彼はようやく発掘場所を見つけた。その一部は、車の修理店とガレージの下になっており、150年前に捨てられた土や岩の大半がそのままになっていた。シュミッツはそこを掘って、基準標本の残りの骨片ばかりか、別の個体の骨も発見した。苦労は十二分に報われた。2002年、わたしたちはこの個体からmtDNAを抽出し、ラルフとともにそれを論文にまとめて発表したのだ。(注2) その時に用いた骨のかけらを再度、調べてみることにした。ヨハネスがDNAを抽出し、最新の手法で核DNAの配列を解析しようとしたが、結果は思わしくなかった。ネアンデルタール人のDNAは、抽出されたDNAの0・2〜0・5パーセントにすぎず、配列を解析するには足りなかったのだ。

もうひとつの発掘現場、カフカス地方北西部のメズマイスカヤ洞窟は、ロシアのサンクトペテルブルクを拠点とする考古学者、ルボヴ・ゴロバノバとウラディーミル・ドロニチェフが発掘した。見つかったのはネアンデルタール人の子どもの化石だった。骨はすべて無傷で、あるべき位置にあったため、食べられたのではなく、意図的に埋葬されたと思われた。特筆すべきは、これまでわたしたちがDNAを調べたネアンデルタール人の化石はどれも、およそ4万年前のものであったが、この赤ん坊の化石は7万年〜6万年前のものであったことだ。ルボヴとウラディーミルはこの子どもの肋骨のかけらと、同じ洞窟の上の層で見つかったネアンデルタール人の頭蓋骨のかけらを携えて、わたしたちの研究室を訪ねてきた。ヨハネスがその肋骨からDNAを抽出したところ、ネアンデルタール人のものは1・5パーセントしか含まれていなかった。期待したほどの量ではなく、また、骨片があまりに小さいので、ゲノム配列を解析できるほどのDNAは抽出できそうになかった。それでも、そのデータは何かの役に立つ可能性があった。

三番目の場所、エル・シドロン洞窟は、スペイン北西部のアストゥリアス州にある。２００７年９月にわたしはそこを訪れた。エル・シドロンは美しい田園地方にあり、古生物学者に憧れる子どもが思い浮かべそうな洞窟だった。入口は狭く、奥まった所にあり、洞窟は昔から人々の避難所になってきた。入口には、スペイン内戦時にその洞窟を隠れ家にしてファシストと戦い、殺された人々を讃える記念碑が立っていた。這うようにして中に入り、２００メートルほどいくと、右手に28メートル×12メートルほどのスペースがあった。そこでは毎夏、オビエド大学のマルコ・デ・ラ・ラシラ教授と共同研究者、それに学生たちが発掘を進めている。これまでに彼らは、ネアンデルタール人の赤ん坊ひとり、幼児ひとり、成年ふたり、若いおとな４人の骨を発見した。長い骨は砕かれ、いたるところに切り傷があった。まとまって見つかったのは手の骨だけで、体から切り離されていた。マルコ・デ・ラ・ラシラは、これらの部位は４万３０００年ほど前に小さな池に捨てられ、その後、洞窟内に流されてきたと考えている。

プロジェクトには、バルセロナ大学の分子生物学者カルレス・ラルエサ＝フォックス、スペイン国立自然科学博物館の自然人類学者アントニオ・ロサスも関わっている。この洞窟では毎夏、新たな骨が発見されており、わたしたちは採掘チームと交渉し、骨を採集する際には、できるだけ標本内のＤＮＡを保ち、現代人のＤＮＡの混入を防ぐようにしてもらった。滅菌手袋、無塵服、フェイスシールドなど、装備もわたしたちのクリーンルームで使うのと同じだ。ＤＮＡが抽出できそうな骨が見つかると、まず無菌装備一式を身につけてから、骨を掘り出し、すぐフリーザーボックスに入れる。それをマドリードのアントニオ・ロサスの研究室に送り、ＣＴ（コンピュータ断層撮影）で骨の形態や構造を記録する。その後すぐ、骨は凍ったままライプツィヒのわたしたちの元へ送られてくる。発見されて以来、だれも直接には触れていないので、汚染は最小限に抑えられているはずだ。

そうやって送られてきた骨からヨハネスがDNAを抽出している間、わたしはネアンデルタール人のDNAがかなり含まれているだろうと期待した。しかし、骨に含まれていたDNAのうち、ネアンデルタール人に由来するものはわずか0・1〜0・4パーセントにすぎなかった。ここで見つかった他の骨や、別のいくつもの場所で発掘された骨についても調べたが、そのいずれにも、ゲノム配列を解析できるほどのDNAは見つからなかった。今のところ、十分なDNAが保存されているのはヴィンディヤ洞窟の骨だけだ。だがザグレブでは、物事が進むのは氷河並みに遅い――進んでいたとしての話だが。

ようやくヴィンディヤの骨に手が届く

唯一の明るいニュースは、2006年の夏の終わりに、トミスラヴ・マリシッチという、クロアチア出身の優秀な大学院生がグループに加わったことだ。トミは、わたしたちが第四紀古生物学・地質学研究所を訪ねたときに同行した。彼が文化的にクロアチアとつながっていたことは、交渉の役に立った。クロアチアでは、わたしたちのプロジェクトを巡って公の場で議論がなされており、トミがクロアチアの新聞を翻訳してくれたおかげで、わたしたちはその経過を追うことができた。7月にライプツィヒで記者会見を開き、ネアンデルタール・ゲノムプロジェクトについて発表した後、クロアチアの有力紙『ユタルニ・リスト』は、ヤコヴ・ラドヴチッチを「ネアンデルタール人の研究に不可欠な人物」と評し、インタビューを掲載した。ヤコヴはこう述べた。

「問題は、研究の目的は何かということです。それに、ネアンデルタール人の全ゲノムを回収できるかどうかは今もって不明で……彼らは強力な化学的手法を用いるため、骨は必ず破壊されます。非常に貴重な骨を、犠牲にするわけにはいかないのです」。11月、同紙は、彼の言葉を再び掲載した。「3か月半前に、スヴァンテ・ペーボが遺伝子を解析するためにネアンデルタール人の骨を手に入れようと、ザグレブに来ました。……しかしわたしの考えでは、それらの骨は、次世代の研究者が使えるように、細心の注意を払って安全に管理すべきなのです」

ラドヴチッチの見解を知ったわたしは、彼に長く丁寧なEメールを書き送り、プロジェクトについてもう一度説明した。彼は、「管理上の手続きに数週間から数か月かかりそうだが、それがすめば、きみたちのプロジェクトを強力に支援する」という返事をよこした。一方、ザグレブではさまざまな噂が飛び交っていた。苛立たしいことに、誰が支持者で、誰が反対者なのか、誰が何を言ったのか、わたしに言ったことは本心なのか、何ひとつとしてはっきりしなかった。クロアチアの人で信じられるのは、パヴァオとその友人ふたりだけだった。そのふたりもクロアチア科学芸術学会のメンバーで、わたしたちのプロジェクトを支持してくれていた。ひとりは、ジェリコ・クチャン、冷静で思慮深い、政治家のような科学者で、50年ほど前にザグレブ大学で初めてDNA研究に着手した。もうひとりはイヴァン・グシッチという地質学者で、仲間うちでは「ジョニー」と呼ばれている。陽気で前向きで、暖かな人物で、まもなく第四紀古生物学・地質学研究所の所長に就任することが決まっていた（図12・2参照）。

11月の終わり頃、わたしたちの論文が『ネイチャー』と『サイエンス』に掲載されたのを機に、パヴァオは公に賛意を表明してくれた。クロアチアの有力紙『ヴィエスニク』の日曜版に寄稿し、DNA研究は人間の進化の謎を解明するものであり、それを進めていくうえでヴィンディヤの化

図12.2 （左から）パヴァオ・ルダン、ジェリコ・クチャン、イヴァン「ジョニー」グシッチ。クロアチア科学芸術学会の会員であるこの３人のおかげで、わたしたちはヴィンディヤ洞窟の骨のサンプリングを行うことができた。写真：P・ルダン、HAZU.

石は欠くことのできないものだ、と力説し、「よって、マックス・プランクの仲間との協力体制は継続すべきであり、強化すべきです」と語った。「史上初となる更新世のヒトゲノムの解明を可能にするのは、HAZU（クロアチア学会の頭字語）が保管しているヴィンディヤの化石なのです……HAZUとベルリン・ブランデンブルク学会、とりわけスヴァンテ・ペーボのグループとの連携は、古人類学、分子遺伝学、人類学を大いに進歩させることでしょう」。パヴァオがこれほどの信頼を寄せてくれたのだから、何としてもこの研究は成功させなければ、とわたしは心に誓った。

次第に追い風が吹き始めた。2006年12月8日、不可解な紆余曲折を経た末に、ザグレブとベルリンの両学会は合意書に署名した。これでひと安心だ。ようやく、わたしたちと骨の間に立ちはだかるものはなくなった。即座にわたしは、ヨハネスと若い古生物学者、クリスティーヌ・ヴェルナとともにザグレブへ向かう手はずを整えた。クリスティーヌはフランス人で、ライプツィヒにあるわたしたちの研究所の人類進化部門に所属している。ザグレブの第四紀古生物学・地質学研究所で、10日間かけてヴィンディヤの骨の仮目録を作ることになっていた。ヨハネスとわたしは4日ほどザグレブで過ごしてライプツィヒに戻ったが、今回はパヴァオとジェリコ、ジョニーも一緒で、彼らが携える滅菌バッグには、ヴィンディヤの骨が8個、入っていた。その中には、有名なVi－80、現在正式にはVi－33・16と呼ばれる骨も含まれていた（図12・1参照）。

最後の砦である8個の骨の核DNA含有量は……

ライプツィヒに戻ったのは、かなり遅い時間だった。翌朝さっそく、人類進化部門に骨を持っていった。そこで骨は滅菌バッグに入ったままCTスキャンされ、その構造がデータの形で永久保存された。その後、骨はクリーンルームに移され、そこから先はヨハネスの出番となる。

ヨハネスは、それぞれの骨の一か所を2ミリから3ミリ四方、滅菌済みの歯科用ドリルで薄く削って、汚染された部分を除去し、その小さな部分にドリルで穴を開けていく。骨が加熱するとDNAが破壊されるので、何度も手を休めながら、注意深く掘っていった（図12・3参照）。そして約0・2グラムの骨粉を採取し、骨のカルシウムを数時間で溶かす溶液に入れた。するとタンパク質と非ミネラル成分からなる小さな塊ができあがる。しかし、DNAは液体部分に溶けて残っているため、ヨハネスはそれをシリカに吸着させて精製する。この技術は13年前にマティアス・ヘスが開発したもので、とりわけ古代の骨からDNAを取り出す際に役に立つ。

図12.3　無菌のドリルを使ったネアンデルタール人の骨のサンプリング。写真：MPI-EVA.

ヨハネスは、454社のシーケンサーにかけるために、酵素を注入して、DNA分子の端にある、ほぐれて一本鎖になったDNAを切り取った。それからふたつ目の酵素を使って、「アダプター」（合成した短いDNA片）を、その一本鎖DNAの両端に結合させる。アダプターと一本鎖DNAをつなげたものは、シーケンサーで本のように「読む」ことができる。ゆえに、その集合体は「ライブラリ」と呼ばれる。このプロジェクトのために合成したアダプターは「TGAC」という短い断片で、一本鎖DNAにくっついてマーカーかタグのような役目を果たす。この小さな技術が、分子生物学、とりわけ古代のDNAの研究に大きな進歩をもたらした。古代DNAにこのタグをつけるのは、他のDNAと区別するためだ。ネアンデルタール人の骨から採取したDNAライブラリは454シーケンサーにかけるために、クリーンルームから出さなければならず、その時に、研究室内の他のライブラリのDNAが混入するおそれがある。だが、ネアンデルタール人のDNAには「TGAC」のタグがついているので、それだけを選べばいいのだ。このアダプターを巡る技術革新について、わたしたちは2007年の論文で発表した。(注3)

ヨハネスはこうした手法を用いて、新たに入手したヴィンディヤの8本の骨からDNAを抽出し、そのライブラリを整えた。それからPCRによって、抽出したDNAにネアンデルタール人のmtDNAが含まれるかどうかを確かめ、現代人のDNAがどのくらい混入しているかを見積もった。ほぼすべての骨にネアンデルタール人のmtDNAが含まれていた。これには勇気づけられたが、ロシア、ドイツ、スペインで発見した骨に失望した後だったので、うかつに喜ぶ気にはなれなかった。その後すぐ、それぞれのライブラリからDNA断片の標本をランダムに抽出してシーケンスを行い、ネアンデルタール人の核DNAがどのくらい含まれているかを調べた。結果が出るまでの数日間、わたしは何をやっても上の空だった。すでにわたしたちは、世界に向けて、ネアンデルタール人のゲノムを解読すると発表していた。万一これらの骨に、解読できるはどの核DNAが含まれていなかったら、敗北宣言をしなければならない。このヴィンディヤの骨がだめなら、他のどこを探せばいいというのだろう。

結果が出た。一部の骨から抽出したDNAには、ネアンデルタール人の核DNAが0・06～0・2パーセント含まれていた。その数字は、他の場所の骨と大差なかった。だが、3つの骨は、1パーセント以上で、ひとつは3パーセントに近かった。これが、わたしたちのお気に入りの骨、Vi－33・16、別名Vi－80である。ネアンデルタール人の核DNAを大量に含む、夢のような骨は見つからなかったが、ともかくその骨をわたしたちは調べることができるのだ。

まったく見込みがないわけではなかった。

第13章　忍び込んでくる「現代」との戦い

シーケンスの進歩を待つだけではダメだ。２００７年はＤＮＡ精製の効率化の徹底を図った。だが必ず混入する現代のＤＮＡを検査する方法が見つからない

クリスマスと新年の休暇を過ごしながら、わたしは自分たちの状況について、あれこれと考えた。状況は厳しかった。ゲノムの解読を完了するのに、いったいどのくらいの骨が必要になるだろうと計算してみると、数十グラムという、手許にある骨の総重量より重い値が出た。わたしはひどく落ち込んだ。自分たちならできると考えたのは、よほど楽天的だったからか、それともただただ甘かったのか。最初に分析した骨よりネアンデルタール人のＤＮＡを多く含むヴィンディヤ洞窟の骨が見つかるだろうと、何を根拠にそんなことを思ったのだろう。あるいは、４５４社が魔法でも使って、より多くのシーケンシングを可能にする機械を作ってくれると思ったのだろうか。なぜ、これまで整然と積み上げてきた研究生活を、とうてい勝ち目のなさそうなギャンブルに賭けてしまったのだろう。

わたしが分子生物学の世界で過ごしてきた25年間、その技術は、絶え間なく進歩してきた。Ｄ

NAのシーケンサーが登場し、わたしが大学院生だった頃には数日から数週間かかっていた作業が一晩でできるようになった。また、バクテリアを使って数週間から数か月かけて行っていたクローニングが、PCRの登場で、数時間でできるようになった。わたしはそうした変化を見てきたせいで、1年か2年のうちに、原理を証明した『ネイチャー』の論文より3000倍多いDNAをシーケンシングできると思ったのかもしれない。しかし、技術革新がストップしたと決めつける必要があるだろうか。これまでわたしは、よほど優秀な人は別として、大きな技術革新を望むなら、ブレークスルーを待てばよい、ということを学んできた。だからと言って、救出を夢見る囚人のようにただ待っていようというわけではない。わたしたちにも何らかの貢献はできるはずなのだ。

今までの精製プロセスでは95パーセントもDNAが失われていた！

手元にある骨が非常に少なく、含まれているDNAもごくわずかなので、抽出からライブラリ作成までに失われるDNAを最小限に抑えなければならないとわたしは考えた。休み明けの最初の金曜ミーティングで、グループに危機感をもたせることにした。ネアンデルタール人のDNAを奇跡的に多く含む骨が見つかる見込みはない、とわたしは言った。したがって、手許にある骨でどうにかしなければならない。ということは、これまでの実験の全段階を見直す必要がある。おそらくその過程で多くの貴重なものが失われたはずだ。たとえば、DNAを精製してできあがる溶液には、タンパク質などの成分はほんのわずかしか含まれないが、この精製のプロセスで多くのDNAが失われている。そのようなロスを最小限に抑えることができれば、手元にある骨で十分間に合うだろう――454社がもっと効率のよい新たな装置を完成させたあかつきには。

何週にもわたって、わたしは、グループのメンバーに、研究室でのあらゆる作業について繰り返し尋ねた。同じ問題に何度も戻るという戦略は、若い頃、スウェーデンの軍隊で、戦争捕虜の取調官としての訓練で覚えたものだった。尋ねれば尋ねるほど、ライブラリを準備するための454社のプロトコルが、精製を重視するあまりDNAを無駄にしているように思えてきた。そこでわたしは各段階について、どうすれば最善の形にできるか、系統的に分析すべきだと主張した。

わたしが大学院生だった頃は、分子生物学のほぼすべての実験で、放射線を使っていたが、その後、めんどうな安全対策が求められるようになったため、生物学者は非放射性の分析を行うようになった。結果的に、今日の生物学部の学生は、放射線を扱った経験がほとんどない。しかし放射性標識は今なお、微量なDNAを検出する繊細な手段のひとつである。そこでわたしは、金曜ミーティングで、トミスラヴ・マリシッチに、少量のDNAに放射性リンで標識を付け、それでシーケンス用のライブラリを作ってみたらどうか、と提案した。そうすれば、通常は廃棄されるサイドフラクション（微細なかけら）を回収し、放射線量を測定できる。その放射線量が、その段階で失われるDNAの量なのだ。

ミーティングでこの提案をしたとき、皆は黙っていたが、わたしはそれを、このエレガントな方法に対する静かな賛意だと思っていた。だが実際には、グループの民主的性質に真っ向からぶつかっていたのだった。その性質はグループの最大の強みであったが、今度ばかりはそれが裏目に出た。わたしはこれまで、だれのアイデアでも必ず議論の場にのせ、まただれもが発言し、最終的に全員の合意を得るというグループ文化を育んできた。しかし、民主的な集団ではよくあることだが、時として不合理な案が勝つこともある。放射線を使うというわたしの案には、影響力のあるメンバー数人から異議が唱えられた。彼らはそれを恐れていたわけではないが、無意識のうちに、自らはほとんど経験がなく、時代遅れで安全とは言えない技術は使いたくないと思ったらしい。

　わたしは無理強いしないことにした。代わりに、ライブラリを調製する各段階でＤＮＡ量を測定するという方法や、ＰＣＲによるもっと現代的な方法を試させた。だがいずれも、放射線を使う方法ほど、敏感でもなければ、効果的でもなかった。その後も数か月にわたって、わたしは苛立ちを募らせながら、放射線を使うことを提案しつづけた。ときおり、教授の言うことが絶対だった時代に戻れたらいいのにと思うことさえあった。それでもわたしは、グループにとってきわめて重要な、自由に意見を交換できる雰囲気を壊したくなかったので、その状況をしぶしぶ受け入れていた。

　だがついに、どの方法も失敗に終わり、グループの方がしぶしぶ従うこととなった。トミは嫌々ながら、放射性リンをいくらか注文し、試験的に、普通のヒトＤＮＡを標識化し、それを用いて４５４シーケンシングのライブラリを準備した。結果は驚くべきものだった。最初の３つの準備段階で、ＤＮＡが15パーセントから60パーセントも失われていたのだ。これらの数字は、生化学的分離においては予想外というほどではない。だが、強アルカリ性溶液を使ってＤＮＡの二本鎖をほどく最後の段階では、なんとインプットしたＤＮＡの95パーセント以上が失われていた。現代人のＤＮＡでこの分離法を用いる人たちは、その非効率性に気づいていなかった。調べようとするＤＮＡはふんだんにあるので、どれほど多くの量が失われても、困らなかったのだ。だが古代人のＤＮＡを調べる時には、こうした損失は壊滅的な害を及ぼす。問題がはっきりすると、シンプルな解決方法が考え出された。ＤＮＡの二本鎖は、アルカリ性溶液を使わなくても分けることができる。熱を加えればいいのだ。そこでトミが加熱してみると、最終的に得られるＤＮＡ

の放射線量は、アルカリ性溶液を使った場合より10倍から250倍も多かった。これはゲームの流れを変える大きな進歩だった。

　大半の研究室では、サイドフラクションを不要な副産物として廃棄する。幸い、わたしたちは以前の実験で出たものをすべて保存していた。いずれそれらを活用できる技術が生まれるかもしれないからと、何年も前からわたしはその保存を訴えてきたのだ。これは不評を買ったわたしの提案のひとつで、そのせいでいくつもの冷凍庫が、使い道のなさそうなサイドフラクションで一杯になった。だがありがたいことに、その時は、酔狂とも思えるわたしの提案をグループが受け入れてくれた。そういうわけで、トミは、新たな抽出作業をしなくても、初めてヴィンディヤの骨からライブラリを調製した際のサイドフラクションを加熱するだけで、これまでより多くのネアンデルタール人DNAを回収できたのだった。彼は、ライブラリを準備する他の段階も、最適化した。このような努力によって、抽出したDNAをライブラリにする過程は、数百倍も効率的になった。(注1)

バクテリアのDNAを取り除く闘い

　クロアチアの共同研究者との協議に従って、わたしたちは3つのヴィンディヤの骨――Vi-33・16と、新たに得たVi-33・25、Vi-33・26――をこのプロジェクトで使うことにした。いずれも長い骨のかけらのようで、おそらく骨髄をとるために砕かれたのだろう（図12・1参照）。トミの前進のおかげで、原理上は、このたった3つの骨から、ネアンデルタール人DNAのヌクレオチド30億個を含むライブラリを作れるはずだ。しかし抽出されるDNAの少なくとも97パーセントはバクテリアのものと思われるので、454社ではネアンデルタール人のDNAの

30億ヌクレオチドにたどり着くまでに、4000回から6000回ほどシーケンシングをしなければならない。エグホルムにそれを頼めるとは、とても思えなかった。

まだ出口は見えなかったが、グループのひとりが、「もしかしたら3つの骨に、バクテリアのDNAが少なく、ネアンデルタール人のDNAが比較的多く含まれる部位があるかもしれない」と言い出した。確かに、それまで何度か、骨の部位によってバクテリアDNAの量に違いがあるという兆候を見てきた。おそらく、バクテリアが増殖しやすいかどうかが、部位によって異なるのだろう。ヨハネスはこのアイデアに力づけられ、DNAを採取するのに最も適した場所を探し始めた。彼が次々に穴を開けていったので、骨はフルートのようになり、やがてスイスチーズのようになった。その結果、1、2センチしか離れていないのに、ネアンデルタール人のDNAの割合が10倍も異なる場所が見つかった。だが、その最も多い場所でさえ、ネアンデルタール人のDNAは全体の4パーセントにすぎなかった。

金曜ミーティングでこの問題に何度も立ち返った。わたしにとってこのミーティングは、社会的にも知的にも刺激的な機会だった。大学院生やポスドクは、自分たちのキャリアが実績と論文次第だと知っているので、重要な実験、主著者のひとりになれる実験を選びがちだ。新人の科学者のそういう姿勢をわたしはよく見てきたので、自分の役目は、それぞれの能力に鑑みながら、その人のキャリアに役立つものと、プロジェクトに必要なものとのバランスをとることだと考えていた。だが驚いたことに、この危機的状況の中で、自分本位な姿勢は消え、だれもがグループのために、献身的に働きだした。グループはひとつのユニットとして機能し、どの人も、プロジェクトを前進させるためなら、割に合わない面倒な仕事も進んで引き受けようとした。個人に栄誉をもたらすかどうかなどおかまいなしだった。これは歴史的な挑戦だという強い目的意識を、

図13.1　2010年ライプツィヒにて、ネアンデルタール・ゲノム研究グループのメンバー。左から、エイドリアン・ブリッグス、エルナン・ブルバノ、マティアス・マイヤー、アニャ・ハインツェ、ジェシー・ダブニー、ケイ・プリューファー、著者、再現されたネアンデルタール人の骨格、ジャネット・ケルソー、トミスラヴ・マリシッチ、チヤオメイ・フー、ウド・シュテンツェル、ヨハネス・クラウゼ、マルティン・キルヒナー　写真：MPI-EVA.

グループの全員が抱いていたのだ。このグループは最高だとわたしは思った（図13・1参照）。感傷的になっているときには、テーブルを囲むひとりひとりに愛情を感じた。それだけに、一向に進歩が見られないのが辛かった。

２００７年の春を通じて、金曜ミーティングでは、グループの最高の強みである団結力が発揮された。ネアンデルタール人のＤＮＡの比率を上げるための、あるいはそのＤＮＡがより多く保存されている場所を見つけるための、奇抜なアイデアが次々に出された。誰がどのアイデアを思いついたのかははっきりしない。皆が意見を出しあううちに、その場でアイデアが生まれていたからだ。まず話しあったのは、抽出物に含まれるバクテリアのＤＮＡを、どうすれば分離できるか、ということだった。おそらくバクテリアのＤＮＡには、ネアンデルタール人のそれとは異なる特徴があるはずだ。たとえばDNA断片のサイズが違うかもしれない。いや、それは無理だ。骨に含まれる両者のサイズはほとんど見分けがつかなかった。

わたしたちは何度も問い直した。バクテリアと哺乳類のDNAに違いがあるとすれば、それは何だろう。そのときわたしはひらめいた。メチル化だ！　哺乳類のDNAではC（シトシン）がメチル化するが、バクテリアのDNAではA（アデニン）がメチル化しやすい。ゆえに、バクテリアのメチル化したAと結合する抗体を抽出物に入れれば、バクテリアのDNAを排除できるかもしれない。抗体とは、免疫細胞が、体内に侵入した異物、たとえばバクテリアやウイルスのDNAを検知したときに作るタンパク質のことだ。抗体は血中を巡って、出会った異物と強く結合し、その排除を手伝う。異物と選択的に結合する能力ゆえに、抗体は研究室の強力なツールとなる。たとえば、メチル化したAを含むDNAをマウスに注入すると、マウスの免疫細胞はそれを異物と認識し、それに対する抗体を作る。その抗体をマウスの血液から精製すれば、実験に使うことができる。そのようなメチル化Aに特化した抗体を作り、それを結合させてバクテリアのDNAを取り除くのだ。

さっそく文献を調べてみると、すでにボストン郊外にあるニュー・イングランド・バイオラボという会社が、メチル化したAの抗体を作っていることがわかった。その会社に勤める、DNA修復を専門とする優秀な科学者、トム・エヴァンズに連絡したところ、彼は親切にもその抗体を送ってくれた。あとは誰かがそれをバクテリアのDNAに結合させ、抽出物から取り除けばいいのだ。そうすればネアンデルタール人のDNAの比率はかなり高くなる。すばらしいアイデアだとわたしは思った。ところが、金曜ミーティングで提案したところ、グループの反応は鈍かった。またしても、この技法に馴染みがないことが原因のようだ。だがわたしは、放射線について自分の判断が正しかったこともあり、今回は折れなかった。エイドリアン・ブリッグスが引き受けてくれた。彼は数か月にわたってその実験に注力し、さまざまな変更を加えて試した。しかし、うまくいかず、理由もわからなかった。結局わたしは、抗体を使うというこのすばらしいアイデアをネタに、しばらくからかわれる羽目になった。

ではどうすれば、バクテリアのＤＮＡを取り除くことができるのだろう。一案として、バクテリアのＤＮＡによく見られる配列を特定することが挙げられる。そうすれば、バクテリアのＤＮＡに結合するよう合成したＤＮＡの鎖を使って、わたしが抗体で思い描いたように、バクテリアのＤＮＡを取り除くことができるかもしれない。ケイ・プリューファーは、穏やかな口調の、コンピュータ科学を専攻する学生で、わたしの研究室に入ってから、ゲノム生物学を独学し、生物学部の学生もかなわないほどの知識を身につけた。彼はこの作戦に使えそうな配列を探し、２個から６個のヌクレオチドからなる特徴的な配列を見つけた。たとえばＣＧＣＧ、ＣＣＧＧ、ＣＣＧＧＧなどは、ネアンデルタール人のＤＮＡよりバクテリアのＤＮＡにはるかに多く見られた。

彼がミーティングでこの観察結果を説明している最中に、わたしにはことの次第が見えてきた。もっと早くそれに気づくべきだった！　おおかたの分子生物学の教科書には、ＣＧの配列（Ｃの後にＧが来る）は哺乳類のゲノムでは比較的珍しいと書かれている。なぜなら哺乳類のゲノムでは、４種の塩基の中でＣのみ、それもＣＧ配列のＣのみが、特異的にメチル化するからだ。このようにメチル化したＣは化学的に変化するため、ＤＮＡポリメラーゼが読み間違えて、Ｔに置き換えることがある。その結果、何百万年もたつうちに、哺乳類のゲノムでは、ゆっくりとながら着実に、ＣＧの配列が減っていったのだ。対してバクテリアのゲノムでは、Ｃのメチル化は起きないか、起きても稀なため、ＣＧの配列はよく見られる。

さて、この情報をどう活用すればいいだろう。その答えもすぐ明らかになった。バクテリアは「制限酵素」という酵素を作る。その酵素は、特別な配列（CGCG、CCCGGGなど）の中かすぐ隣でDNAを切断する。したがって、ネアンデルタール人のDNAライブラリにその酵素を入れたら、酵素はバクテリアのDNAをばらばらに切断し、一方、ネアンデルタール人のDNAは無傷のまま残すだろう。その結果、バクテリアのDNA配列は読めなくなり、ネアンデルタール人のDNAの比率を上げることができる。

ケイはシーケンスを独自に分析し、特に効果が認められた8種の制限酵素を入れることを提案した。わたしたちはさっそくそれらの酵素でライブラリのひとつを処理し、シーケンスを行った。すると、ネアンデルタール人のDNAは4パーセントではなく、約20パーセントになった！　となれば、454社のシーケンサーに700回ほどかければ、目標を達成できる。実行可能な回数だ。このちょっとした工夫で、不可能が可能になったのだ。唯一の難点は、酵素のせいで、ネアンデルタール人のDNAの一部、特にCとGが続く配列が失われる可能性があることだった。しかし、別の酵素を組み合わせたり、酵素を使わずにシーケンシングした結果と照合すれば、消えた配列を見つけることができるだろう。この制限酵素のアイデアを、454社のエグホルムに説明すると、彼は、「すばらしい！」と言った。初めて、成功の見通しが立った。

前年の論文への厄介な批判が持ち上がる

こちらがそんなことをしている間に、サンフランシスコの若く優秀な集団遺伝学者、ジェフリー・ウォールが論文を発表した。彼とは何度か会ったことがある。その論文は、わたしたちが『ネイチャー』に発表した、Vi‐33・16の抽出物を454社のパイロシーケンス法で配列決定した75万ヌクレオチドと、エディ・ルービンが『サイエンス』に発表した、同じ骨の抽出物をバクテリアでクローニングして配列決定した3万6000ヌクレオチドを比較したものだった。ウォールと共著者のソン・キムは、両データにいくつか違いがあることを指摘した。わたしたちは、ふたつの論文が審査されているときにすでにそれらの違いに気づき、徹底的に議論していた。ウォールとキムは、454社のデータにいくつか問題がある可能性を示唆しながらも、両データにずれが出たのは、わたしたちのライブラリに現代人のDNAが大量に混入しているからだと示唆した。具体的には、わたしたちがネアンデルタール人のものと見なしているDNAの70〜80パーセントは現代人のDNAだというのだ。(注2)

厄介なことになった。わたしたちは、『ネイチャー』と『サイエンス』に発表したデータに、混入が含まれる可能性に気づいていた。クリーンルームを持たない研究所に抽出物を送っていたからだ。また、混入のレベルに違いがあるとすれば、パイロシーケンス法で作成したわたしたちのデータのほうが高いだろうと承知していた。だが、いくらなんでも70〜80パーセントという数値はありえない。実のところ、ウォールの解析は、短い断片と長い断片に含まれるGCの割合はほぼ等しいというような、わたしたちから見れば間違った前提に依拠していたのだ。

これらの問題を明らかにするため、ただちに『ネイチャー』に連絡し、短報を掲載させてほしいと依頼した。短報では、454社のパイロシーケンサーで決定した配列と、バクテリアによるクローニングで決定した配列には、いくつか異なる特徴があり、それが混入の分析に影響しうることを指摘した。また、同じライブラリで新たにシーケンシングを行い、mtDNAに基づいて分析したところ、混入は非常にわずかだったことにも言及した。しかし、わたしたちも、454社のライブラリにはある程度、混入が起きただろうと考えるようになっていた。後でわかったことだが、454社では、ネアンデルタール人のライブラリを作成したのと同じ時期に、（DNAの二重らせん構造を発見した）ジム・ワトソンのDNAをシーケンスしていたのだ。そこで一歩譲って、「混入のレベルは、mtDNAに基づく分析より高い可能性がある」とした。とは言え、どのくらい混入したかはわからなかった。読者に、ウォールの論文と合わせてわたしたちの2007年の論文を読むよう促した。その論文では、今ではライブラリ作成にタグ（TGACという短い断片）を用いるようになったので、クリーンルームの外でも、混入は起きなくなったことを解説している。[注3]また、公開されているわたしたちが配列したDNAのデータベースにも但し書きを添えた。データに問題があることをユーザーに知らせるためだ。だが残念なことに、この短報は査読で不採用となり、『ネイチャー』に掲載されなかった。

わたしたちは大いに議論した。原理証明のデータを『ネイチャー』に発表したのは、勇み足だったのだろうか。ルービンに先を越されないように焦っていたのか。もっと待つべきだったのか――賛否両論があった。混入の直接的な証拠、すなわち、mtDNAの解析結果を見ても、混入は少ないと思えたし、その考えは変わらなかった。mtDNAによる解析には限界があるが、直接的な証拠は、間接的推論より重視されるべきだとわたしは考えている。ゆえに、『ネイチャー』に掲載されることのなかったその短報でこう述べた。「核DNAの配列に基づいて、混入を調べる方法は今のところないが、古代人のDNAから信頼できる核配列を得るには、その検査法を開発しなければならない」。その後数か月にわたる金曜ミーティングにおいて、これは最重要課題となった。

第14章　ゲノムの姿を組み立てなおす

増幅したバラバラのＤＮＡの全容を知るには、それを組み立てなおさなくてはならない。新しい方法を試すたびに難題が起こったが、少しずつ前進していく

必要なライブラリを作成できることがわかると、それらすべてをシーケンシングできる高性能装置を４５４社が間もなく開発するという見込みのもとに、わたしたちは次の作業の計画を立て始めた。そう、マッピングである。ネアンデルタール人ＤＮＡの短い断片を、ヒトゲノムの配列に当てはめていくのだ。こう言うと、簡単なように思えるかもしれないが、実際はとてつもなく大変な作業で、多くのピースが欠損した巨大なジグソーパズルを仕上げるようなものなのだ。おまけに、どこにも当てはまりそうにないピースが続々と出てくる。

その作業では、基本的にふたつの問題の間でバランスをとることが求められる。まず、ネアンデルタール人のＤＮＡにヒトゲノムとの一致を求めすぎると、1か所か2か所違っている断片まで排除し、その結果、ネアンデルタール人のＤＮＡは実際よりも現生人類のそれに似てくる。一方、ヒトゲノムとの一致をそれほど重視しないと、ヒトゲノムに似ているバクテリアのＤＮＡ断

片を、ネアンデルタール人のＤＮＡと誤認し、ネアンデルタール人のＤＮＡは、実際以上に現生人類のＤＮＡと異なるものになる。最初にこのバランスをうまくとることが重要である。両者の違いを軸に進めていく今後のすべての作業に影響するからだ。

また技術面の問題もある。当時のマッピング・アルゴリズムは変数があまりに多いと対処できず、したがって、それぞれが30から70のヌクレオチドから成る10億個以上のネアンデルタール人のＤＮＡ断片を、ヒトゲノムの30億ヌクレオチドと正しく比較することは、実質的に不可能だったのだ。

新たなマッピング・アルゴリズムを作り出す

そのアルゴリズムの考案という、大変な仕事を引き受けたのはエド・グリーン、ジャネット・ケルソー、ウド・シュテンツェルだ。ケルソーは２００４年、故郷南アフリカの西ケープ州大学からわたしたちのグループに移り、生物情報科学グループの責任者になった。控えめだが有能なリーダーで、くせ者ぞろいのグループを巧みにまとめた。そのメンバーのひとりがウドで、彼は、大方の人間、特にアカデミックな世界の上層部の人間はもったいぶった愚か者だ、と決めつけており、情報科学の学位を取得しないまま大学を中退した。だが、おそらく彼の論理的な思考力やプログラマーとしての能力は、彼の教師の大半よりまさっていたはずだ。そんな彼が、ネアンデルタール人プロジェクトは注目に値すると思ってくれたのはうれしかった。とは言え、彼は常に自分は何でも一番よく知っていると信じ切っているので、時にはわたしを激怒させることもあった。ジャネットが仲立ちしてくれなければ、ウドはわたしとうまくやっていけなかっただろう。

エドは、取り組んでいたＲＮＡスプライシングのプロジェクトが静かに幕を閉じたため、このマッピング・プロジェクトのまとめ役になった。彼とウドは、ネアンデルタール人の配列のエラー・パターンを計算に入れたアルゴリズムを開発した。そのパターンを見つけ出したのは、エイドリアン・ブリッグスと、バークレーのモンティ・スラトキンのグループに所属する優秀な学生、フィリップ・ジョンソンである。ふたりは、エラーは主にDNA鎖の端のほうで起きることを発見した。これは、DNA分子が壊れるとき、二本鎖はしばしば異なる長さでちぎれ、余った長い鎖の先が化学物質による攻撃にさらされることによる。また、エイドリアンの分析により、ほんの1年前にわたしたちが導いた結論とは逆に、エラーはすべて、A（アデニン）ではなくC（シトシン）の脱アミノ化によって起きたことがわかった。実際、DNA鎖の末端がCだった場合、その20〜30パーセントはTになっていた。

エドが開発したアルゴリズムは、塩基の位置によってエラーの起きやすさが異なるという、エイドリアンとフィリップのモデルを巧みに取り入れていた。たとえば、今述べたように、ネアンデルタール人のDNA断片の端では、CがTになるエラーがよく起きるので、その断片の端がTで、ヒトゲノムの端がCの場合、両者はほぼ完全な一致と見なされる。逆に、ネアンデルタール人のDNA断片の端がCで、ヒトゲノムの端がTの場合は、不一致と見なされる。おそらくこのアルゴリズムが大きな進歩をもたらし、マッピングの誤りは減ってより正しい配列が得られるだろうと、わたしたちは確信した。

もうひとつの問題は、マッピングの基準とするゲノムをどう選ぶかということだった。わたしたちの目的のひとつは、ネアンデルタール人が現生人類の中でもヨーロッパ人とより近い関係にあるかどうかを明らかにすることだ。たとえば、ネアンデルタール人のDNA断片をヨーロッパ人のゲノムに突き合わせて組み立てていった場合（標準的なリファレンスゲノム——すでに全塩基配列が判明しているゲノム——の半分はヨーロッパ人の子孫に由来する）、ヨーロッパ人のゲノムに一致した断片が、アフリカ人のゲノムに一致する断片より多く残り、ネアンデルタール人はアフリカ人よりヨーロッパ人に似ているという誤解を招くおそれがある。そこで、偏りのない対照ゲノムとして、わたしたちはチンパンジーのゲノムを選んだ。チンパンジーの系統は、700万年前から400万年前にネアンデルタール人と現生人類の共通の祖先と分岐したため、チンパンジーのゲノムは、ネアンデルタール人と現生人類のどちらのゲノムにも等しく似ていないはずだ。また、それとは別に、よその研究者が構築した仮想の「人類とチンパンジーの共通の祖先」のゲノムとも突き合わせることにした。ネアンデルタール人のDNA断片を、これらの遠縁のゲノムに照らしてマッピングした後、相対する現生人類（さまざまな人種）のDNA配列と比較すれば、偏りなく両者の違いを記録できるはずだ。

このすべては高度なコンピュータを必要とするが、幸い、マックス・プランク協会の強力な支援を得ることができた。協会は南ドイツの研究所に所有する256台の強力なコンピュータをわたしたちのプロジェクト専用として提供してくれた。しかし、これらのコンピュータの能力を以てしても、1回のシーケンシング（1ラン）で出たデータのマッピングに数日かかった。全データのマッピングには数か月かかるだろう。ウドが担う重要な仕事は、これらのコンピュータに効率よく作業を割り振ることだ。彼は、自分は誰よりこの仕事がうまいと信じ切っていて、すべての作業をひとりでやりたがった。わたしは辛抱強く彼の進歩を待つしかなかった。

混入の疑われるデータが次々現れる

そんな折、エドが、454社から戻ってきた最初のマッピング結果を調べていて、気がかりなパターンを見つけた。グループの面々は愕然とし、わたしは落ち込んだ。短い断片より長い断片の方が、ヒトゲノムに似ていたのだ。それはグレアム・クープやエディ・ルービン、ジェフリー・ウォールがわたしたちの『ネイチャー』のデータに見出したパターンのひとつを思い起こさせた。彼らは、長い断片が現生人類のヒトゲノムに似ているのは、その多くが、ライブラリに混入した現代人のDNAだからだと決めつけ、それを混入の証拠と見なした。クリーンルームでライブラリを調製し、TGACのタグを使えば混入は起きない、と考えたわたしたちは間違っていたのだろうか。エドは必死になって、シーケンス用のライブラリに現代人のDNAが混入したかどうかを調べ始めた。

幸いヒトからの混入は起きていなかった。エドは、どの程度一致していればリファレンスゲノムと適合するとみなすかというカットオフ基準を厳しくすれば、短い断片と長い断片のヒトゲノムとの違いは等しくなることに気づいた。わたしたちであれ、ウォールや他の誰であれ、従来の緩いカットオフ基準を用いると、バクテリアの短いDNA断片がヒトのリファレンスゲノムに適合し、ネアンデルタール人のDNA断片と誤認される。しかし、短い断片は本来バクテリアのDNAなので、長い断片よりリファレンスゲノムとの差異が多いのだ。カットオフ基準をより厳しくすると、問題は解決した。

しかし、すぐまた警鐘が鳴った。今回の問題はもっと複雑だったので、わたし自身、理解するのにしばらくかかった。というわけで、しばらくおつきあい願いたい。人間の遺伝情報にはバリエーションがあり、ひとりの人の2本の染色体を比較すると、およそ1000個に1個の割合でヌクレオチドが異なる。これは何世代か前に変異が起きた結果である。よって、2本の染色体を見比べて、同じ位置（遺伝子座）のヌクレオチドが違っていれば（遺伝学者は「アレル〔対立遺伝子」」と呼ぶ）、どちらが祖先型アレル（遠い昔から受け継いできたアレル）で、どちらが派生型アレル（変異によって新たに獲得したアレル）かが問題になる。幸い、チンパンジーや他の類人猿のゲノムのヌクレオチドを調べればそれがわかる。類人猿のものと同じであれば、そのアレルは彼らと共通の祖先のもの、つまり、遠い昔から受け継いできた祖先型アレルと見なすことができるのだ。

わたしたちが関心を持ったのは、現生人類に見られる派生型アレルを、ネアンデルタール人がどのくらいもっているかということだった。それがわかれば、ネアンデルタール人と現生人類の系統が分岐した時期を推定できるからだ。原理から言えば、両者が共有する派生型アレルが多いほど、分岐の時期はより最近ということになる。２００７年の夏、エドは４５４社から送られてくる新たなデータを調べていて、あることに気づいた。それは２００６年に発表した小規模のテストデータでウォールらがすでに見つけていたことだが、ネアンデルタール人の長いＤＮＡ断片――50ヌクレオチド以上――のほうが、短い断片より多くの派生型アレルをもっていたのだ。これは、短い断片より長い断片のほうが現生人類のＤＮＡに近いことを示唆しており、またしても混入が疑われた。

泣きたいくらい悩んだ末に謎が解ける

これまでの危機と同じく、金曜ミーティングはこの問題でもちきりになった。何週間もわたしたちは延々と議論し、思いつく限りその原因を数え上げてみたが、どれも納得のいく答えをもたらさなかった。ついにわたしは投げやりになり、「たしかに混入が起きたのだろう。もうあきらめるべきだ。ネアンデルタール人の本物のゲノムは再現できないと認めるべきだ」と言った。ほとほと疲れ果て、子どものように泣きたいくらいだった。泣きはしなかったが、わたしがキレたのを見て、メンバーの多くは、これは本当に危機的状況なのだと気づいたようだ。おそらく、その危機感が彼らに新たな力を与えたのだろう。その後の数週間、エドは一睡もしていないかのような様子だった。そしてついに彼は、謎を解いた。

エドが解明したのは以下の筋書きである——派生型アレルは、一個人の遺伝子の突然変異に始まる。ゆえに、派生型アレルは祖先型アレルより数が少ない。平均して、ひとりの人のヒトゲノムの遺伝子座に存在するアレルは、約35パーセントが派生型で、約65パーセントが祖先型だ。ゆえに、ネアンデルタール人のＤＮＡ片が派生型アレルをもっているとき、そのＤＮＡ片がヒトゲノムと一致する確率は35パーセント、一致しない確率は65パーセントになる。逆に言えば、ネアンデルタール人の配列は、祖先型アレルをもつものの方が、ヒトゲノムと一致する確率が高いのだ。

ここにもうひとつの条件が加わる。それは、ヒトゲノムと相違のある断片は、短いものほどマッピングのプログラムに排除されやすいということだ。長い断片はひとつかふたつ相違があっても、ヒトゲノムと一致する場所が多いので正しい場所にマッピングされるが、短い断片はその違いによって切り捨てられるのである。以上ふたつの条件から、「派生型アレルをもつ」「短い」断片は、長い断片に比べて、マッピングのプログラムで排除されやすく、結果的に、短い断片には派生型アレルが少ないように見えたのである。エドに何度も説明してもらって、ようやくわたしはこの理屈を理解することができた。それでも、腑に落ちない気がしたので、エドがもっと直接的な方法で、それを証明してくれないだろうかと思っていた。

わたしがミーティングで泣くのを見たくなかったからか、ついにエドは、それを証明する巧妙な方法を編み出した。マッピング済みの長いDNA断片を、コンピュータで半分に切断したのだ。これで長い断片は半分の長さになった。エドはそれを再度マッピングしてみた。すると、魔法をかけたかのように、派生型アレルの出現率は、元の長い断片の時よりも、低くなった。派生型アレルをもつ断片が、短くなったせいでマッピングされなかったからだ。ついに、混入が疑われたパターンの説明がついた。『ネイチャー』に発表した最初のテストデータの、混入のように見えたパターンのいくつかもこれで説明がつく。エドの、この実験を見て、わたしは安堵のため息をついた。２００９年、これらの洞察を、きわめて専門的な論文にまとめて発表した。(注１)

エドの発見により、わたしは混入を直接調べる方法が必要だという思いを強めた。そして金曜ミーティングでは、核ＤＮＡの混入を調べる方法について何度も議論した。しかし、そうしながらも、ずいぶん気が楽になっていた。自分たちが正しい方向に向かっていると、確信できるようになっていたからだ。

第15章　間一髪で大舞台へ

約束の2年が近づき、発表は2009年2月に決まる。シーケンス担当を新会社に交代させ、発表6日前、間一髪でゲノム解読に必要な配列データが届いた

2008年初め、454社は、骨標本Vi‐33・16からわたしたちが調製した9つのライブラリで147回のシーケンシングを行い、3900万個のDNA断片を作成した。相当な数だが、期待したほどではなく、核ゲノムの再構築を始めるにはとうてい足りなかった。それでもわたしは、マッピングのアルゴリズムを試したくてうずうずしていたので、mtDNAの再構築という比較的簡単な作業に取りかかった。その時点で配列決定できていたネアンデルタール人のmtDNAは、最も変異の多い部分の800ヌクレオチドだけだった。今回、目指したのは、1万6500ヌクレオチドからなる全配列の決定である。

エド・グリーンは、ネアンデルタール人の3900万個のDNA断片をふるいにかけ、現代人のmtDNAに似ているものを探した。そうして見つかった断片を互いに比べて、重複部分を見つけて、仮の塩基配列を作る。そして再度、3900万個のDNA断片を調べて、最初に見逃し

たものを見つける。そうやって彼はmtDNAの8341セグメントの配列を特定した。平均して69ヌクレオチドの長さだ。それを元に彼はついに、1万6565ヌクレオチドからなるmtDNAの全配列を組み立てた。史上初の快挙である。

このことは、わたしに達成感をもたらした。もっとも、それで何か新しいことがわかったわけではない。有用な発見は技術に関することだった。たとえば、断片は、含まれるATとGCの割合によって、回収できる頻度が異なった。GCが多い断片の方が見つかりやすかったのだ。おそらくGCが多い方が、骨に多く残っていたか、あるいは抽出作業で生き残りやすかったのだろう。良いニュースは、mtDNAのどの部分も失われていなかったことだ。技術的な問題はすべてコントロールできているように思えた。また、現代人のmtDNAと異なる133か所を特定することができた。(注1)それまで、そのような場所は3か所しかわかっていなかった。わたしたちが発見し、1997年に論文で発表したものだ。

今回133か所の相違が見つかったことで、現代人のmtDNAの混入率を、より正確に推定できるようになり、それは0・5パーセントだった。2006年に『ネイチャー』で発表した論文のテストデータと、同誌の印刷中に得た追加データに、どのくらい現代人のmtDNAが混入していたかを調べなおしたところ、75個のmtDNA断片のうち、67個はネアンデルタール人型だった。したがって、そのライブラリの混入率は11パーセントだ。わたしたちの予想を超えていたが、キムとウォールが示唆した70パーセントから80パーセントという数字よりはるかに低い。こうした情報をすべて盛り込んだ論文を、『セル』に寄稿した。1997年に、ネアンデルタール人のmtDNAを初めて分析した論文を掲載してくれた雑誌だ。この論文においても、核ゲノムでの混入率を見積もる直接的な方法が待望されることを強調した。金曜ミーティングでは、その最善の方法をめぐって、再び議論が重ねられていった。

新たなシーケンサー会社に切り替える決断

しかし、その論文をまとめ終えた時、自分はネアンデルタール人の全ゲノム解読というプロジェクトが遅々として進んでいないことから目をそらしているのではないか、と心配になった。このプロジェクトに着手した時、2年以内にネアンデルタール人30億ヌクレオチドの配列を決定すると公言したが、その締め切りまで、あと数か月しかなかった。多少の遅れは仕方がないとしても、自分たちははるかに悲惨な結末に向かっているように思えてならなかった。ラボでのミーティングは次第に緊張が高まっていった。わたし自身、理不尽な発言や、作業を簡潔に説明できない人にいらついて、思わず大声を出したり、辛辣に批判したりした（あとで大いに反省したが）。だが、不機嫌の本当の理由は、プロジェクトが一向に進展しないことにあった。十分なDNAを含む抽出物が見つからず、DNAライブラリの作成が遅れていたのも一因だが、454社でのシーケンシングもスムーズに進んでいなかった。エグホルムは相変わらずこのプロジェクトに注力してくれていたが、同社は2007年3月にスイスの巨大製薬企業、ロシュに売却された。そのせいで、現場で解読作業にあたっていた人が、同年秋に退社した。エグホルムをはじめ同社の人々は、ネアンデルタール人のゲノム解析に専念しにくくなっているようだ。454社のライバルと手を結ぶという考えが、初めて頭に浮かんだ。

そのひとりは秀でたヒト遺伝学者、デヴィッド・ベントレーだ。彼とは2007年5月にコールド・スプリング・ハーバーの会議で初めて会った。彼は2005年にウェルカム・トラスト・サンガー研究所から、ソレクサ――ケンブリッジ大学化学学部から生まれた新興企業――に移籍していた。ソレクサでは、シーケンサーの開発を指揮していたが、それは454社のシーケンサーの手ごわいライバルになった。454社の方式と同じく、ソレクサでは、DNA断片の端にアダプター（合成した短いDNA片）をつなげてライブラリを作り、それを増幅してシーケンシングする。しかし454方式と違って、ソレクサ方式では、ライブラリの分子は、小さな油滴の中ではなく、ガラス基板上に固定したプライマー（DNA断片）によって増幅され、元のライブラリの無数のコピーからなる「クラスター（集合体）」が生まれる。そのクラスターにDNAポリメラーゼと、それぞれ違う蛍光色でラベルした4つの塩基を加えることにより、その配列を決定する。

このシーケンサーの最初のテスト版は、2006年にシーケンシング・センターに納められた。このシーケンサーは最長でヌクレオチド25個分の配列しか解読できず、故障も多いと聞いていた。しかし、454社のシーケンサーでは1回のランで決定できるDNAの断片は数十万個程度だが、このシーケンサーでは、数百万個の配列を決定することが可能で、しかもその数字は機械の性能が上がるにつれて、さらに増えることが見込めた。また、間もなく、ヌクレオチド30個分を読み取れるようになり、さらに性能が向上すれば、各断片の両端から解読し、全部で60個のヌクレオチドを読み取れるようになるとも言われた。太古のDNAを研究する人にとっては実に興味をそそる話だが、そうでない人も興味を示した。2006年11月、アメリカを拠点とするバイオテクノロジー企業のイルミナがソレクサを買収した。そしてわたしが接触した当時は、ベントレーがその新会社の主席研究員兼副社長を務めていた。

コールド・スプリング・ハーバーの会議で、ネアンデルタール人のプロジェクトについて話したところ、ベントレーは、マンモスかネアンデルタール人から抽出したDNAを送ってもらえれば、イルミナの技術が使えるかどうか試してみようと言った。実を言えば、わたしたちはそのテストを始めていた。その新技術を試したくてたまらなかったので、2007年2月に、最上の状態のマンモスのDNAをケンブリッジのサンガー研究所でソレクサ（当時）のシーケンサーを使っていたジェーン・ロジャースの元へ送ったのだ。しかし、彼女から連絡はなく、コールド・スプリング・ハーバーの会議から戻ったわたしは焦燥感をつのらせ、サンガー研究所との仲介者に、早く結果を、とせっついた。6月初めにデータが戻ってきた。それを見て、エラーの多さに落胆した。ソレクサは、懸命にこの欠陥を改善しようとした。しかし、わたしは、そのシーケンサーは非常に多くの断片を配列決定できるので、エラーが少々多くても問題はないということに気づいていた。原理から言えば、ライブラリのすべてのDNA断片を複数回、配列決定すれば、エラーは簡単に見つかり、また、無視もできる。

もっとも、残念ながらイルミナには454社のようなシーケンシング・センターがなかったので、わたしたちはそのシーケンサーを購入しなければならなかった。人気商品だったので、半年後にようやく入手できた。その頃には、性能が向上して70ヌクレオチドを読み取れるようになっていたが、依然としてエラーは多く、読み取る配列が多くなるほど、エラーも増えた。2008年にはアップグレードして、DNA断片の両端からシーケンシングできるようになった。わたしたちが持っているネアンデルタール人のDNA断片は、平均でヌクレオチド55個分の長さしかないので、両端から読めば、ひとつの配列を二度（逆方向で）読むことになり、より正確な配列の情報が得られるようになる。

イルミナのデータを分析するという難題を引き受けたのは、マルティン・キルヒナーだ。2007年夏にジャネット・ケルソー率いる生物情報科学グループに加わった大学院生だ。少年のようなルックスとチャーミングな笑顔の裏に、傲慢と言っていいほどの自信が感じられた。おそらく彼が個人的に師と仰ぐウドの影響だろう。最初の頃はその自信に何度もいらいらさせられたが、往々にして彼の意見が正しいことにわたしは気づき始めた。実際、彼は非常に有能だった。専門的な問題をすぐ把握し、シーケンサーから続々と吐き出されるデータをいくつものコンピュータに割り振り、シーケンサーを操作している技術員に的確にフィードバックする。何より、彼は猛烈に働く。わたしだけでなくケルソーも、ほかのみんなも、イルミナのシーケンサーを操作し、コンピュータにデータ分析させるのに、マルティンはなくてはならない存在だと感じ始めた。

２００８年初めには、ネアンデルタール人のゲノム解読をそれなりの期間で達成するには、454方式と手を切るしかないということがはっきりしていた。454方式の長所は、長いDNA断片も読み取れることだったが、わたしたちのDNA断片は短いので、何のメリットもなかった。わたしたちが求めているのは、大量の短いDNA断片を、できるだけ早く解析することだ。量に関してはイルミナの方が圧倒的に勝っていた。しかし、454方式からの移行はすんなりとはいかなかった。エド・グリーンたちが懸命に組み立ててきたのは、454方式用のプログラムだったからだ。イルミナ方式に切り替えるには、データ処理の方法をいちから作り直し、別のシークンス・データと統合しなければならない。イルミナのテクノロジーは、誕生して間がなかったので、このような問題を解決する市販のソフトウェアは存在せず、わたしたちはすべてを自力でこなさなければならなかった。

２００８年の夏が近づくと、わたしはますます切羽詰まってきた。7月の半ばには記者会見を開いて2年になる。間に合わないのは確実だが、ジャーナリストが電話をかけてきたら、新たに目指す期限くらいは言えるようにしておきたかった。骨とDNA抽出物は十分揃っており、それでライブラリを作れば、30億ヌクレオチドを解読できるはずだ。しかし、当初の約束通り全ゲノムを解読するには、イルミナ方式に切り替えるしかない。結局、454社にシーケンシングを委託する費用として支払う予定だった多額の金を使って、イルミナのシーケンサーをさらに4台、注文した。5台同時に動かせば何とかなると思ったし、シーケンサーがすぐ納入されれば、年末までに片がつくかもしれないと期待したからだ。わたしは再び協力関係に終止符を打たなければならず、454社のエグホルムと協議するためにデンマークに飛んだ。幸い彼はこちらの事情を理解してくれたが、「エラーだらけのミクロ読み取り機」に乗り換えたことをきっと後悔するだろう、と言った。短い読み取りしかできないイルミナのシーケンサーのことだ。

ひとときの休暇で結婚を実現

このように気分が上がったり下がったりしている最中に、休暇でいったん研究から離れることができたのはうれしかった。7月1日にリンダとハワイ島のコナに飛んだ。この旅の公の理由(そして、わたしがラボの面々に伝えた理由)は、アカデミー・オヴ・アチーヴメントに招待されたことだった。それは毎年開催される会議で、音楽家、政治家、科学者、作家、そして世界各国の大学院生100名が、人里離れた、くつろげる環境に集まり、アイデアと経験を語りあうというものだ。多くの著名な賢人たちと、2、3日一緒に過ごせるのは楽しみだったが、それがハワイに来た第一の理由ではなかった。

この機会にリンダと結婚することにしたのだ。わたしたちは結婚を先延ばしにしてきたが、それはわたしが、結婚を古いしきたりにすぎないと考えていたからだ。でありながら、結婚することにしたのは、主に、ドイツの年金制度を考えると、わたしが先に死んだ場合に備えて結婚しておいたほうがいいという現実的な理由からだった。とは言え、式を挙げるなら、ひそやかで少々風変わりなものにしたかった。そこで、ニューエイジの牧師による海辺での結婚式にした。思いつく限り最高に美しいセッティングだ。牧師は式を始めるにあたって、ハワイの聖霊を呼び出すために、北、東、南、西に向かってホラ貝を長々と吹き鳴らした。わたしたちは誓いの言葉を述べ、牧師はわたしたちを夫婦と認めた。結婚した理由はともあれ、わたしにはこの式が、彼女との間に育んできた深い絆の象徴のように思えた。ミュンヘンで教授をしていた頃には修道士のような暗い生活を送っていたが、リンダと一緒になってから、わたしの人生はずっと豊かになった。2005年に息子のルネが生まれてからは、なおさらである。

海辺の式を終えるとふたりでハイキングに出かけた。リンダはハワイ島の海岸にひとけのない、美しい場所を見つけていた。強い日差しが照りつける中、重いバックパックを背負い、月面を思わせる溶岩床を歩いてその海岸まで行った。そこで、4日間過ごした。始原のままの海辺を裸で散策し、シュノーケリングして魚や亀と戯れ、砂浜の上やヤシの木の下で愛を交わした。太平洋の穏やかな波の音や、ヤシの葉が擦れる音を聞きながら眠りにつくとき、ネアンデルタール人が暮らした亜寒帯のステップははるか遠くにあった。これまでの人生でいちばんと言っていいほど神経が張り詰めていた時期に、完璧な休息をとることができた。

締め切りが近づく中、協力者が現れる

しかしハワイでの休息はすぐ終わった。リンダとハワイから戻って1週間後に、わたしはベルリンで開かれた世界遺伝学会で講演を行った。テーマは、ゲノム解読技術の進歩とmtDNAの解析結果についてだ。発表できることがあまりないことにわたしは苛立ちを覚えた。この学会で

はエリック・ランダーも講演した。当時の彼は、ヒトゲノムを解読しようとする国際的取り組みを支える主要な学者であり、牽引するリーダーでもあった。洞察力に富む、恐ろしく優秀な人物で、ゲノミクスを牽引するボストンのブロード研究所を率いている。これまでわたしは、コールド・スプリング・ハーバーやボストンで何度も彼と会ったことがあり、しばしば彼のアドバイスに助けられた。学会の後、彼はわたしのグループを訪ねてライプツィヒに飛んできた。その時のわたしたちはまだ足踏み状態にあった。新しいイルミナのシーケンサー4台が届いておらず、1台では迅速にデータを出すことができなかった。1回のランに2週間かかり、さらにコンピュータを調整する時間も必要なのだ。ありがたいことに、エリックはイルミナのシーケンサーの絶大なる信奉者で、何台かブロード研究所に所有していたので、協力を申し出てくれた。わたしは一も二もなくその申し出に飛びついた。当初の締め切りにはとうてい間に合いそうにないが、年末までにデータが揃えば、約束した年の内に仕事をやり終えたことになる。

約束した2年という期限が近づいてくると、『ネイチャー』と『サイエンス』の両方から、ネアンデルタール人のゲノムについて論文を寄稿してほしいという依頼があった。1996年にネアンデルタール人のmtDNA配列を決定した時のように、より専門的な生物学雑誌、『セル』に発表しようかとも思ったが、権威あるこの2誌のどちらかで発表することには別の意義がある。その論文は関係する専門家の誰もが見るはずであり、学生やポスドクにとっては、これらの雑誌に論文が掲載されると、キャリア上大きなプラスになるのだ。6月に、『サイエンス』の編集者、ローラ・ザーンが、ネアンデルタール人の論文について話し合うためにわたしたちのもとへやって来た。『サイエンス』の発行元はアメリカ科学振興協会(AAAS)で、ローラの訪問後まもなく、同協会の年次総会に招待された。ネアンデルタール人の研究について講演してほしいというのだ。総会はシカゴで開催され、期日は2009年2月12日から16日までだ。おかげで、遅れることのできない締め切りが決まった。きっと間に合うとわたしは確信していた。そして講演を引き受けた以上、論文は『サイエンス』に送ることになるだろうと思った。

よくあることだが、作業には予想より時間がかかった。イルミナのシーケンサー5台で、特別なタグをつけたネアンデルタール人のDNAライブラリを作り終えたのは10月末だった。わたしたちが所有するイルミナのシーケンサーで各ライブラリの一部の塩基配列を決定し、ライブラリに含まれる分子の数を慎重に算出した。その結果、ライブラリは10億個以上のDNA断片を含むことがわかった。これで、ゲノムの解読を完了するのに必要な材料は揃ったはずだ。わたしたちは、そのライブラリの配列を解読してもらうために、専用のプライマーを添えてブロード研究所に送った。もっとも、同研究所のイルミナシーケンサーが出したデータは、こちらでマルティン・キルヒナーが開発したプログラムで分析することになっていた。そのプログラムは、イルミナが提供する市販のプログラムより多くのヌクレオチドを、少ないエラーで読み取ることができるのだ。マルティンのプログラムが必要とするデータの量は膨大なので、インターネットで送ることはできない。そこで、大容量のハードドライヴで、ボストンからライプツィヒに送ってもらうことにした。

発表6日前、ついに全データが届く。そして衝撃の事実が

2009年1月半ばに、最初の数回分の解析結果が入ったハードドライヴ2個が届いた。ここでネアンデルタール人のDNAにつけたタグが役立った。ブロード研究所から届いたデータのひ

とっくに、これらのタグがまったく見られないことをマルティンが発見したのだ。ブロード研究所で、何か混乱が起きたにちがいない。わたしは驚き、いささか心配した。シーケンシングをこちらでしようかと思ったほどだ。すでに4台のイルミナシーケンサーが届き、稼働していたからだ。しかし、ハードドライヴに入っていたほかのデータは問題がなさそうだったので、引き続きエリック・ランダーにまかせることにした。２００９年2月6日、最後となる18個のハードドライヴがフェデックスで届いた。決して早いとは言えない。６日後の2月12日に、アメリカ科学振興協会の年次総会が始まるのだ。

マルティン、エド、ウドが届いたデータをチェックした。リード（読み取った断片）にはわたしたちのタグがついていて、断片の大きさの分布はこちらのイルミナのシーケンサーで解析したものと同じだった。マッピングの結果も一致した。大いにほっとした。アメリカ科学振興協会は、シカゴ総会での講演とともに記者会見を開く予定でいたので、発表すべきことが何もないという事態をわたしはいちばん恐れていたのだ。これで、ゲノムの1フォウルド・カバレッジ（カバレッジは、ゲノムの総配列数に対する読んだ配列数の総和。１フォウルド・カバレッジ＝ゲノムの総配列数に相当する）に必要な配列を作成したと発表することができる。このプロジェクトを始める時には、社会主義の過去から脱却しつつあるライプツィヒを記者会見の舞台に選んだが、今回の記者会見もライプツィヒで開くべきだと、わたしは思いはじめていた。また、早い段階から支援してくれた454ライフサイエンス社に感謝を示すため、彼らと一緒に臨みたかった。アメリカ科学振興協会が同意してくれたので、2月12日に、454社のメンバーと一緒にライプツィヒで記者会見を開くことにした。ビデオでシカゴに生中継し、総会の参加者とシカゴのメディアが質問できるようにする。その後わたしはシカゴに飛び、15日に講演をする予定だ。

あと6日しかない。わたしはプレスリリースの一番重要な部分とシカゴでの講演の準備に集中した。絶滅した人類のゲノムを総覧するまでには、多くの障害を乗り越えてきた。トミスラヴ・マリシッチがごく微量の放射性同位元素でラベル付けしたことにより、DNAが失われた段階を特定し、修正できるようになった。ライブラリの標識化とクリーンルームでの作業によって混入の問題を排除できた。エイドリアン・ブリッグスとフィリップ・ジョンソンの詳細な調査により、DNAのシーケンシングで起きるエラーのパターンが明らかになった。ウド・シュテンツェルとエド・グリーンが開発したプログラムのおかげで、数々の落とし穴を回避しつつ、ネアンデルタール人のDNA断片を特定し、マッピングできるようになった——そうしたことを語るつもりだった。

また、ネアンデルタール人についても言っておきたいことがあった。10億以上のDNA配列をマッピングする時間はなく、ましてや分析する時間はなかったが、幸い、この半年の間に、ウドをはじめとするメンバーが、454社のシーケンサーで配列決定した1億以上のDNA断片をマッピングしていた。そのおかげで、ネアンデルタール人と現生人類との関連を、わずかながら知ることができた。現生人類に見られる遺伝子の変異のうち、ネアンデルタール人に起因するのではと、他の研究者が疑っているふたつの事例についても、エドは調べていた。

ひとつは、ヨーロッパ人の多くに見られる、17番染色体上の90万塩基からなる部分の逆位（向きが逆になること）である。整然としたアイスランド人（アイスランドでは混血が少なく、古くからの家系図が残っているため、遺伝子研究が進んでいる）の遺伝子データベースで調べたところ、この逆位染色体を持つ女性は、出産率がわずかに高いことがわかった。何人かが予測するように、これはネアンデルタール人由来なのだろうか。エドはわたしたちが得たネアンデルタール人の塩基配列を調べてみたが、その元となったネアンデルタール人3人は、この逆位染色体を持っていなかった。だからと言って、ネアンデルタール人がすべてそれを持っていなかったとは言えず、また、ヨーロッパ人が受け継がなかったという証拠にもならないが、その可能性が低くなったのは確かだ。

もうひとつは、8番染色体上にある、変異によって脳の縮小をもたらす遺伝子に関する主張だ。この遺伝子は正常なものにも地域差が見られ、ヨーロッパとアジアに共通するものは、ネアンデルタール人由来だと一部の学者が示唆していた。しかし、エドによれば、わたしたちが配列したDNAにその遺伝子（ヨーロッパとアジアに見られるもの）はなかった。つまり、そのどちらの事例についても、ネアンデルタール人が現代のヨーロッパ人に遺伝的に影響を及ぼしたという形跡は、認められなかったのだ。わたしはそのような結果が出たことをうれしく思った。10年前にmtDNAのデータから出した結論と一致していたからだ。ところが最後に明らかになった事実に、わたしは愕然とした。

第16章　衝撃的な分析

わたしが2006年から集めていた凄腕科学者のチームは、交配の問題に取り組んでいた。2009年のゲノム配列の発表直前、彼らから衝撃的な報告が

シカゴからライプツィヒに戻る長いフライトの間、わたしはプロジェクトの現状をきちんと見定めようとした。必要なDNA配列はすべて作成したが、これからが勝負だ。最初にしなければならないのは、イルミナのシーケンサーで塩基配列決定したすべてのDNA断片を、チンパンジーのゲノムと、仮想の「人類とチンパンジーの共通の祖先」のゲノムにマッピングすることだ。わたしのグループは総力をあげて、454社用に開発したアルゴリズムを、イルミナ用に変更しようとしていた。

それが完了すれば、ネアンデルタール人とわたしたちの関係にまつわる疑問をいくつか検証することができる。両者の系統はいつ分かれたのか、どのくらい違うのか、混血は起きたのか、現代人とネアンデルタール人に共通する興味深い遺伝子の変異は見られるか、といったことだ。答えを出すには、わたしたちのグループのメンバーだけでは足りなかった。世界各地の多くの人の

協力が必要だった。

オールスターメンバーをスカウトしなくてはならない

２００６年の時点でわたしは、自分たちのプロジェクトが歴史的快挙と見なされているのは、絶滅した人類のゲノムを世界で初めて解読しただけでなく、少人数の研究者集団が、ひとつの哺乳類の全ゲノムを初めて解読しようとしたからだとわかっていた。それまでこのようなプロジェクトは、大規模なシーケンシング・センターでしかできなかったのだ。もっとも、そんな大規模なセンターでも、ゲノムの異なる側面を分析するには、よその機関と協力しなければならない。どう考えても、わたしたちもどこかと手を結ぶ必要がある。そういうわけでわたしは、今後どのような専門家の力が求められるだろう、自分は誰と一緒に研究したいのだろう、と考えはじめた。

いちばん必要とされるのは集団遺伝学者だった。彼らは、種間や個体群間のＤＮＡ配列の違いを調べて、過去にその種や個体群に何が起きたかを推察する。いつ系統が分岐したか、遺伝子の交換は起きたのか、淘汰が働いたのか、といったことを明かすのだ。わたしたちのグループの集団遺伝学者であるマイケル・ラックマンとスーザン・プタクもこうした謎のいくつかに取り組んでいたが、明らかにもっと多くの人材をわたしたちは必要としており、迎え入れるならトップレベルの学者を、とだれもが考えていた。

プロジェクトが軌道に乗るとさっそく、これぞと思う人に打診しはじめた。大半はアメリカにいて、ほとんどの人が参加を望んだ。何といっても、大方の研究者が配列決定は無理だと思っていたゲノムを研究するまたとない機会なのだ。しかし、わたしたちが求めていたのは、少なくとも２、３か月はこのプロジェクトにフルタイムかそれに近い形で専念できる人材だった。そうすれば分析を早く終えられるからだ。これまでわたしは、中心となる人々がいくつも仕事を抱えていたせいで、何か月も、あるいは何年も、だらだらと時間がかかったゲノムプロジェクトの例をいくつも見てきた。今回の候補者のために断っておくと、何人もの人がこちらの条件を聞いて、他の仕事がいくつもあるからと辞退した。

とりわけ招き入れたいと思った人物は、デヴィッド・ライシュである。ハーバード・メディカル・スクールの若手の教授で、かなり型破りな集団遺伝学者だ。ハーバードで物理学を学んだ後に、オクスフォード大学の博士課程で遺伝学を学んだ。２００６年９月に彼をライプツィヒに招いたことがあった。こちらで彼は、その年の夏に共同研究者と『ネイチャー』で発表し、議論を呼んだ論文について講演した。(注1)「人間とチンパンジーの系統は枝分かれした後も、１００万年にわたって交配し、その後、完全に分かれた」というのが論文の主旨である。ライシュと話をするのは実に刺激的だった。正直なところ、彼があまりに優秀なので、わたしは少々怖気づいていた。頭の回転がすこぶる速く、次から次に新たなアイデアを口にするので、わたしの頭が追いつかないことさえあった。しかし、その突き抜けた優秀さを、想像しうる限り最も親切で穏やかな性格がうまく中和していた。また彼は驚くほど学問上の名誉には無頓着だった。わたしと同じで、興味を惹くテーマに真摯に取り組んでさえいれば、自ずと、学界での地位や助成金はついてくると思っているのだろう。ライプツィヒへ来た彼に、わたしはネアンデルタール人プロジェクトについて説明し、ボストンに戻る飛行機の中で目を通してほしいと、予備研究の論文を渡した。数日後、その論文についての6ページにわたる詳細なコメントが送られてきた。ネアンデルタール人のゲノムを共に研究する仲間として、彼が理想的な候補者であるのは確かだった。

また、ライシュと共に研究するということは、その驚くほど優秀な頭脳だけでなく、彼の研究仲間であるニック・パターソンのユニークな能力もプロジェクトに引き込むことを意味した。パターソンはライシュ以上に変わった経歴の持ち主だ。ケンブリッジ大学で数学を学んだのち、20年間にわたってイギリスの諜報機関で暗号解読に携わった。聞くところによると、当時の彼は、英米の諜報機関でトップクラスの暗号解読者だったそうだ。諜報機関を辞めた後、彼の興味は、金融市場の予測に向かった。2000年までに、一生豊かに暮らせるだけの金をウォールストリートで稼いだ。しかし知的好奇心は尽きず、ボストンのブロード研究所の前身に移り、そこで作成される大量のゲノム配列の解読に、自らの暗号解読能力を発揮することにした。そこで彼はライシュと出会ったのだ。パターソンは子どもがイメージする風変わりな天才科学者そのものである。先天性の骨の病気のせいで頭が異様に大きく、左右の目は違う方向を向いていて、高度な数学の問題のことばかり考えているように見える。後にわたしは、彼が仏教徒だと知った。わたしが長年興味をもちつつも、恥ずかしながらあまり熱心に取り組んでいない禅宗の信徒だった。彼は、大量のデータに隠れているパターンを見抜く超人的な能力を持っている。パターソンとライシュがこのプロジェクトに参加してくれるかもしれないと思うと、ぞくぞくした。ふたりには、プロジェクト期間中、75パーセントの時間をライプツィヒで過ごすことを求めた。彼らはそれは無理だと言いながらも、できるかぎりネアンデルタール人のゲノム解読に注力することを誓い、「あなたの期待をはるかに上回る成果を出しましょう」と言った。

わたしが欲したもうひとりの集団遺伝学者は、モンゴメリー・スラトキン、通称、モンティだ。彼はカリフォルニア大学バークレー校を拠点にしており、初めて会ったのは、わたしがポスドクとしてアラン・ウィルソンの下で研究していた1980年代のことだった。モンティは数理生物学者として長く輝かしいキャリアを誇り、知恵と経験の証である冷静さとバランス感覚を備えていた。多くの優秀な学生を育て、後にその学生たちはさまざまなグループのリーダーとなった。当時彼の下で研究していた若手も、皆、有望な人ばかりだった。とりわけずば抜けていたのはフィリップ・ジョンソンである。エイドリアン・ブリッグスとともに、ネアンデルタール人の塩基配列のエラーのパターンを特定した人物だ。モンティがわたしたちのコンソーシアム（協力体制）に参加したいと言っていると聞いて、わたしは大喜びした。それは何より、彼の科学的なスタイルが、ライシュとパターソンのスタイルと好バランスになると思ったからだ。ライシュとパターソンは、過去の個体群に起きたことを、精緻なアルゴリズムによって推測しようとするが、モンティはまず個体群のモデルを構築し、それが観察された配列のバリエーションに一致するかどうかを見ようとするのだ。

最大の疑問——ネアンデルタール人は現生人類と交配したのか

コンソーシアムが取り組んだ最初の課題は、最も熱い議論が交わされているものだ。すなわち、ネアンデルタール人のDNAは、現在のヨーロッパ人に何らかの影響を与えたのだろうか？　何と言っても彼らは、およそ4万年前に現生人類が現れるまで、ヨーロッパ全域で暮らしていたのだ。初期のヨーロッパ人の骨格にネアンデルタール人の形質が見られると主張する古生物学者もいた。しかし、大半の古生物学者はこの見方に異を唱えており、また、1997年にネアンデルタール人のmtDNAを分析したわたしたちの論文も、現代のヨーロッパ人はネアンデルタール人のmtDNAを受け継いでいないという結論だった。核DNAの分析だけがこの問いに確かな答えを出せるはずだ。

なぜ核DNAの分析がmtDNAの分析よりもパワフルなのかを理解するには、核DNAは30

億以上のヌクレオチドからなるが、ｍｔＤＮＡはわずか1万6500ヌクレオチドでできていることを思い出す必要がある。加えて、核ＤＮＡは世代が替わるごとにシャッフルされ、2本1組の染色体は一部を相手と交換してから、1本ずつに分かれ、子孫に受け継がれていく。このシャッフリングと、核ＤＮＡの巨大さを考えると、もしネアンデルタール人と人類が交配していれば、その痕跡が核ＤＮＡに残る可能性は高い。

両者の交配から生まれた子どもは、両グループからＤＮＡをおよそ50パーセントずつ受け継ぐ。その子どもが成長して現生人類との間に子どもをもうけたとすると、その子はネアンデルタール人のＤＮＡを約25パーセント受け継ぐ。その次の代は12・5パーセント、そのまた次の代は6パーセントといった具合だ。このシナリオでは、ネアンデルタール人のＤＮＡの割合はどんどん下がっていくが、核ＤＮＡの6パーセントといえば、1億ヌクレオチドを超える。そして最終的に、ネアンデルタール人のＤＮＡが個体群全体に拡散すれば、全員がいくらかそれを有することになる。この時点では、ある子どもの両親はどちらも、ほぼ同じ割合でネアンデルタール人のＤＮＡを持っており、したがって、その割合がさらに下がることはなく、ネアンデルタール人のＤＮＡは永久にその個体群に残る。

また、交配が実際に起きたのであれば、一度だけということはあり得ない。そして、交配から生まれた子どもを含む個体群が膨張（人口増加）したのであれば、ひとりがひとり以上の子どもをもうけたことになり、ネアンデルタール人のＤＮＡが絶えることはない。現生人類はヨーロッパに来てから人口が増加し、ネアンデルタール人に取って代わったので、交配が起きたのなら、その痕跡はわずかではあっても残っているはずだ。しかし、ｍｔＤＮＡにはその痕跡がまったく見つからなかったので、交配は起きなかったという見方にわたしは傾いていた。

そもそもわたしは、ネアンデルタール人が現生人類のＤＮＡに寄与したという見方に懐疑的だった。それは、生物学的な理由から、両者の交配は成功しなかったと見ていたからだ。ネアンデルタール人と現生人類がセックスをしたのはほぼ確実だが――ヒトの中にそうしないグループがいるだろうか？――、いくつかの要因から、両者の子どもは不妊になった可能性が高い。人間の染色体は23対、チンパンジーとゴリラは24対だ。これは、人間の染色体の中で二番目に大きい第2染色体が、類人猿が持っている、より小さな2個の染色体の合体したものだからだ。このような染色体の変化は進化の過程でときどき起こり、通常はゲノムの機能に影響しない。しかし、染色体数が異なる生物が交配して生まれた子どもは、不妊になりがちだ。もし第2染色体が生じたのが、現生人類とネアンデルタール人が分岐した後なら、両者が交配しても、子どもは生まれず、ネアンデルタール人のＤＮＡが受け継がれることはない。

しかし、これはあくまで推測にすぎず、わたしたちが求めていたのは確かな答えだった。そしてそれを知る最善の方法は、ネアンデルタール人のゲノムと現生人類のゲノムを比べ、ネアンデルタール人のゲノムが、彼らが一度も住んだことがないアフリカの人間のゲノムよりも、彼らが住んでいたヨーロッパの人間のゲノムに近いかどうか見ることだった。

ネアンデルタール人とヨーロッパ人を比較する

２００６年10月、ライシュとパターソンはすでにこのプロジェクトに没頭していた。ふたりは今回の共同研究のもうひとりのメンバーであるジム・マリキンと一緒に研究していた。ジムはメリーランド州ベセスダのアメリカ国立ヒトゲノム研究所のゲノム解読グループの責任者だ。物腰が柔らかく親切で、彼を見ているとわたしはクマのプーさんを思い出すのだが、きわめて有能なクマさんである。彼は現代のヨーロッパ人とアフリカ人、数人のゲノムをシーケンシングした。それらのゲノムとネアンデルタール人のゲノムを比べるために、彼は、人によってヌクレオチドが異なる位置を特定した。先に述べたように、そのような位置は、一塩基多型（ＳＮＰ）と呼ばれ、遺伝子検査の基礎になっている。

１９９９年、アレックス・グリーンウッドが史上初の氷河期のＳＮＰを発見したときの興奮を、わたしは今も忘れられない。彼はマンモスの核ゲノムの塩基配列を解読し、両親から受け継いだ染色体が互いに異なる位置を発見したのだった。わたしたちは、人間で特定されている数多くのＳＮＰを分析し、およそ4万年前にネアンデルタール人がどのＳＮＰを持っていたかを調べたかった。４万年前と言えば、マンモスが暮らした氷河期よりずっと昔のことだ。長年にわたってこの目標に向かって研究を続けてきたが、それはまだＳＦの世界のことのように思えた。

なぜＳＮＰによってネアンデルタール人と現生人類が交配した痕跡を探すことができるかを理解するには、１９９６年に最初のネアンデルタール人のｍｔＤＮＡでそれを調べた時の論理に戻る必要がある。その時わたしたちは、ネアンデルタール人はヨーロッパと西アジアにしかいなかったので、彼らのｍｔＤＮＡの痕跡が残っているとしたら、その地域に住む人に検出されるはずだと予測した。つまり、もしネアンデルタール人と現生人類が交配したのであれば、現在生きているヨーロッパ人の中に、4万年ほど前までネアンデルタール人のものだったｍｔＤＮＡを持っている人がいると考えられるのだ。その場合、ネアンデルタール人のｍｔＤＮＡは、アフリカ人のｍｔＤＮＡよりも、ヨーロッパ人のｍｔＤＮＡに似ているはずだ。しかし、その証拠は見つからなかったので、ネアンデルタール人は現生人類のｍｔＤＮＡに寄与しなかったと結論した。

核ゲノムについても、同じ理屈が成り立つ。世界のどこでもネアンデルタール人の影響が現生人類に及んでいないのであれば、どの個体で調べても、どのSNPで調べても、ネアンデルタール人のゲノムは、現生人類のすべての個体群のゲノムと等しく異なるはずだ。一方、もし特定の個体群に寄与したのであれば、その個体群のゲノムは、ほかの個体群のゲノムよりもネアンデルタール人のゲノムに近いだろう。そこで、ライシュとパターソンとジムは、ジムが塩基配列を解読したアフリカ人ひとりと、ヨーロッパ人ひとりを取り上げ、異なるSNPを特定した上で、ネアンデルタール人のゲノムが、両者のゲノムとどのくらい一致するかを調べることにした。もしネアンデルタール人がヨーロッパ人に近いのであれば、ネアンデルタール人からヨーロッパ人の祖先に遺伝子が寄与されたことになる。

2007年4月、コールド・スプリング・ハーバー研究所のゲノム生物学会議に備え、ジムとライシュは、454社のテクノロジーでシーケンシングしたネアンデルタール人の塩基配列の、最初の分析結果を送ってきた。彼らはまず現在のあるヨーロッパ人のSNP——別の（基準）ヨーロッパ人とアフリカ人とで異なるSNP——を調べた。するとそのヨーロッパ人のSNPの62パーセントが基準にしたヨーロッパ人と同じで、38パーセントがアフリカ人と同じだった。予想どおり、同じ地域に住む人どうしの方が、別の地域に住む人とより、SNPの共有率が高かった。

それを確認した上で彼らは、ネアンデルタール人の塩基配列上の269か所——ヨーロッパ人とアフリカ人で異なる位置——を調べた。すると、ヨーロッパ人とは134か所が同じで、アフリカ人とは135か所が同じだった。これは限りなく50パーセントに近い値で、交配はなかったとするわたしの見方を裏づけた。この結果は別の理由からも好ましかった。このネアンデルタール人のDNAが、ヨーロッパ人のものともアフリカ人のものとも、相違が等しいということは、現代人のDNAがほとんど混入していないという証拠なのだ。もし、汚染が起きたとしたら、おそらくそれはヨーロッパ人のものであり、この「ネアンデルタール人」のDNAはアフリカ人よりヨーロッパ人に近いという結果が出たはずだ。

２００７年5月8日、ゲノム生物学会議が始まる前日に、正式に「ネアンデルタール・ゲノム解析コンソーシアム」と命名されたグループのメンバーが、初めてコールド・スプリング・ハーバー研究所に集結した。会議が始まると、わたしは、ライブラリの汚染を排除するために導入したタグについて説明した。わたしたちは、タグを用いる方法によって、ヴィンディヤ洞窟の骨から１２０万ヌクレオチドの配列を決定していた。ネアンデル谷の基準標本からは約40万ヌクレオチドの配列を得た。それは１９９７年にｍｔＤＮＡの断片を配列決定した骨だ。さらにスペインにあるエル・シドロン渓谷で発掘した骨からは、30万ヌクレオチドの配列を得た。そこではハビエル・フォルテアと彼の仲間が、無菌状態を保って骨を集めてくれた。

骨の発掘現場の話は、塩基配列の情報をどうやって骨から取り出し、解読するかとか、その情報をどう分析するかといった技術的な話がつづく中で、ちょっとした息抜きになったようだ。聴衆は、ネアンデルタール人は、ヨーロッパ人ともアフリカ人とも等しく遠いようだという説明に聞き入っていた。しかし、デヴィッド・ライシュがいみじくも指摘したように、わずか２６９個のＳＮＰを見ただけでは、ネアンデルタール人がヨーロッパ人のＤＮＡに寄与していたとしても、その大半を見逃してしまうだろう。

実のところ、「ネアンデルタール人のＳＮＰとヨーロッパ人のそれは49・8パーセント一致した」という見積もりの、信頼度90パーセントの区間は45・0パーセントから55・0パーセントである。つまり、「ネアンデルタール人はヨーロッパ人のゲノムに5パーセント以上は寄与しなかのゲノムに5パーセント以上寄与した確率が10パーセント残されているのである。このような厳密さゆえに、考古学的分析よりも分子遺伝学的分析のほうがはるかにすぐれているとつくづく感じた。ネアンデルタール人の骨の形状や穴や隆起について議論するだけだったら、自分たちが発見したものをどれほど理解しているか、現実的な見積もりはできなかっただろう。また、この問題を解決するためのデータを、確信を持って集めることもできなかったはずだ。すべてはDNAがあればこそ可能だったのだ。

ライシュは、ジムが現生人類から検出したSNPを他の分析にも用いた。チンパンジーのSNPと比べて、そのアレル（対立遺伝子）のどちらが「祖先型アレル」で、どちらが新しく獲得した「派生型アレル」かを調べたのだ。ネアンデルタール人と現生人類が分岐した時代に遡るほど、現代人が持つ派生型アレルをネアンデルタール人が持つ可能性は低くなる。ライシュがアフリカ人に発見されてきた951個のSNPについて調べたところ、現代のヨーロッパ人のそれらは31・9パーセントが派生型アレルだった。一方、ネアンデルタール人では、派生型アレルは17・1パーセントだった。現代のヨーロッパ人の値の約半分である。人口が増減しない等の仮定において、この数字からネアンデルタール人はアフリカ人から30万年ほど前に分岐したと考えられる。これも歓迎すべき結果だった。ネアンデルタール人が現代人とはまったく違う歴史をもつことをそれは語っていたからだ。ところが、ライシュがまた、データが少ないことを指摘して、わたしの喜びに水を差した。実のところ、ネアンデルタール人の派生型アレルの17・1パーセントという数値の90パーセント信頼区間は11パーセントから26パーセントになり、ヨーロッパ人にかなり近づくのだ。それでも、わたしたちは正しい方向に進んでいた。

大一番直前に届いた意外なメール

イルミナのシーケンサーに替えて、シーケンシングのペースが格段に速くなると、コンソーシアムのメンバーとの月二度の電話会議は長くなり、結局、毎週開くことになった。２００９年１月、アメリカ科学振興協会の年次総会が近づくと、わたしはライシュとパターソンに、４５４社のテクノロジーで作成したデータの分析を急ぐようせっついた。それは、わたしたちが持つデータの20パーセントに相当した。その時点で、わたしはまだネアンデルタール人と現生人類が交配したとは思っていなかったが、仮にネアンデルタール人がヨーロッパ人のゲノムに寄与したとして、最大何パーセントまで検知されないかを、ライシュに割り出してもらいたかった。つまり、最大何パーセントまで、その影響を無視できるかということだ。その数値こそ、わたしが記者会見とアメリカ科学振興協会の年次総会で提示したかったものだ。

２００９年2月6日、ライシュからメールが届いた。そこには「ネアンデルタール人のゲノムはアフリカ人のゲノムより非アフリカ人のゲノムと深いつながりがあるという強い証拠が出た」とあった。わたしは思わずのけぞった。ネアンデルタール人の塩基配列とヨーロッパ人の塩基配列ではSNPが51・3パーセント一致したそうだ。これは50パーセントと大差ないように思えるかもしれないが、この時点ではもう膨大なデータが集まっており、不確実性はわずか０・２２パーセントだった。51・3から０・２２を引いても、まだ50パーセントより多い（51・０８パーセント）。わたしは、考えをあらため、ネアンデルタール人とヨーロッパ人の祖先の間に遺伝的混合があったと認めざるを得ないかもしれない。

しかし、別の結果は、分析自体に問題がある可能性を示していた。ライシュが中国人のゲノムと比較したとき、中国にネアンデルタール人はいなかったにもかかわらず、ネアンデルタール人のSNPは中国人のそれと51・54パーセントの割合で一致し、不確実性は0・28パーセントで、やはり50パーセントより多かったのだ（51・26パーセント）。ライシュ自身、この結果に興味を惹かれ、また心配してもいた。わたしも彼も、この発見は非常に面白いものではあるが、ひどく間違っている可能性もあるという結論を下した。メールを慌ただしくやりとりし、ライシュとパターソンとわたしは、記者会見とアメリカ科学振興協会年次総会では、交配については触れないでおこうということで一致した。もしそれを明かせば、メディアがこぞって書き立てるだろう。あとで間違いだとわかれば、ずいぶん恥ずかしい思いをする。そこで、シカゴではそれほどホットでない事柄について説明し、交配の可能性については、アメリカ科学振興協会の総会のすぐ後で、コンソーシアムがクロアチアで開く記者会見まで伏せておくことにした。

第17章　交配は本当に起こっていたのか？

ゲノム解読には成功したものの、彼らと現生人類が交配したらしいという分析は、慎重に検証する必要がある。しかしライバルの存在にわたしは焦っていた

シカゴから戻った2日後、わたしはまた飛行機に乗っていた。今度の目的地はザグレブで、クロアチア科学芸術学会でこのプロジェクトについて講演するためだ。翌日、南のドゥブロヴニクに飛んだ。コンソーシアムのメンバーとクロアチアの協力者が、郊外の海沿いのホテルに集まることになっていた。ゲノム解読の成功を祝うだけでなく、そのゲノムをどう分析し、公表するかについて話しあうためだ。

だが予定通りにはいかなかった。ドゥブロヴニク空港は山と海の狭間にあり、強い横風が吹くことで知られる。1996年にアメリカ商務長官のロン・ブラウンが飛行機事故で亡くなったのはこの空港である。アメリカ空軍の調査によると、墜落の原因は、操縦士のミスと着陸滑走路の設計のまずさだった。空港に近づくにつれて風が強くなり、機体が上下に揺れた。賢明な判断だったと思うが、クロアチア人のパイロットはドゥブロヴニクに着陸するのを諦め、230キロメ

図17.1　2009年2月、クロアチア・ドゥブロヴニクのコンソーシアムの会合。写真：S・ペーボ、MPI-EVA.

ートル離れたスプリト空港に着陸した。もう夜は更けていたが、それから乗客たちはバスに詰め込まれ、ドゥブロヴニクまで夜通しのドライブとなった。翌朝9時に最初のセッションが始まった時、わたしは疲れ切っていた。

そんな状態ではあったが、会議場に25人からなるコンソーシアムのほぼ全員が揃っているのを見て、俄然やる気が湧いてきた（図17・1参照）。これから皆で協力して、4万年前のゲノム配列から情報を引き出すのだ。初めにわたしがデータの概要を述べた。続いてトミが、ライブラリを整えるまでの技術的なことを説明した。次にエドが、現代人のDNAによる汚染のレベルを推定した手法を披露した。それは2006年に論文を発表して以来の懸念事項だった。従来のmtDNAによる分析では、汚染率は0・3パーセントだったが、この会合までに、わたしたちはmtDNAに頼らない分析手法を編み出していた。その手法では、ゲノムの特定の部位、具体的にはXとYの性染色体から得た断片を大量に使う。女性はX染色体が2本、男性はX染色体とY染色体を1本ずつ持っているので、骨が女性のものならY染色体の断片は含まないはずだ。したがって、女性の骨のライブラリで見つかったY染色体の断片は、現生人類の男性のものが混入したと考えられる。

この分析方法は、ライプツィヒの金曜ミーティングで提案され、当初はごく簡単にできるように思えた。だが、エドが試してみると、思ったほど簡単ではなかった。X染色体とY染色体は形や大きさがはっきり異なるが、部分的に進化的なつながりを共有している。そのつながりゆえに両者の配列には同じ部分があり、短い断片ではどちらのものかわからないのだ。この問題を回避するために、エドは、30ヌクレオチド程度に区切っても間違いなくY染色体のものとわかる配列を、11万1132ヌクレオチド分、特定した。そして、ネアンデルタール人のDNA断片を調べたところ、それらの配列をもつ断片はたった4つだった。わたしたちが使ったネアンデルタール人の3本の骨がすべて男性のものなら、Y染色体の断片は666個見つかる計算だ。このことから彼は、骨はどれも女性のものであり、見つかったY染色体の断片は汚染によるものと結論づけた。その汚染率は約0・6パーセントだった。ただ、この見積もりは完全なものではない。と言うのは、男性のDNAによる汚染しか検出できないからだ。それでもこの結果は、汚染率が低く、mtDNAによる推定とほぼ一致することを示していた。

わたしたちは他に汚染を調べる方法はないだろうかと話し合った。カリフォルニア大学バークレー校のモンティのグループに所属するフィリップ・ジョンソンは、現代人の大半は派生型アレルを持ち、ネアンデルタール人は祖先型アレルを持つ部分を調べてはどうか、と提案した。そして、ネアンデルタール人のそれが派生型になっていた場合、それが、ネアンデルタール人におけ

いた。

ても汚染率は一致し、それは、わたしたちが決定したゲノム配列が申し分のないものだと語って

自身がやってみたところ、汚染率はやはり1パーセント未満だった。こうして、どの方法で調べ

したのか、それぞれの確率を数学的なアプローチによって調べよう、と言った。そして後に、彼

る通常の変異のせいなのか、シーケンシングのエラーなのか、あるいは現生人類のＤＮＡが混入

ネアンデルタール人と現代人の共通祖先はいつ生きていたか

マルティンは、イルミナのデータについて語った。そのデータのマッピングはまだ終わってい

なかった。データは、これまで塩基配列を解読した断片の80パーセント以上、およそ10億ものＤ

ＮＡ断片で構成されている。議論の大半は、ウドが直面していた難題――ドイツにあるコンピュ

ータ群でこれらを迅速にマッピングできるよう、コンピュータのアルゴリズムを変更するという

難問――に集中した。ウドがすべての断片をマッピングし終えるまで、ゲノムの分析は始めるこ

とができないのだが、その分析方法についてもわたしたちは話しあった。最初の疑問は、ネアン

デルタール人のゲノムと現生人類のゲノムはどれほど違うのかということだ。容易に答えられそ

うな疑問だが、太古のＤＮＡで起きた変異や、シーケンシングのエラーがそれを阻む。イルミナ

の技術では、１００ヌクレオチドにつき1件、エラーが発生していた。これを補正するために、

何度も同じ断片のシーケンスを繰り返した。それでもエラー発生率は「ゴールド・スタンダード

（最も信頼できる基準）」であるヒトゲノム参照配列の5倍も多かった。この状況では、ネアンデ

ルタール人のゲノムとヒトゲノムとの相違の大半は、ネアンデルタール人のゲノム解読時に起き

たエラーと言わざるを得ない。

エドはこの問題を回避する方法を見つけた。その方法では、ヒトゲノム、類人猿のゲノム、ネアンデルタール・ゲノムの違いを調べる。まず、ヒトゲノムと、チンパンジーおよびマカクザルのゲノムとで異なる位置をすべて特定する。そしてネアンデルタール・ゲノムのその位置のヌクレオチドが、現生人類と同じか、あるいは類人猿と同じかを調べる。それが、現生人類と同じであれば、変異の歴史は古く、ネアンデルタール人と人類が分かれる前に起きたことになる。一方、それが類人猿と同じなら、ヒトゲノムに見られる変異は人類とネアンデルタール人が分かれた後に起きたことになる。したがって、(類人猿から分かれた後に)ヒトゲノムで変異が起きたすべての場所で、ネアンデルタール人が類人猿と同じヌクレオチドを持つ割合を出せば、ネアンデルタール人と人類が分かれた時期を特定できる。その割合は12・8パーセントだった。

わたしたち(およびネアンデルタール人)とチンパンジーの共通の祖先が、650万年前に生きていたとすると、わたしたちとネアンデルタール人の共通の最後の祖先は83万年前(650万年×12・8%)に生きていたことになる。エドが数組の現代人どうしについて同じ計算をしたところ、共通の祖先はおよそ50万年前に生きていたことがわかった。したがって、ネアンデルタール人と現代人とのつながりは、現代人どうしに比べて明らかに遠い。言い換えれば、わたしとネアンデルタール人とのつながりは、わたしとドゥブロヴニクのこの部屋にいる人とのつながりに比べて、およそ65パーセント(83÷50＝1・66)遠いことになる。日光が差し込むこの部屋にいる何人かの友人の顔をそっと見て、ネアンデルタール人がそこに座っている姿を想像しないではいられなかった。自分がネアンデルタール人とよりも彼らとどのくらい密接につながっているかを、初めて明確な数字で知ることができたのだ。

本当に交配したかを何重にもチェックする方策

皆の頭にあった最大の疑問は、ネアンデルタール人と現生人類が交配したかどうかだった。これに答えたのはライシュである。彼はドゥブロヴニクに来られなかったので、スピーカーフォンで、交配の可能性はあるという自らの分析結果について説明した。わたしたちはその結果について意見を交わしたが、セッションだけでは時間が足りず、コーヒーブレイクでも、主催者が用意してくれた地中海料理の豪華なディナーの席でも、延々とそれについて語り合った。翌朝、ヨハネスとふたりでドゥブロヴニク郊外をランニングした時も、この問題について話し続けた。話に夢中になり、街の中心部に残る中世の美しい街並みも、近年のバルカン紛争が残した爪痕も目に入らなかった。ただ、舗装道路から外れないよう気を配ることだけは忘れなかった。地雷を踏む恐れがあるからだ。会話はどうしても現生人類とネアンデルタール人が親密な関係になったかどうかということに集中した。3万年前まで、ネアンデルタール人は今わたしたちがジョギングしているこの地に住んでいたのだ。

ひとつ心配だったのは、わたしたちが出した結論が、パターソンが数えたネアンデルタール人とアフリカ人、ヨーロッパ人、中国人とのヌクレオチドの一致だけを根拠としていたことだ。パターソンのコンピュータ・コードにエラーがあれば、それで終わりだ。パターソン自身、そのコードはチェックが必要だと言っていた。エラーの原因は、現生人類のゲノムを解読するのに使われた技術の、微細ながら系統的な違いかもしれないし、ジム・マリキンがネアンデルタール人のゲノムをヒトゲノム参照配列にマッピングしたやり方がよくなかったのかもしれない。小さなエラーでも、その影響は甚大だ。わずか1パーセントか2パーセントの違いについて議論しているのだから。
セッションでは、パターソンとライシュの結果をチェックするための作業リストを作成した。ジムは、自分が解読した現生人類のゲノム配列を、ヒトゲノムではなくチンパンジーのゲノムと比較することにした。ヒトゲノム参照配列がヨーロッパ人ひとりとアフリカ人ひとりに由来することから生じるバイアスを排除するためだ。だが、それに加えて、わたしたち自身が、現代人のゲノム配列を解読する必要があるだろう。そうすれば、ネアンデルタール人のゲノムと現代人のゲノムは、配列も分析もまったく同じ方法で行ったと胸を張って言うことができる。その過程に系統的な問題があれば、両方の配列に同じタイプのエラーが含まれるはずだ。対象とする現代人は、ヨーロッパからひとり、パプアニューギニアからひとり選んだ。奇妙な選択に思えるかもしれないが、ヨーロッパ人だけでなく中国人のゲノムにも交配の痕跡が見られる、という興味深い結果ゆえだ。

常識では、ネアンデルタール人は現在中国がある地域に住んだことはないとされている。しかしわたしはずっと、この考古学の常識を疑っていた。「ネアンデルタール人のマルコ・ポーロ」が中国まで足を伸ばした可能性はないだろうか？　加えて、ヨハネスは2007年に、ネアンデルタール人――もしくはネアンデルタール人のmtDNAを持つ現生人類――がシベリア南部に住んでいたことを示した。考古学者がネアンデルタール人の居住地の東の限界と見ていたラインより2000キロメートルも東である。その一部が中国に到達したとは考えられないだろうか。

一方、パプアニューギニアにネアンデルタール人が住んだことはないと断言できる。したがって、もしパプアニューギニア人にも交配の痕跡が見つかれば、ネアンデルタール人の遺伝子は、パプアニューギニア人の祖先がパプアニューギニアに行く前に、そのゲノムに混じったことになる。おそらくは、中国人とヨーロッパ人が分かれる前だっただろう。ゲノム配列を解読する対象には、アフリカ西部の人、アフリカ南部の人、中国人も入れた。この5人のゲノムを同じように分析し、これまでの結果が正しいかどうか確認することにした。

ドゥブロヴニクでの会合は素晴らしい晩餐で幕を閉じた。次々においしい料理が運ばれ、皆ぞんぶんに食べ、楽しく酔った。これまで何度も共同研究をしてきたが、このコンソーシアムほど素晴らしいグループは初めてだった。それでも、このプロジェクトを早く完結させなければという強い焦りを、わたしは感じていた。ディナーの最中にも、ぐずぐずしている余裕はないということをわたしは強く語った。理由はふたつある。ひとつは、アメリカ科学振興協会主催の記者会見以来、世界がわたしたちの結果を待ち望んでいるということで、もうひとつは、バークレーのエディ・ルービンがネアンデルタール人の骨を持っており、それで何をしているかわからないということだった。わたしはめったに悪夢を見ないが、こちらが論文を発表する1週間前に、バークレーのグループが全く同じ洞察を盛り込んだ論文を発表した夢を見たことを、彼らに打ち明けた。

思わぬ病と、父とのつながり

翌朝、ドイツまでのフライトはずっと寝ていた。ライプツィヒに戻ってすぐ風邪で寝込み、そのうち熱も出てきて、息をすると胸が痛むようになった。病院へ行くと肺炎と診断され、抗生物質を処方された。だが、家に戻ると、急いでもう一度病院に来るようにと電話があった。血栓が見つかったのだ。CTの画像をよく見ると、両肺のかなりの部分が血栓で覆われていた。ぞっとした。複数の小さい血栓ではなく、大きな血栓が肺の血管に流れ込んでいたら、わたしは死んでいただろう。医師は、何回も飛行機に乗ったことと、もしかしたら夜通し満員のバスでスプリトからドゥブロヴニクまで行ったのがよくなかったのだろうと言った。

半年ほど抗凝血剤を飲むよう指示されたが、わたしは、他に治療法はないだろうかと、自分のことなので熱心に探し始めた。すると驚いたことに、父であるスネ・ベリストロームが1943年に書いた論文に行きあたった。それはヘパリンの化学構造を説明するものだった。ヘパリンは病院へ最初に行った時に処方された薬で、おそらくそのおかげで命拾いしたのだ。おもしろい偶然だと思いつつ、心は揺れた。自分の生い立ちを思い出したからだ。わたしは婚外子だった。父は著名な生化学者で、プロスタグランジンを発見した功績により1982年にノーベル賞を共同受賞した。プロスタグランジンは一群の不飽和脂肪酸で、人間の体内でいくつも重要なはたらきをしている。父とは大人になってからたまに会う程度だった。父については知らないことばかりで、ヘパリンの構造を研究していたというのも、そのひとつだった。父親のことを知らないという悲しさゆえに、3歳になる息子の成長をそばで見届けたいと強く思っていた。息子にはわたしのことをよく知ってもらいたい。そしてわたしはネアンデルタール人のプロジェクトが無事完了するのを見届けたい。今死ぬわけにはいかないのだ。

第18章　ネアンデルタール人は私たちの中に生きている

2009年5月から現代人のゲノムとの比較をはじめた。そして、25年夢見てきた結果が出た。現代人の中にネアンデルタール人のDNAは生きているのだ

2009年5月、5人の現代人ゲノムの配列解析を始めた。それらの新鮮なDNAは、ネアンデルタール人のDNAとは違って、バクテリアDNAの混入や化学的なダメージがなく、それぞれから、ネアンデルタール人の5倍ものDNA配列が得られた。1、2年前、ライプツィヒでこうした作業を行うことは考えられなかったが、454社やイルミナの技術により、今ではわたしたちのような小さなグループでも、複数の完全なヒトゲノムをほんの数週間で配列決定できるようになったのだ。

エドは、ドゥブロヴニクで説明した手法によって、その5つのゲノムとヒトゲノム参照配列(リファレンスゲノム)の共通の祖先がどのくらい昔に生きていたかを推定した。ヨーロッパ人、パプア人、中国人と参照配列は、およそ50万年前に共通の祖先を持っていた。アフリカ南部のサン人を加えると、その年代はほぼ70万年前に押し上げられた。現代人の中で、サン人(および近

縁のグループ）と、他の地域の人々との分岐点は、最も時代が古い。こうして見ると、ネアンデルタール人と現代人の共通の祖先がいた83万年前という時期の意味がはっきりしてくる。サン人との共通の祖先が生きていたのが70万年前。ネアンデルタール人との共通の祖先がいたのはそれよりわずか13万年前だ。ネアンデルタール人はわたしたちとは異なるが、それほど大きな隔たりはないのである。

もっとも、このような数字は慎重に扱わなければならない。と言うのも、それはゲノム全体について語るものではないからだ。ゲノムはひとまとまりに受け継がれるものではない。ひとりの人のゲノムの各部分には、独自の歴史があり、他の人のゲノムとの共通祖先も、独自のものなのだ。これは、人が2本1組の染色体を持っており、1本ずつ子どもに受け継がれることによる。ゆえに各染色体は独自の歴史――すなわち独自の系譜――をもっているが、さらに、1本ずつに分かれる時に、互いにその一部を交換するため、その1本1本が独自の系譜をもつようになる。そういうわけで、エドが計算したネアンデルタール人との83万年、サン人との70万年という共通の祖先の年代が示しているのは、ゲノムの各部の平均値なのだ。

実際のところ、2人の現代人の配列を見比べたところ、共通の祖先がいたのがわずか数万年前という領域もあれば、それが150万年前まで遡る領域もあった。現代人とネアンデルタール人についても同じことが言える。したがって、もしだれかが、わたしとネアンデルタール人と本書の読者のひとりの染色体を端から見比べていったとしたら、ある領域ではわたしは読者よりもネアンデルタール人に似ており、別の領域では、ネアンデルタール人より読者に似ている、というような結果が出るはずだ。エドが出した値は、この例で言えば、わたしと読者がよく似ているゲノム領域の数が、わたしとネアンデルタール人、あるいは読者とネアンデルタール人がよく似ているゲノム領域の数よりやや多いというだけのことだ。

また、83万年前という年代が、現代人とネアンデルタール人の共通の祖先が生きていた年代の平均値だということにも留意しなければならない。83万年前、これらの配列は、後にネアンデルタール人と現代人を生むことになる集団に存在していた。しかし、それは現代人の系統とネアンデルタール人の系統が分岐した年代ではない。分岐はもっと後になって起きたのだ。現代人とネアンデルタール人のDNA配列の歴史を遡っていくと、そのふたつの系統は、現代人とネアンデルタール人双方の祖先となる集団に入り、その遺伝的バリエーションのひとつとなる。したがって、83万年前、現代人とネアンデルタール人は別々の集団ではあったが、祖先集団のバリエーションにすぎなかったのだ。

この祖先集団については、まったく謎のままだが、わたしたちは、その集団はアフリカにいて、その子孫の一部がアフリカを出てネアンデルタール人の祖先になったと考えている。そしてアフリカに残った者が、現代人の祖先になったのだ。DNA配列の違いからふたつのグループが分岐した時期を推定するのは、両者の共通の祖先がいた時代を推定するよりさらに難しい。たとえば、祖先集団の遺伝的バリエーションが豊かだった場合は、わたしたちが発見したDNA配列の違いの大半は、ネアンデルタール人と現生人類が分岐した後のものではなく、祖先集団のバリエーションの範囲に収まる可能性が高い。もしそうなら、両者はより新しい時代に分岐したことになる。

そこでわたしたちは、祖先集団の遺伝的バリエーションが豊かだったかどうかを知るために、ゲノムの異なる領域ごとに、共通の祖先がいた年代を調べた。また、分岐した時期の推定には、一世代の長さか、個体が子どもを持つ平均年齢という情報が必要だったが、それを知るすべはなかった。これらの不確かさをできるだけ考慮した上で、両者の分岐は27万年前から44万年前までの間のどこかで起きたとわたしたちは結論づけた。不確かさを過小評価した恐れはあるが、現代人の祖先とネアンデルタール人の祖先は、遅くとも30万年前には別々の道を歩み始めたと思われる。

25年間夢見てきた成果――彼らは私たちの中に生きている

ネアンデルタール人と現代人のゲノムの違いを調べながら、当初からの疑問である、アフリカを出た現代人の祖先が、長く消息不明だった「従兄弟《いとこ》」のネアンデルタール人とヨーロッパで再会した時に何が起きたか、という問題に立ち返った。エドは、現生人類とネアンデルタール人が遺伝子を交換したかどうかを調べるために、5人の現代人のゲノムをチンパンジーのゲノムにマッピングし、ライシュとパターソンは分析を繰り返した。わたしは、その結果は信頼できるものになると確信し、ネアンデルタール人とヨーロッパ人、中国人との近似性を示す値は出ないだろうと、密かに期待していた。

7月28日、2通の長いメールが、ライシュとパターソンから届いた。それはライシュの科学への情熱を証明した。7月14日に妻のユージニーが初めての子どもを出産したというのに、彼は分析を進めていたのだ。パターソンは、5人の現代人のゲノムを1対ずつ、可能な全10通りの組み合わせで比較し、それぞれの組み合わせでSNPを探した。どの組み合わせでもSNPはおよそ20万か所見つかり、それだけあれば、ネアンデルタール人がどの人により近いかを判断するには十分だった。

パターソンの分析によると、ネアンデルタール人とサン人のゲノムは49・9パーセント一致し、ヨルバ人とでは50・1パーセント一致した。ネアンデルタール人はアフリカにいたことがなく、アフリカ人とのつながりがより濃いはずはないので、予想通りの結果だ。フランス人とサン人とで異なるＳＮＰで調べると、ネアンデルタール人のゲノムはフランス人のものと52・4パーセント一致した。今やデータの量は膨大で、これらの値の不確実性はわずか0・4パーセントだった。ゆえに、ゲノムレベルで、フランス人の方がサン人よりもネアンデルタール人に近いのは確かだと言える。フランス人とヨルバ人とで異なるＳＮＰでは、ネアンデルタール人のゲノムはフランス人のゲノムと52・5パーセント一致した。中国人とサン人、ヨルバ人とで異なるＳＮＰでは、中国人のゲノムとの一致は52・6パーセントと52・7パーセントだった。パプア人とサン人、ヨルバ人とで異なるＳＮＰでも、パプア人のゲノムとの一致が51・9パーセントと52・1パーセントと、サン人・ヨルバ人のゲノムとの一致よりまさっていた。一方、フランス人、中国人、パプア人とで異なるＳＮＰを、ネアンデルタール人のＳＮＰと照合すると、その値は49・8〜50・6パーセントの範囲に収まった。つまり、アフリカ人を含まない比較では、一致する割合は50パーセント前後になるが、アフリカ人と非アフリカ人のＳＮＰを照合すると、ネアンデルタール人のゲノムは常に、非アフリカ人のゲノムと約2パーセント多く一致したのだ。わずかな差に思えるかもしれないが、ネアンデルタール人からアフリカの外の人々（どこに住んでいようと）へ、遺伝子の寄与があったことがはっきりと現れている。

わたしは2通のメールを二度読んだ。二度目には、きわめて注意深く読み、その分析のあらを見つけようとした。しかし何も見つからなかった。わたしはオフィスの椅子の背にもたれかかり、散らかった机をながめた。その上には、過去数年間の論文やメモが何層にも積み重なっていた。ライシュとパターソンの分析結果が、コンピュータ画面からこちらを見つめている。これはテクニカルエラーとかそういった類《たぐい》のものではない。現在生きている人々のＤＮＡに、ネアンデルタール人は確かに寄与していたのだ。驚くべき発見である。

これこそが、わたしが25年にわたって夢見てきた成果だった。数十年にわたって議論されてきた、人類の起源にまつわる重大な謎を解く証拠を、わたしたちは手にしたのだ。そしてその答えは予想外のものだった。現代人のゲノム情報のすべてがアフリカの祖先に遡るわけではないと、それは語り、わたしの師であるアラン・ウィルソンが主な提唱者である厳格な出アフリカ説を否定したのである。それはまた、わたしが真実と信じていたことも否定した。ネアンデルタール人は完全に絶滅したわけではない。彼らのDNAは現代の人々の中に生きているのだ。

机をぼんやりと見つめるうちに、その結果が予想外だったのは、出アフリカ説と対立するというだけでなく、一般的な多地域進化説も支持していないからだということに思い至った。それは、ヨーロッパ人はネアンデルタール人から、アジア人は北京原人から進化したと主張するが、わたしたちが発見した結果では、ネアンデルタール人はヨーロッパ人だけでなく、中国やパプアニューギニアの人々にもDNAを伝えていた。なぜこんなことが起きたのだろう？　わたしは考えが定まらないまま、机上の整理を始めた。最初はゆっくりとだったが、次第に勢いづき、古いプロジェクトのがらくたを次々に捨てていった。机上にたまっていた埃が宙に舞う。新しい章の始まりだ。机をきれいにしなければ。

誰もが納得する検証法はあるか

家庭的な仕事は、時として思考を助ける。わたしは掃除をしながら、地図を思い描き、現生人類を表す矢印がアフリカから出て、ヨーロッパでネアンデルタール人と出会うまでを想像した。彼らがネアンデルタール人との間に子をもうけることも想像できた――その子どもたちは現生人類に組み込まれた。だが、ネアンデルタール人のDNAがどうやって東アジアに入ったかを想像するのは難しかった。現生人類の移動に伴って中国に入っていったとも考えられるが、もしそうなら、中国人とネアンデルタール人との一致度は、ヨーロッパ人とネアンデルタール人のそれより低くなったはずだ。

その時、わたしは気づいた。現生人類の矢印は、アフリカから出てまず中東を通過する！　そこで現生人類はネアンデルタール人と出会ったのだ。彼らがネアンデルタール人と交配し、その後、アフリカの外の全人類の祖先になったのであれば、アフリカの外の人は皆、ほぼ同じ量のネアンデルタール人のDNAを持つことになる（図18・1参照）。おそらくこれが正解だろう。だが、これまでの経験から、わたしの直感はあてにならないとわかっている。幸い、パターソン、ライシュ、モンティがこの推測を数学的に検証してくれるだろう。そしてわたしが間違っていたら、正してくれるはずだ。

金曜ミーティングと、週に一度のコンソーシアムの電話会議で、ライシュとパターソンの発見について議論した。ネアンデルタール人と現生人類が交配したと確信した人もいたが、信じようとしない人もいた。だが、後者も、ライシュとパターソンの分析が間違っているという証拠を挙げることはできなかった。とは言え、コンソーシアムの全員にこの結果を信じさせることができないのなら、世界に信じさせるのはさらに難しい。とりわけ化石記録に両者が交配した証拠は残っていないと主張する多くの古生物学者を納得させるのは至難の業となるだろう。その古生物学者の中には、ロンドンの自然史博物館のクリス・ストリンガーやカリフォルニアのスタンフォード大学のリチャード・クラインなど、その分野で最も尊敬されている人物も含まれていた。古生物学者は、何より化石記録の注意深い観察を論拠とするだろうが、彼らもまた、これまでに遺伝

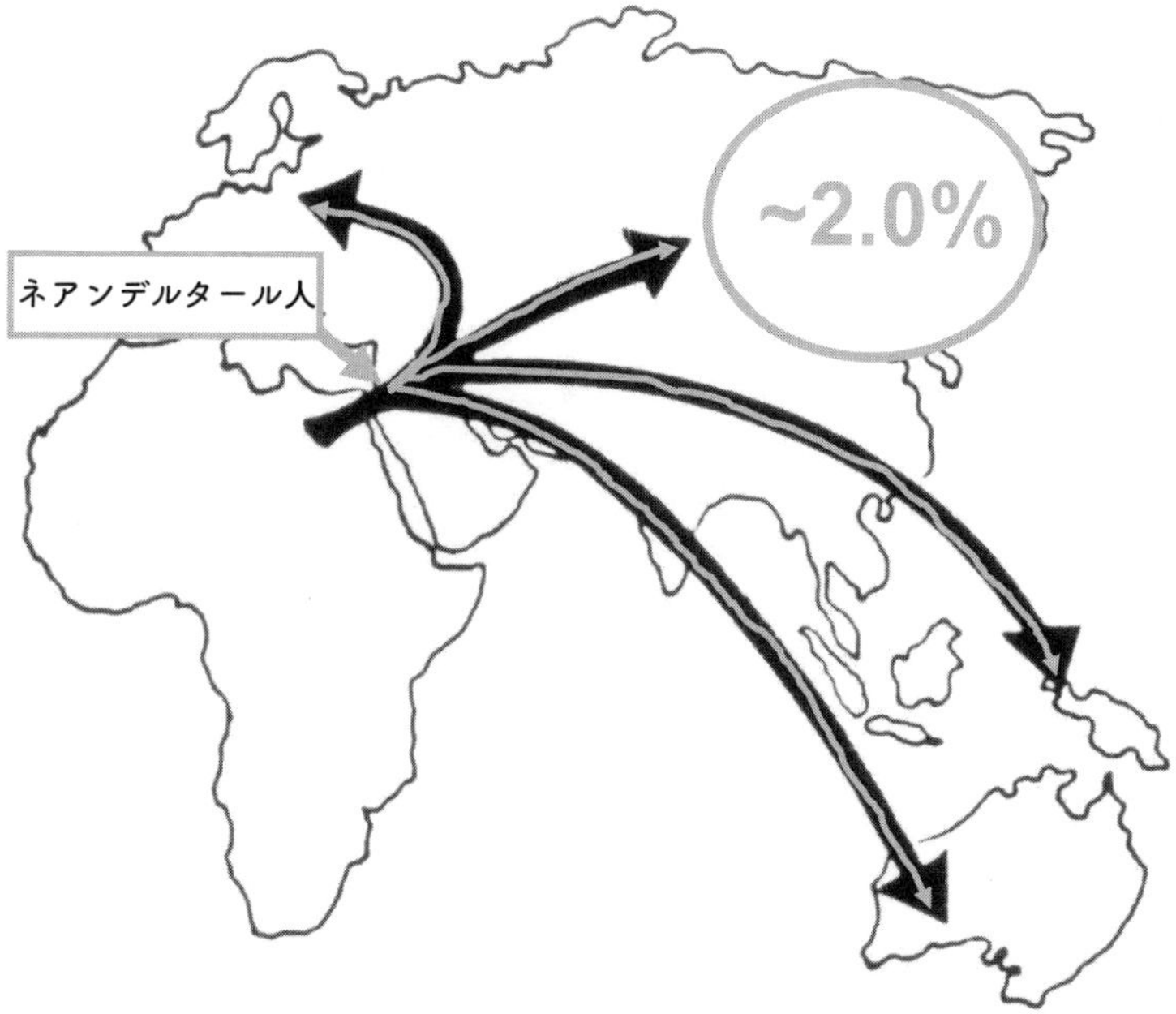

図18.1　この図は、アフリカを出た初期の現生人類がネアンデルタール人と交配し、その子孫がアフリカの外の世界へ拡散していくと、ネアンデルタール人が存在したことのない地域へもネアンデルタール人のＤＮＡが運ばれ得ることを示している。たとえば、中国人のＤＮＡのおよそ２パーセントはネアンデルタール人に由来する。
図：S・ペーボ、MPI-EVA.

学が出した結論に影響されている可能性があった。わたしたちも含め遺伝学分野の多くのグループは、現代人のＤＮＡの概要は、人類は比較的最近、アフリカから出て拡散したと語っている、と主張してきたのだ。

ネアンデルタール人が現代人のｍｔＤＮＡに寄与していないことを示す１９９７年のわたしたちの論文も、少なからず影響したはずだ。ミシガン大学のミルフォード・ウォルポフやワシントン大学のエリック・トリンカウスなど、数名の古生物学者は化石の中に交配の証拠を見出しており、また、いくつかの変異はネアンデルタール人に由来するのではないかと指摘する遺伝学者もいたが、常識となっている見方を揺さぶるほどの力はなかった。少なくとも、わたしの心を動かすほどではなかった。結局のところこれまでは、世界の人に見られる形態学的あるいは遺伝学的バリエーションはすべて、ネアンデルタール人を引っ張り出さなくても説明がついたのだ。しかし今、この状況は変わった。わたしたちには、ネアンデルタール人のゲノムそのものを調べることができた。そして、わずかであれ、その寄与が見つかったのである。

だが世間を納得させるにはもっと多くの証拠がいる。科学は明々白々な真実に対して、科学者以外の人が想像するほど、客観的でもなければ公平でもない。実のところそれは社会的な活動であり、何が「常識」かは、大物や、引退した後も影響力を持つ学者の弟子たちが決めるのだ。この常識を覆すには、ライシュとパターソンが行ったＳＮＰを数える方法とは別の方法で、ネアンデルタール人のゲノムを分析する必要がある。その独立した結果もネアンデルタール人から現生人類に遺伝子の寄与があったことを示していれば、世間の人々も納得してくれるだろう。では、どんな方法で分析すればいいだろう。毎週の電話会議でわたしたちはそれを話しあった。

確信を深める研究が次々と

思いがけず、実行可能な提案がコンソーシアムの外からもたらされた。２００９年５月のコールド・スプリング・ハーバーのミーティングで、ライシュは、デンマークの集団遺伝学者、ラスマス・ニールセンと会った。彼は１９９８年にモンティ（モンゴメリー）・スラトキンの指導で博士号を取得し、２００９年当時、カリフォルニア大学バークレー校の集団遺伝学教授を務めていた。彼はポスドクのウェイウェイ・ジャイとともに、現代人のゲノムの中に、アフリカの中より外の方がバリエーションが豊かな領域を探していた。通常そのようなパターンは期待できない。と言うのも、大集団（アフリカにいた人類）から派生した小集団（アフリカを出た人類）は、母体となる集団の遺伝的バリエーションの一部しか持っていないからだ。

もしそんな領域があるとしたら、さまざまな筋書きが考えられるが、そのひとつにわたしたちは大いに興味をそそられた。ネアンデルタール人はアフリカの外で20万〜30万年にわたって、現生人類の祖先と切り離されて進化してきたため、そのゲノムは現生人類のものとは異なるバリエーションを蓄積してきたはずだ。もし彼らが、アフリカから出てきた人類にゲノムの一部を与えたのであれば、それこそがラスマスらが探している領域である。なぜなら、そこは本来現生人類のものではないので、アフリカの中よりも外の方がバリエーションが多いはずなのだ。その領域をネアンデルタール人のゲノムに照らし合わせれば、それらが本当にネアンデルタール人に由来するかどうかがわかる。そういうわけで、２００９年６月、わたしはラスマスとウェイウェイに、ネアンデルタール・ゲノム解析コンソーシアムへの参加を呼びかけた。

ラスマスは、特に、アフリカよりヨーロッパでバリエーションが豊かな領域に焦点を絞っていた。そのような領域は17か所あった。エドは、そのうちの15か所に相当するネアンデルタール人の配列をラスマスに送った。7月に、驚くべき結果が戻ってきた。15か所のうち13か所で、ネアンデルタール人のゲノムは、現在ヨーロッパでは見られるがアフリカでは見られない変異を持っていたのだ。後にラスマスはその分析結果を精査し、10万超ヌクレオチドからなる10か所で、ネアンデルタール人が現在ヨーロッパだけで見られる変異をもつことを発見した。驚くべき結果だ！　ネアンデルタール人からアフリカの外の人々へ遺伝子流動（遺伝子の寄与）があったという他、説明のしようがない。これは科学者が定性的結果と呼ぶもので、ネアンデルタール人がヨーロッパやアジアの人々に寄与したＤＮＡの量を数字で示すことはできなかったが、そのような寄与が起きたことをはっきりと示していた。そして、これは、ライシュとパターソンの定量的な分析を支持する、独立した分析結果と見なすことができた。

わたしたちは、遺伝子流動について調べるさらに別の方法はないだろうか、と考えつづけた。いつもながら、ライシュがすばらしいアイデアを思いついた。現代人のゲノムのある領域がネアンデルタール人のそれに似ていたとしても、それは受け継いだからではなく、単にそこが変異しにくいだけなのかもしれない。つまり、共通の祖先の時代から変異がほとんど起きなかったせいで似ているという可能性もあるのだ。わたしのあるゲノム領域が、この理由からネアンデルタール人のものに似ているのであれば、他の人のものとも似ているはずだ。なにしろ、そこではめったに変異が起きないのだから。だが、ネアンデルタール人から受け継いだから似ているのであれば、他の人のものと似ている理由はなくなる。似ているどころかむしろ、ネアンデルタール人の進化史を受け継ぐがゆえに、大いに違っている可能性が高い。

ライシュはこの洞察に基づく分析に着手した。ヨーロッパ人のヒトゲノム参照配列をセグメントに分割した。それをネアンデルタール人および他のヨーロッパ人（ヒトゲノム解読を主導したクレイグ・ベンター）のセグメントと比べて、違いを数えた。通常、参照配列のセグメントがネアンデルタール人のものに似ているほど、ベンターのセグメントにも似ていた。それはセグメントが変異を蓄積した速度が、ネアンデルタール人との違いも、ベンターとの違いも決めていることを示唆していた。しかし、ネアンデルタール人のゲノムに非常に似ているセグメントでは、急にベンターのゲノムとの違いが増えたのだ。すでにわたしは、他の分析から遺伝子流動が起きたことを確信していた。しかし、２００９年12月にライシュが研究室にやってきて、この結果を披露した時、わたしは、ネアンデルタール人のＤＮＡが現代人の中に残っていることをこれで世間に納得させることができると確信した。どの方法で調べても、常に結果は同じだったのだ。

どちらからどちらにＤＮＡが渡されたのか

確かに、遺伝子流動は起きた。では、両者はいつ、どこで、どのようにして、親密に交流したのだろう。最初の疑問は、遺伝子流動が起きた方向――つまり、現生人類がネアンデルタール人のＤＮＡに寄与したのか、ネアンデルタール人が現生人類のＤＮＡに寄与したのか、あるいは両方か、ということだった。ふたつの集団が出会うと、遺伝子は等しく双方向に流動すると考えられがちだが、実際には、そのようなことはまれだ。通常、どちらかの集団がもう一方より社会的に優位に立つ。そして、優勢な集団の男性が、劣勢な集団の女性に子を産ませ、その子どもたちは母親とともに劣勢の集団にとどまるというのがよくあるパターンだ。ゆえに、遺伝子は優勢な集団から劣勢な集団へと流動しがちだ。アメリカ南部や、イギリスの植民地だったアフリカやインドで起きた、白人から奴隷への遺伝子流動はその顕著な例である。

ネアンデルタール人は最終的に絶滅したため、わたしたちは現生人類の方がネアンデルタール人より優勢だったと考えがちだ。しかし、わたしたちのデータは、ネアンデルタール人から現生人類へ遺伝子流動が起きたことを示していた。たとえばライシュが出した結果では、一部のヨーロッパ人とネアンデルタール人が似ているＤＮＡ領域は、他のヨーロッパ人のその領域とは大きく異なっていた。なぜそうなったかと言うと、これらの領域は、現在のヨーロッパ人の遺伝子プールに入る前に変異を蓄積していったからだ。おそらくそれは、ネアンデルタール人の中で起きたのだろう。もし遺伝子の寄与が逆の方向で——現生人類からネアンデルタール人へ——起きたのであれば、それらの領域は、他のヨーロッパ人のものと変わらない、平均的な領域だったはずだ。このことと、その他の理由から、遺伝子流動は全て、あるいはほぼ全て、ネアンデルタール人から現生人類への方向で起きたとわたしたちは結論づけた。

だからといって、現生人類からネアンデルタール人へ遺伝子が寄与されなかったというわけではない。２００８年、わたしたちのグループが発表するデータに常に関心を寄せてくれていたスイスの集団遺伝学者、ロラン・エクスコフィエが、ふたつの集団間の遺伝子流動に関する論文を発表した。それは遺伝子流動が起きた後に一方の集団が拡大し、もう一方がそのままか、縮小したらどうなるかを報告するものだった。そのような場合、交換された遺伝的変異は、拡大していく集団に保存される可能性が高い。そしてその変異を含む集団が「波頭《ウェーブフロント》」（波の盛りあがり）のごとく数を増やせば、その変異（対立遺伝子）も数が増え、頻度がきわめて高くなる。エクスコフィエはこの現象に「対立遺伝子サーフィン」（allelic surfing）というふさわしい名をつけた。このことは、集団の波頭に入った対立遺伝子は、波の勢いに乗って一気に数を増やすという意味だ。このことは、遺伝子の寄与が双方向で起きても、ネアンデルタール人のDNAにその証拠が残らないことを意味する。なぜなら、現生人類と出会った後、ネアンデルタール人は波の如く押し寄せるどころか、縮小して消えていったからだ。

現生人類からネアンデルタール人への遺伝子流動を探知できない、もうひとつの、もっと平凡な理由は、ヴィンディヤ洞窟の3万8000年前のネアンデルタール人は、交配が起きる前の個体だったというものだ。ネアンデルタール人と現生人類がどのように交配したか、その詳細は今後も知り得ないだろうが、わたしは特にそれを残念に思うわけではない。わたしにとって、更新世後期に「だれがだれとセックスしたか？」は二の次だからだ。肝心なのは、ネアンデルタール人が現代人の遺伝子に実際に寄与しているという事実である。現代人の遺伝的起源に関して言えば、それこそが重要なのだ。

わたしたちはライシュとパターソンの発見を確認しながら、アフリカの外の人々のゲノムのどのくらいがネアンデルタール人に由来するかという疑問を追っていった。これはSNPが何パーセント一致するかを調べるだけではわからない。なぜなら両者のSNPの一致には、他のいくつかの変数が絡んでくるからだ。ひとつは、ネアンデルタール人と現生人類の共通の祖先はいつ生きていたか。もうひとつは、両者はいつ交配したか。そして三つ目は、ネアンデルタール人の集団はどのくらいの大きさだったか。

モンティ・スラトキンは、両者の人口史をモデリングすることによって、寄与された遺伝子の割合を推定した。その結果は、ヨーロッパ人かアジア人の祖先をもつ人々は、1〜4パーセントのDNAをネアンデルタール人から受け継いでいるというものだった。ライシュとパターソンは別の方法（ヨーロッパ人とアジア人のＤＮＡが、１００パーセント、ネアンデルタール人であるＤＮＡとどれほど違うかを調べる）によって、１・３〜２・７パーセントという答えを出した。以上の結果からわたしたちは、アフリカの外の人々のＤＮＡの５パーセント未満がネアンデルタール人に由来する、と結論づけた――少ないが、はっきり認められる割合である。

どこで出会ったのか？

最後に残った問題は、ネアンデルタール人のＤＮＡが、どのようにしてヨーロッパ人だけでなく、中国人やパプア人にまで行き着いたか、ということだった。知られている限り、ネアンデルタール人が中国にいたことはなく、ましてやパプアニューギニアに行くはずはないので、中国人やパプア人の祖先とネアンデルタール人は、はるか西のどこかで出会ったにちがいないと、わたしたちは推測した。

週に一度の電話会議に参加しながらも、わたしは「中東」というアイデアを口にすることはなかった。コンソーシアムの優秀なメンバーには、先入観を持たずに、すべての可能性を探ってほしかったからだ。モンティが、わたしたちが見たバリエーションのパターンを説明する複雑なシナリオを思いついた――まず、ネアンデルタール人の祖先がアフリカのどこかで生まれ、やがてアフリカを出て、およそ40万年前から30万年前に西ユーラシアでネアンデルタール人へと進化する。一方、アフリカではネアンデルタール人の祖先が出ていった20万年かそれ以上後に現生人類が生まれる。その20万年の間に、アフリカに残ったネアンデルタール人の祖先はいくつかの集団に分かれ、ＤＮＡが多様化する。現生人類は、アフリカの外ではネアンデルタール人のＤＮＡを取り込みながら彼らを一掃し、アフリカの中では、ネアンデルタール人の祖先や古代人類の多様なＤＮＡを取り込みながら拡散し、最終的に先住者を駆逐する。以上の結果として、わたしたちが見たように、アフリカの中の人より外の人の方がＤＮＡレベルでネアンデルタール人に似ているという現象が生じるのだ。

このシナリオは、理論上は可能だが、数十万年にわたってアフリカの集団が移動せずに細分化しつづけることが大前提となる。モンティ自身が指摘したように、人類はよく動き回る傾向にあるので、これはあり得そうになかった。もっと大きな問題は、その複雑さである。もちろん、これ以上に複雑なシナリオもあり得るが、過去を再現するには、もっとシンプルなシナリオの方がふさわしい。「ある事柄を説明するには、必要以上に多くを仮定すべきでない」という原則は「思考節約の原理」と呼ばれる。

例えば、この現象について、現生人類とネアンデルタール人の祖先はアジアで生まれ、現生人類はユーラシアで子孫を残さずにアフリカへ行き、その後、再び拡大してネアンデルタール人に取ってかわった、と説明した人がいる。この仮説は観察結果とは矛盾はしないが、ネアンデルタール人がアフリカで発生したとする仮説に比べて、より多くの集団の移動と絶滅が必要となる。そういうわけで、わたしたちはモンティのシナリオを、可能だが見込みの低いものと見なした。もっと単純でだれでもすぐ思いつく説明が他にあるからだ。実のところ、グループの何人もがそれを思いついていた。中東シナリオである。

第19章　そのＤＮＡはどこで取り込まれたのか

5万年前、アフリカの外に足場を築いた現生人類は、急速に世界に拡散した。彼らはどこでネアンデルタール人のＤＮＡを取り込み、今に伝えたのだろうか

アフリカの外で最も古い現生人類の遺物は、イスラエルのカルメル山脈のスフール洞窟とカフゼー洞窟で見つかった、10万年以上前の骨だ。そして、そこからわずか数百メートルしか離れていないタブーン洞窟とケバラ洞窟では、およそ4万５０００年前のネアンデルタール人の骨が見つかっている。だからと言って、ネアンデルタール人と現生人類がカルメル山で5万年のあいだ、隣人として暮らしていたというわけではない。実のところ多くの古生物学者は、現生人類は気候が温暖だった時期に南からこの地域に入り、寒冷化すると出ていったが、それと入れ替わりに、北からネアンデルタール人が入ってきたと見ている。また、スフールとカフゼーの現生人類は子孫を残さず滅亡したと考えられている。しかし、直接の子孫ではないとしても、彼らの血をひくものは残っているはずだ。また、常に隣人というわけではなかっただろうが、ネアンデルタール人とは数千年間にわたって接触をもっていたにちがいない。気候の変化によって、接触する地域

を北へ、南へと移動させながら。これが中東シナリオである。

中東に関する知識を、わたしは古生物学者、特にジャン＝ジャック・ウブランから学んだ。彼はフランス人で、2004年に人類進化部門の責任者としてわたしたちの研究所に入った。古生物学者らは中東を、10万年から5万年前に現生人類とネアンデルタール人が交配した可能性の高い地域と見なしていた。理由のひとつは、知られているかぎり、そこは世界で唯一、現生人類とネアンデルタール人が長期にわたって接触をもった可能性がある場所だからだ。もうひとつの理由は、その時期、どちらの集団も明らかに優勢だったわけではない、ということだ。例えば、両者は同種の石器を使っていた。遺跡にしても残された道具がすべて同じなので、ネアンデルタール人のものか、現生人類のものかを知るには、骨を調べるしかないのだ。

しかし状況は5万年前に一転した。現生人類はアフリカの外に足場を築き、急速に旧世界に拡散しはじめた。そしてわずか数千年でオーストラリアにまで達した。その頃にはすでに、ネアンデルタール人との関係も変わっていたようだ。化石記録が特によく研究されているヨーロッパでは、ある地域に現生人類が現れると、ネアンデルタール人は即座に、あるいは少しだけ遅れて、消えている。同じことが世界中で起きた。現生人類が出現した場所では、そこにいた、より原始的な人類は遅かれ早かれ消滅したのである。

拡大していく現生人類は誰と交配したのか

これらの意欲的に拡大していく現生人類を、10万年から5万年前までアフリカと中東周辺に留まっていた現生人類と区別するために、「交替した集団」（replacement crowd）と呼ぼう。彼らはより洗練された文化を発展させた。それはオーリニャック文化と呼ばれ、石刃を含む多様なフリント石器を特徴とする。標準遺跡であるオーリニャック遺跡（フランスのピレネー地方にある）では、骨でできた槍先や矢尻がよく見つかっており、考古学者はそれらを人類が発明した最初の飛び道具と見なしている。だとすれば、この発明によって人類は初めて遠くから動物や敵を殺せるようになり、ネアンデルタール人や他の初期人類に出会った時も、はるかに優位に立てたはずだ。また、オーリニャック文化では、最初の洞窟壁画や動物をかたどった小像も生まれた。中には半神半獣の神秘的な像もあり、彼らが豊かな精神世界を持ち、集団内でのコミュニケーションを重視していたことを示唆している。このように「交替した集団」には、ネアンデルタール人やスフール、カフゼーに暮らした初期の現生人類には見られない、あるいは稀な、行動を見ることができる。

この人々がどこから来たのかはわかっていない。彼らは中東に住んでいた人々の子孫が、文化的な発明と素質を蓄積して、「交替した」だけなのかもしれないが、より可能性が高いのは、アフリカのどこかからやってきて「交替した」というシナリオだ。いずれにせよ彼らは一時、中東で暮らした。

交替した集団が中東に移住してきたとき、彼らはすでにそこにいた現生人類の集団を取り込み、そうすることによって、彼らがすでに交配から得ていたネアンデルタール人のＤＮＡを取り込んだという可能性がある。それが今日のわたしたちに伝わったのかもしれない。このモデルは、理想とするモデルより複雑で、「節約」の度合いが低いように思える。より直接的なモデルは、交替した集団がネアンデルタール人と交配した、というものだが、このモデルには大きな問題がある。それは、彼らが中東でネアンデルタール人との間に子をもとうとしたのであれば、なぜ、後の中央ヨーロッパや西ヨーロッパでそうしなかったのか、という疑問が生じることだ。

ヨーロッパでも交配したのなら、ヨーロッパ人はアジア人よりもネアンデルタール人のDNAを多く保有しているはずだが、現実はそうではない。一方、先の間接的なモデルが示唆するのは、交替した集団は、ネアンデルタール人とは交配しなかったが、スフールやカフゼーにいた最初期の現生人類を通して、ネアンデルタール人のDNAを取り込んだ、というシナリオだ。先住者たる最初期の現生人類は、ネアンデルタール人と非常によく似た文化をもち、数万年にわたってネアンデルタール人の近くで暮らしていたことから、ネアンデルタール人と「入れ替わる」よりも交わろうとする傾向が強かったように思える。

この間接的なモデルは推論にすぎない。もしかしたら後のヨーロッパでも交配は起き、ヨーロッパ人はネアンデルタール人のDNAをより多く持っているのに、それがあまりに微量なので検出できないだけなのかもしれない。あるいは、中東でネアンデルタール人と交わった人々が急増したのかもしれない。もしそうなら、エクスコフィエが述べた「対立遺伝子サーフィン」の理屈から、寄与されたネアンデルタール人のDNAは急増し、その後、交配が起きたとしても、同等の人口急増を伴わないかぎり、検出されにくくなるだろう。あるいは、後にアフリカからヨーロッパへ大規模な移住が起きて、ヨーロッパ人がネアンデルタール人から付加的に寄与されたDNAが「薄められた」のかもしれない。

将来、より直接的な証拠からこの問題に取り組めるようになることを、わたしは期待している。もしもスフールとカフゼーの人々のDNAを研究できるようになったとしたら、彼らがネアンデルタール人と交配したかどうかを、かなり詳しく調査できるだろう。そして、交配したのであれば、彼らが持つネアンデルタール人のDNAが、現在のヨーロッパとアジアの人々が持つものと同じかどうかについても、調べることができるはずだ。

ともあれ、現段階で最も単純な――最も節約型の――シナリオは、交替した集団が中東のどこかでネアンデルタール人と出会い、交配し、生まれた子どもを育てた、というものだ。その、半分現生人類で、半分ネアンデルタール人である子どもらは、交替した集団の一員となって、ネアンデルタール人のＤＮＡを、内なる化石のように、次の世代へと伝えていった。現在、そのような体内のネアンデルタール人の遺物は、南米南端のティエラ・デル・フエゴや、太平洋の真ん中にあるイースター島にまで達している。ネアンデルタール人は多くの現代人の中で生きているのだ。

ネアンデルタール人ＤＮＡの社会的影響

ここまで来てわたしは、この発見が社会にどんな影響を及ぼすだろうと、心配になってきた。もちろん、科学者は常に真実を語るべきだが、それが悪用される可能性は最小限にしなければならない。とりわけ、それが人間の歴史や遺伝的なバリエーションに及ぶ場合は、自らに問う必要がある――自分たちの発見は、すでに社会に存在する偏見をあおるだろうか。歪んだ解釈をされ、人種差別に利用される恐れはないだろうか。その他の目的で、うっかり、あるいは意図的に誤用されないだろうか、と。

いくつかのシナリオを想像することができた。一般に、「ネアンデルタール」というのは決してほめ言葉ではないが、それをヨーロッパの植民地主義や攻撃性などに結びつける人が出てくるのではないだろうか。しかし、わたしはそれを脅威とは見ていなかった。と言うのも、そのようなヨーロッパ人に対する「逆差別」が大きな害を及ぼす可能性は低いからだ。ヨーロッパ人が

「持っている」ことより、むしろアフリカ人が「持たない」ということの方が案じられた。彼らは「交替した集団」には含まれないのだろうか？　彼らの歴史は根本的に異なるのだろうか？

このようなことを考えているうちに、いや、そうではない、と気がついた。最も合理的なシナリオは、現代人は、アフリカの外の人であれ、中の人であれ、交替した集団のメンバーだというものだ。これまで古生物学者と、わたしを含む遺伝学者の多くは、交替した集団は他の人類と交配せずに世界に拡散したと考えていたが、彼らはネアンデルタール人のDNAを確かに取り入れたのだから、同じようなことは何度も起きたはずだ。わたしたちは他の地域の古代人類のゲノムは手に入れていないので、それらからの遺伝子の寄与については、知るすべがない。特にアフリカは、遺伝的多様性が他の地域より豊かなため、古代人類からの遺伝的寄与は検出されにくいはずだ。それでも、交替した集団がアフリカに拡散した時、そこにいた古代人類と交配し、そのDNAを自分たちの遺伝子プールに組み入れたはずなのだ。わたしは会見ではこのことをジャーナリストに伝え、アフリカ人がそのゲノムの中に古代人類のDNAを保有しないとする根拠はほとんどないことを、はっきりさせようと決心した。おそらくすべての人々はそうであり、事実、より最近のアフリカの現代人に関するいくつかの分析は、これが真実であることを示していた。

ある日、朝から晩まで仕事に追われ、帰宅してからは5歳になる息子にさんざんな目に遭わされたわたしは、息子がようやく眠りにつくと、クレイジーな疑問を思いついた。もし現代人が皆、ネアンデルタール人のゲノムを1～4パーセント持っているのなら、精子と卵子が作られ融合する過程で、偶然に偶然が重なってDNAの配列がとんでもなく入れ替わり、完全な、あるいはほぼ完全な、ネアンデルタール人の子どもが生まれるということはないだろうか？　現代人が持つネアンデルタール人のＤＮＡ断片の多くが、どういうわけかわたしの精子細胞とリンダの卵細胞に集まって、この手に負えない息子になったという可能性はないだろうか？　どうすれば、ネアンデルタール人は彼に、あるいはわたしに、なり得るだろう。

わたしは単純な計算をすることにした。ラスマスが確認したネアンデルタール人のＤＮＡ断片は、長さがおよそ10万ヌクレオチドで、平均で、アフリカの外の人々の５パーセントはこの断片のいずれかを持っている。仮に、ネアンデルタール人のＤＮＡ断片がすべてこの長さだとすれば、約３万個で、完全なネアンデルタール人のゲノム（約30億ヌクレオチド）になる。実際には、その断片の多くはもっと短く、頻度も５パーセントより低く、また、３万個集めても完全なゲノムにはならないだろうが、息子が完全なネアンデルタール人の子孫になるかどうかという計算は、あえて望む方向に偏らせることにした。

以上の仮定のもとで、息子が特定のネアンデルタール人のＤＮＡ断片をもつ見込みは、当たる確率が５パーセントのくじを引くようなものだ。そして、１対の染色体の両方がネアンデルタール人の断片になる確率は、このくじを２回引くのと同じで、０・２５パーセント。息子がリンダとわたしから得たゲノムで完全なネアンデルタール人になるには、３万個の断片が１対必要なので、当たりくじを３万×２回、つまり６万回、連続で引かなければならない！　この可能性はもちろん限りなく小さい（実際、０・００……と小数点の後に０が７万６０００個続く）。したがって、わたしの息子が完全なネアンデルタール人になる可能性はゼロに等しく、地球上の70億人からネアンデルタール人の子どもが生まれる見込みもない。そういうわけでわたしは、息子はかなりネアンデルタール人に近いのかもしれないという考えを捨てたのだった。加えて、ありがたいことに、将来、ネアンデルタール人がわたしの研究室にやってきて血液を採取させ、古代の骨からネアンデルタール・ゲノムの塩基配列を決定するまでの、血のにじむような努力を帳消しにするという恐れもなくなったのだ。

それでもやはり、わたしたちのゲノムのどの部分がネアンデルタール人に由来するかを明らかにすることと、ネアンデルタール人の全ゲノムが現代人の中に散在しているかどうかを調べることは、どちらも重要な研究目標である。これらの断片の大きさと数は、その寄与がいつ起きたか、そして実際のところ、どのくらい混血の子が生まれたかを知る手がかりとなるだろう。また、失われたと思われる部分も非常に興味をそそる。なぜなら、そこには、現生人類と彼らとの決定的な違いとなった要素が含まれているかもしれないからだ。

ネアンデルタール・ゲノムの特許を取るべきだろうか？

こんなことを考えているうちに、ふと、自分が息子について計算したように、他の人も、自分のゲノムのどの部分がネアンデルタール人由来かを知りたいと思うはずだと思い至った。実のところわたしのもとへは毎年、自分（あるいは愛するパートナー）はネアンデルタール人じゃないかと思うという手紙が届いていた。しばしば写真が同封されており、大抵は、がっしりした体型の人物が写っていた。彼らの大半は、自分の血液を提供するのでぜひ研究に役立ててほしい、と書いていた。今やわたしたちは本物のネアンデルタール人のゲノムを得ていたので、現代人のだれかのＤＮＡをそれと見比べて、ネアンデルタール人から受け継いだと思われる部分を判別できるはずだ。

すでに多くの企業が同種のサービスを提供し、その人のＤＮＡを遡ると、世界のどこに至るかを依頼者に教えていた。例えばアメリカでは、自分がアフリカ、ヨーロッパ、アジア、あるいはアメリカ先住民の血をどのくらい受け継いでいるかということがしばしば興味の対象となっている。将来、このような分析にネアンデルタール人の項目が加わるかもしれない。しかし、わたしは好奇心をそそられる一方で、これについても心配している。「ネアンデルタール」であることが恥と見なされるかもしれないからだ。もし、脳の働きに関連する遺伝子がネアンデルタール人に由来するとわかったとしたら、人は不愉快に思うのではないだろうか？　未来の夫婦げんかでは、「あなたがゴミを捨てないのは、脳の××遺伝子がネアンデルタール人だからよ」といった台詞《せりふ》が飛びかうようになるのだろうか？　さらに言えば、もしある集団が高頻度でネアンデルタール人の遺伝子をもつ場合、その集団が見下されるようなことにならないだろうか？

この研究結果がそうした使われ方をしないよう、手を打たなければならない。わたしが思いついた唯一の方法は、ネアンデルタール・ゲノム使用に関する特許を取得することだった。そうすれば、遺伝子検査でお金を稼ごうとする人はこちらの認可を受けなければならなくなり、わたしたちは彼らが顧客に知らせる情報に制限を設けることができる。また、特許使用料を徴収できるようになれば、わたしたちの研究所とマックス・プランク協会は、ネアンデルタール・ゲノムプロジェクトに投資した資金のいくらかを回収できるだろう。この件についてはクリスチャン・キルガーに相談した。彼は大学院生の頃、わたしの研究室にいたが、今ではバイオテクノロジーの特許を専門とする弁護士になり、ベルリンで暮らしているのだ。特許で大金が入ってきたら、コンソーシアムのグループ内でどう分配しようか、とふたりで呑気に皮算用した。

この計画は少々物議をかもしそうだったので、金曜ミーティングで意見を尋ねた。たちまち、自分の考えが甘かったことを思い知らされた。何人かから猛烈に反対された。特に、わたしがその専門的能力を大いに認めているマルティン・キルヒナーとウド・シュテンツェルは、ネアンデルタール人のゲノムのように自然に存在するものについて特許を取るべきではないと主張した。彼らは少数派だったが、宗教的とも言えるほど激しい拒否反応だった。まったく逆の立場をとる人もいた。例えばエド・グリーンは、カリフォルニアにある遺伝子調査会社の最大手、23andMe社を訪れたことがあり、同社との共同研究も視野に入れているようだった。会議で、カフェで、研究室で、作業机で、激しい議論が交わされた。わたしはキルガーとマックス・プランク協会の特許弁護士を招き、特許の内容と機能を説明してもらった。彼らは特許が適用されるのは商業利用——特に先祖調査という目的——に限られ、科学的利用を制限するものではない、と詳しく丁寧に説明した。しかし、それで誰かの考えが変わったわけではなく、感情的な討論は果てしなくつづいた。

議論を長引かせて、グループ内の溝を深めたくはなかったし、数を頼りに少数派の意見を無視するようなこともしたくなかった。まだ論文の提出さえできておらず、団結が欠かせなかったのだ。そういうわけで、提案から2週間後の金曜ミーティングで、特許のアイデアを取り下げた。キルガーから届いたEメールには、「せっかくのチャンスだったのに」とあった。同感だった。未来の研究資金を確保するチャンスも、ネアンデルタール・ゲノムの営利目的の利用を管理するチャンスも失ったのだ。実際、本書を書いている今、23andMe社は、DNAのネアンデルタール度を調べるサービスを始めている。他の企業も当然その後を追うだろう。しかし、グループの団結は、プロジェクトを前進させる動力源だ。そのきわめて大切なものを壊すようなまねはできなかった。

第20章　運命を分けた遺伝子を探る

ヒトとネアンデルタール人を分けたのは何なのか。ゲノム情報は将来その答えを示すだろう。ヒト特有の変異のうち5つだけでも興味深い事実ばかりなのだ

ライプツィヒの研究所は魅力的な場所だ。そこにいる研究者のほとんどは、人間とは何かという問いを追究している。しかも、このとらえがたい問いを、事実の調査と実験によって追っているのである。なかでも興味深い研究は、比較発達心理学部門の長、マイク・トマセロが行っているものだ。彼のグループは、ヒトと大型類人猿との認知発達の違いに関心を持っている。

彼らはその違いを調べるために、人間の子どもと類人猿の子どもに同じ「知能テスト」をさせる。特に興味をそそるのは、複雑な仕掛けの箱におもちゃやキャンディを入れ、両者が仲間とうまく協力してそれを取り出せるかどうかを調べる実験だ。およそ10か月になるまで、人間と類人猿との間に明確な違いは認められない。しかし、1歳前後から、人間の子どもは類人猿の子どもがしないことをし始める。興味の対象を指さして、他者の注意をそこに引きつけようとするのだ。それはごく普通に見られる行動で、その年齢以降、子どもの大半は、興味を持ったものを指さす

ようになる。しかし、ランプや花、ネコを指さしたとしても、それらが欲しいわけではない。ただ、ママやパパやその他の人の注意をそこに向けたいだけなのだ。つまり人間の子どもは、およそ1歳になるまでに、他者も自分が見ているのと同じ世界を見ていて、自分が興味を持つものと同じものに興味を持つことに気づき始め、それに他者の注意を向けさせるようになるのだ。

マイクは、この他者の注意を何かに向けようとする衝動を、発達段階の初期に現れる認知特性のひとつで、人間に固有のものだとしている。(注1) それは、心理学者が「心の理論」とよぶ、他者が自分とは異なる心(認識・知覚など)を持つことを理解し始めた兆候である。人間が巨大で複雑な社会を誕生させたのは、社会活動、他者の操作、政治的駆け引き、団結といったことに秀でていたからだが、そうした能力が、人の立場に立って考え、他者の注意や興味を操作できるというこの特性から生まれたことは、想像に難くない。マイクのグループが突き止めたこの特性は、現生人類が、類人猿や、ネアンデルタール人などの絶滅した他の人類と異なる道をたどる根本的な要因になったものだと、わたしは考えている。

マイクはまた、人間の子どもと類人猿の子どもの、もうひとつの非常に重要な違いも指摘している。それは、人間の子どもの方が、親や他の大人の行動をまねる傾向がはるかに強いということだ。つまり、ヒトの子どもは「猿まね」をするのに、類人猿の子は「猿まね」をしないのである。そして、その裏返しとして、人間の親は、類人猿の親より、子の行動を正したり修正したりする傾向がはるかに強い。多くの社会では、この行動は形式化されてさえいる——教育という形で。実のところ人間が子どもに対して行うことの大半は、意図的かどうかという違いはあっても、教育と見なすことができる。さらにそれは、学校や大学という形で制度化されている。一方、類人猿に、教えるという行動はほとんど見られないのだ。他者に学ぼうとする人類の性向が、幼児がランプなどを指さし、パパの注意をそちらに向けようとする行動から始まるというのは、非常に興味深い。

　このように、教えることと学ぶことに強い関心を持つ性質は、人間社会の根幹に影響しているはずだ。類人猿は、あらゆる技能を親や他のおとなに教えてもらうことなく自分で試行錯誤して習得しなければならないが、人間は先人が蓄積した知識を土台としてさらに先へ進むことができる。例えば、自動車を改良するのに、ゼロから自動車を発明する必要はない。古代の車輪の発明から19世紀の燃焼機関の発明、さらにその後の改良という蓄積した知識を土台として、技師はいくらか変更を加え、その変更が蓄積して、さらに後の世代の土台となるのだ。マイクはこれを「ラチェット（歯車の歯止め）効果」と呼ぶ。人類が文化と技術において桁違いの成功をおさめるうえで、それが欠かせなかったのは確かだ。

文化と技術の遺伝的基盤を調べるには

　わたしがマイクの研究に関心を抱いたのは、人間の、関心を共有しようとする性向と、複雑なことを他者から学ぶ能力には、遺伝的な裏付けがあると確信するからだ。それを裏付ける証拠は多い。かつては、類人猿の新生児を自分の子どもと一緒に家で育てるという、倫理的に望ましくない実験が時々行われていた。類人猿の子は人間らしい行動を数多く学び、二語文を作ったり、電化製品を操作したり、自転車に乗ったり、タバコを吸ったりできるようになったが、複雑な技能を習得することはできず、人間のようなコミュニケーションをとることもできなかった。つまり彼らは人間並みの認知能力を発達させられなかったのだ。人間の文化を獲得するには、何らかの生物的基盤が必要とされるのである。

しかし、文化を習得するには、遺伝子があればそれでいいというわけではない。人間の子どもを人間と接触させずに育てるという架空の実験を想像してみよう。人間ならではの認知特性の大半が発達しないという結末は、容易に想像がつく。他者と関心を分かち合うことを可能にする、最も洗練された文化的特徴である言語も、ほとんど発達しないだろう。人間の認知の発達には、遺伝的基盤だけでなく、社会的インプットが欠かせないのだ。ともあれ、類人猿は、生まれた直後から人間社会に組み入れて十二分な教育を施しても、ごく原始的な技能を身につけることしかできない。逆に人間の新生児をチンパンジーが育てても、チンパンジーにはなり得ない。いずれの場合も遺伝的基盤が不可欠なのだ。

もっとも、わたしたちは人間なので、何がチンパンジーをチンパンジーにするかということより、何が人間を人間にするかということの方が気にかかる。興味が「人間中心」になるのを、恥じる必要はない。現在、地球と生物圏のほとんどで優位を占めているのは、チンパンジーではなく人間なのだから。そして、その繁栄を導いたのは、文化と技術の力である。それらのおかげで人間は、膨大な数に増え、居住に適さない土地にも住むようになり、生物圏に多大な影響と脅威を及ぼすようになった。何がこの繁栄をもたらしたかを探究することは、科学者にとって最も魅力的なテーマであると同時に、喫緊の課題でもある。現代人とネアンデルタール人のゲノムを比較すれば、その繁栄を支える遺伝的基盤を見つけることができるだろう。そう思うからこそ、わたしは何年にもわたって、ネアンデルタール人のゲノムを回収するために、数々の技術的な問題と格闘してきたのだ。

化石記録によると、ネアンデルタール人は40万年前〜30万年前に出現し、およそ3万年前に消えた。その間、彼らの技術はほとんど変化していない。現生人類が経てきたより3〜4倍長い歴史をもつが、その間、ほぼ同じ道具を作りつづけたのだ。その歴史の終わり近くで、現生人類と接触した時代に、いくつかの地域では技術の変化が起きた。また、彼らはその長い歴史を通じて、ヨーロッパや西アジアの中で気候変化に応じて居住地を広げたり、縮小したりしていたが、海を渡って未知の土地へ広がることはなかった。その定住性は、他の大型哺乳類によく似ており、中でも、アフリカでは600万年前、アジアとヨーロッパではおよそ200万年前に出現した他の人類に似ていた。

だが、こうしたすべては、現生人類（交替した集団）がアフリカに現れ、世界中に広がるにつれて、急速に変わった。その後の5万年間――ネアンデルタール人が存在した期間の6分の1～8分の1にすぎない――に、現生人類は地球上の居住可能なあらゆる場所に住みついただけでなく、月のさらに先まで行く技術を発達させた。この文化と技術の爆発的な発展を支えた遺伝的基盤があるとすれば――わたしはあると確信するが――、ネアンデルタール人のゲノムと現代人のゲノムを比較することによってそれを特定できるはずだ。

彼らと私たちを分けたものは何か？

この夢はわたしを大いに奮い立たせた。2009年の夏にウドがネアンデルタール人の全ゲノム断片のマッピングを終えると、わたしはすぐにでも現代人のゲノムとの違いを探したくなった。しかし、そうした違いが示すものについて、現実的に考える必要があるとも感じていた。ゲノム学の知られざる小さな秘密は、ゲノムが生きている個体にどう翻訳されるかがほとんどわかっていないということだ。

わたしのゲノムをシーケンシングして遺伝学者に見せれば、その変異の様子を変異の地理的パターンと突き合わせることによって、祖先が世界のどこから来たのかをおおまかに推測できるだろう。しかし、わたしが賢いか、愚かか、背が高いか、低いかといった、人間としての機能については、ほとんど何もわからないはずだ。ゲノムを理解しようとする試みは主に病気と遺伝子の関係を明かしたいという思いから始まったにもかかわらず、アルツハイマー病、がん、糖尿病、心臓病といった病気への罹《かか》りやすさを遺伝子からはっきり予測するには至っていない。したがって現時点では、ネアンデルタール人と現生人類の違いをもたらした遺伝的基盤を特定することはできないだろう。その決定的証拠はまだ見つかっていないのだ。

それでもやはり、ネアンデルタール人のゲノムは、――わたしたちだけでなく、未来の生物学者と人類学者にとっても――ネアンデルタール人と人間を分けたものは何かという問いを探究する道具になる。そして最初にするべき仕事は、ネアンデルタール人と分岐した後に、現代人の祖先のＤＮＡに起きた変異をすべてリストアップすることだ。その数は多く、大半は重要なものではないだろうが、わたしたちの興味を惹く決定的な変異がどこかに潜んでいるはずだ。

そのリストの第一版を作るという重大な仕事を、マルティン・キルヒナーと、彼の指導教官であるジャネット・ケルソーが引き受けてくれた。理想を言えば、そのリストは、現生人類の祖先がネアンデルタール人と分岐した後に起きた変異で、現代人のゲノムのほぼすべてに見られるものを網羅すべきだ。したがってそのリストには、ネアンデルタール人とチンパンジーやその他の類人猿の配列はほぼ同じで、人間の配列だけが異なるゲノムの位置が記載されることになる。しかし、２００９年の時点で、そのようなリストを作るには多くの制約があった。

第一に、わたしたちはネアンデルタール人のゲノムのおよそ60パーセントしか配列決定していなかったため、リストに掲載できる変異も60パーセントにすぎなかった。第二に、ネアンデルタール人とチンパンジーの配列が同じで、人間の配列（参照配列〔リファレンスゲノム〕のもの）が異なる位置を見つけても、すべての現代人の配列が参照配列と同じとは限らない。実際、そのような位置の大半において、現代人の配列は多様だったので、どの違いが重要なのか、見極めるのは難しかった。現在、人間の遺伝的バリエーションの範囲を明らかにしようとするいくつかの大型プロジェクトが進行中で、中でも１０００人ゲノムプロジェクトは、現代人の１パーセント以上がもつ変異をすべて検出することを目指している。完了すれば大いに助けとなるはずだが、そのプロジェクトは始まったばかりだった。三つ目の制約は、わたしたちのゲノムはわずか3体のネアンデルタール人から得た配列を合成したもので、大半は1体のネアンデルタール人の配列にすぎないということだ。だが、これについては、わたしはあまり気にしていなかった。１体のネアンデルタール人の配列が類人猿と同様の古いものであるなら、他のネアンデルタール人が現代人と同じ新しい配列を持っていても、それは問題ではない。１体でもその古い配列を持っていれば、およそ40万年前の、ネアンデルタール人と現生人類が分かれた時点では、両者の共通の祖先は確かにその配列を持っていたと言えるからだ。したがって、その配列は間違いなく、現生人類と彼らを隔てる候補となる。

ジャネットとマルティンは現生人類の参照配列を、類人猿（チンパンジー、オランウータン）および、マカク（類人猿より原始的なサル）のゲノムと比較し、配列が異なる位置（現生人類の系統で変異が起きた位置）を特定した。その後、その４つのゲノムを、ネアンデルタール人の配列と比較した。ネアンデルタール人のゲノムは、現生人類と類人猿やマカクとの配列が異なる３２０万２１９０か所をカバーしており、その大半で現生人類の配列と同じだった。ネアンデルタール人が類人猿やマカクより現生人類に近いことを思えば、驚くにはあたらない。しかし、これらの位置の12・1パーセントにおいて、ネアンデルタール人の配列は類人猿の配列とほぼ同じだった。ジャネットとマルティンは、類人猿とネアンデルタール人に共通して見られるそれらの古い配列が、現代人（参照配列とは異なる複数人）にも見られるかどうかを調べた。するとほとんどのケースで、現代人のゲノムには新旧の配列が混在していた。これも驚くにはあたらず、その原因となる変異が比較的最近、起きたからなのだ。しかし、数か所は、調べた現代人ゲノムのすべてにおいて新しい配列になっていた。それらにわたしたちは注目した。

最も興味をそそられたのは、機能に重大な影響を及ぼすと思われる変異で、中でも、タンパク質を変化させる変異――タンパク質を構成するアミノ酸を他のアミノ酸に置き換えたり、タンパク質の長さを変えたりするもの――が興味を惹いた。ご存じのように、タンパク質は、「遺伝子」と呼ばれる一続きの塩基配列によってコードされる、数珠つなぎになった20の異なるアミノ酸でできていて、遺伝子の働きの調整、組織の強化、代謝のコントロールといった、数多くの仕事を行っている。したがって、タンパク質を変化させる変異は、その他の変異に比べて、はるかに重大な影響を個体に及ぼし得る。進化の過程において、そのような変異が起きる回数は、他の平凡な変異よりずっと少ない。最終的にマルティンは、人間と、ネアンデルタール人や類人猿とで異なるそのような配列（タンパク質を変化させる変異が起きた場所）を78か所、特定した。ネアンデルタール人のゲノムがすべて解読され、また、1000人ゲノムプロジェクトが完了すれば、このリストはより正確なものになるだろう。確かな根拠から、現生人類の系統がネアンデルタール人と分岐した後に起きた、タンパク質を変化させる変異の数は200未満と推定できる。

将来、それぞれのタンパク質が心身にどう影響するかが十分に解明されれば、ある機能がどのタンパク質に起因するかがわかり、それらのタンパク質がネアンデルタール人でも同じような機能を果たしていたかどうかを突き止められるようになるだろう。残念ながら、ゲノムと生物学を包括するそのような知識が得られるのは、わたしが死んでネアンデルタール人と同じ世界に行った後になりそうだ。しかし、ネアンデルタール・ゲノム（と、将来わたしたちが他者と協力して作る改良版）が、この試みに大いに役立つことを思うと、少し慰められる。

特異な5つのタンパク質の機能とは

その時点では、その78か所からは、ごく大ざっぱなことしかわからなかった。配列を見ただけでは、その変異のせいで個体にどのような変化があったのかは、ほとんどわからないのだ。しかし、ひとつ気づいたのは、変化したタンパク質の5つは、1個ではなく2個のアミノ酸が違っているということだ。もし78の変異が、ゲノムにコードされる2万のタンパク質でランダムに起きたのであれば、そのような結果にはならなかったはずだ。先に述べたように、これら5つのタンパク質は、人類の歴史において比較的最近、その機能を変えたと思われるが、逆に、それらは重要ではなかったので、変異が起きても淘汰されず、変異が蓄積したという可能性もある。いずれにせよ、これらの5つのタンパク質をもっと詳しく調べてみる必要がある。

そのひとつは精子の運動能に関わるものだった。そうとわかっても、わたしはそれほど驚かなかった。ヒトや他の霊長類では、オスの生殖と精子の運動能に関連する遺伝子は変異しやすい。おそらくそれは、メスが複数のオスと交尾した場合に、精子どうしが直接競争するからだ。精子をより速く泳げるようにする変異が起きれば、その精子は受胎競争に勝ちやすく、子孫を残しやすい。したがって、精子に有利にはたらく変異は、急速にその集団内に広がっていくのだ。

このような変化は、正の選択（ある性質をもつ個体が積極的に選択される）によって進み、1

匹のメスをめぐる精子どうしの競争が激しくなればなるほど、正の選択はより強くはたらく。したがって種の乱婚の度合いと、オスの生殖に関連する遺伝子に正の選択がはたらく度合いには、相関が見られる。発情期のメスが近くにいるすべてのオスと交尾するチンパンジーの方が、1頭のボスがグループ内のすべてのメスを独占するゴリラよりも、精子に強い正の選択がはたらくという証拠が認められる。ゴリラ社会では、下位の若いオスの精子は競争に参加できず、もっぱらボスの精子が、授精という仕事を請け負う。ゴリラの場合、精子どうしの競争にいたる以前に、社会的階層を決める段階で勝負が決まると言える。

驚かされるのは、体の大きさ：睾丸の大きさ、といった大ざっぱな値も、授精をめぐる競争力の違いを反映していることだ。チンパンジーの睾丸は大きく、乱婚がさらに多いボノボ（チンパンジーより小柄）はいっそう立派な睾丸をもっているが、恐ろしいほど巨大なオスのゴリラの睾丸はちっぽけなのだ。人間は、睾丸の大きさと、オスの生殖に関する遺伝子にはたらく正の選択というふたつの側面から見て、乱婚の極みのチンパンジーと、一夫多妻のゴリラの間のどこかに位置づけられそうだ。そのことは、祖先もわたしたちと同様に、心が通じ合うパートナーと、セクシーで魅力的な異性との間で迷っていたことを示している。

変異を2個もつ、もうひとつのタンパク質は、機能がわかっておらず、遺伝子のはたらきについて、わたしたちがいかに無知であるかを語っている。変異を2個もつ3つ目のタンパク質は、細胞内でタンパク質を生成するのに必要な分子の合成に関与するものだ。それが何を意味するのか、わたしにはわからない。何か他のはたらきがあるのかもしれない——遺伝子のはたらきがあまり解明されていないことを思うと、その可能性は否定できない。しかし、変異を2個もつタンパク質のあと2つは、どちらも皮膚にあった——ひとつは、細胞同士がいかにくっつくか、特に傷の治癒に関与するもので、もうひとつは、さらに上の層の汗腺と毛根に存在した。これは、皮膚の中の何かが、人間の進化の過程で比較的最近、変化したことを示していた。おそらく将来の研究によって、前者は、人間よりも類人猿のほうが傷が治りやすいことに関係し、後者はわたしたちに毛皮がないことに関係していることが判明するだろう。しかし、現段階では、何も言えない。遺伝子が体の機能にどう影響しているかについて、わたしたちはあまりにも無知なのだ。

ネアンデルタール・ゲノムの完全版と、現代人の遺伝的変異に関するより多くの知識に基づいて作られる未来のリストには、40万年前に祖先がネアンデルタール人と分岐してから、5万年前に「交替した集団」が地球上に広がるまでの間に起きたすべての変異が掲載されるだろう。5万年前以降、すべての人に共通する変異は起きていない。それは人間が海を越えて世界各地に拡散したからだ。ネアンデルタール人のゲノムの一部で調べた結果から、ネアンデルタール人の全ゲノムと現生人類の全ゲノムで異なるヌクレオチドはおよそ10万個と推定できる。いずれそれらの違いが、現生人類を「現代的」にしたのは何かという問いに対して、少なくとも遺伝学的には完全な答えを示すことになるだろう。この10万個のヌクレオチドを元に戻せば、遺伝子レベルで、ネアンデルタール人と現生人類との共通の祖先に等しい人物が現れるはずだ。将来、このリストは、人類学分野の最も重要な研究対象のひとつとなり、現生人類の考え方や行動がどの変異に起因するかが明かされていくことだろう。

第21章　革命的な論文を発表

２０１０年５月、ついに『サイエンス』に論文を発表し、彼らと現生人類の交配の事実を世に問うた。大反響があり、年間最優秀論文に。格別の喜びだった

科学に絶対的な結論というものはほとんどない。たいへんな努力の末に、ようやくある洞察にたどり着いても、それをさらに上回る進歩が目前に迫っているというのはよくあることだ。だが、そうだとしても、ある段階で見切りをつけて、それまでの成果を公表する必要がある。２００９年の秋、わたしは今がその時だと感じた。

わたしたちの論文は、いくつかの道のマイルストーンとなるだろう。何と言ってもそれは、絶滅した人類から抽出してシーケンスした初めてのゲノムなのだ。２０１０年の春、デンマーク、コペンハーゲン大学のエスケ・ビラースレウのグループは、永久凍土に保存されていた、古代のエスキモーの毛髪から得たゲノムを公表した。しかし、その毛髪はわずか４０００年前のもので、DNAの80パーセントは現生人類のものと同じだった。論文のタイトルは「絶滅した古代エスキモー」をシーケンスしたと謳っていたが、現代のエスキモーは、自分たちが絶滅したと聞けばど

う思うだろう。

その点、ネアンデルタール人は間違いなく古く、間違いなく絶滅した、異なる種類の人類なのだ。そして、地球のどこに住む人にとっても、進化上、最も近い親類であり、その意味できわめて重要な存在である。わたしはまた、自分たちの仕事は、将来の多くの研究に技術的な基盤を提供することになると感じていた。永久凍土に埋もれていた死体と違って、わたしたちが使用した骨は、特に保存に向く環境にあったわけではない。その点では、これまで世界各地の洞窟で発見されてきた無数のヒトや動物の骨と同じだ。わたしたちが開発した技術によって、やがてそれらの遺物から多くのゲノムが復元されることになるだろう。最も論争の的になりそうなのは、ネアンデルタール人がユーラシアで、ゲノムの一部を現生人類に与えたという部分だ。しかし、わたしたちは3つの異なるアプローチを試し、その都度、この同じ結論に到達した。したがって、異論が出たとしてもそれに答える必要はない。将来の研究によって、いつ、どこで、どのようにそれが起きたかが明らかにされるはずだ。わたしたちはそれが「起きた」ことを確かに証明したのだ。その成果を世界に示す時が来た。

秘密を守り、かつなるべく速く

論文は、できるだけわかりやすく書いて、わたしたちの仕事に興味を持つ遺伝学者だけでなく、考古学者、古生物学者、その他、幅広い層の人に理解できるものにしたかった。実際、論文を早くという声は、さまざまな方面から聞こえた。『サイエンス』の編集者はいつ論文を提出するのかと聞いてきたし、ジャーナリストたちは、わたしだけでなく他のメンバーにも、発表はいつになるのかと、何度となく電話をかけてきた。何か発表に値する重大な発見があったことを人々は知っているはずなので、その内容に触れず、技術的なことばかり説明するのは後ろめたかった。実験の内容と結果を知っている人は50人ほどいた。発表前にその誰かが、現代人がネアンデルタール人の遺伝子を受け継いでいるという証拠が見つかったことをジャーナリストに話してしまうのではないかと心配だった。もしそうなれば、そのニュースはたちまちあらゆるメディアに拡散するだろう。

もうひとつ心配だったのは、他のグループが先にネアンデルタール人の塩基配列を公表することだった。この懸念の元になっているのは、もちろん、ある人物だ。かつての仲間で、今はライバルとなった、バークレーのエディ・ルービン。ネアンデルタール人の骨を持ち、その研究に必要な手段に通じた人物だ。これまでの4年間、わたしたちはまさに血のにじむような努力を重ねてきた。それなのに、ある朝、「ネアンデルタール人が人類の遺伝子に寄与」といった新聞の見出しに叩き起こされたら、どんな気分になるだろう。こちらの10分の1以下の乏しいデータを慌てて分析したような論文に先を越されたとしたら。柄にもなく、それが心配で寝つけない夜が続いた。

毎週の電話会議でも、わたしはその懸念を隠せなかった。どれほどジャーナリストにしつこく迫られても、研究の結果を話してはならないとわたしは何度も言った。コンソーシアムのメンバーがだれひとりそうしなかったのは、グループへの忠誠の証と見なせる。また、わたしは、コンソーシアムの全員に、担当した作業の内容を文書にまとめて持ってくるよう、プレッシャーをかけた。彼らにとっては、黙っていることより、こちらの方が難しかったようだ。科学者の中には、知的好奇心に駆られて研究には没頭するものの、答えが見つかったらそれで満足し、論文にまとめて発表するのを億劫《おっくう》がる人も少なくないのだ。もちろんこれは褒められたことではない。研究資金を税金のかたちで負担してきた一般市民は、その結果を知る権利があるし、他の科学者がその結果を土台としてさらに先へ進むには、結果が出るまでの過程を知る必要があるからだ。

主にそうした理由から、科学者がある地位に就いたり昇進したりする際には、興味深いプロジェクトをどれほど多く始めたかということより、どれほど多く完了させ、論文にまとめたかによって、評価が下される。コンソーシアムのメンバーの何人かはすぐ文書を持ってきたが、遅れて、しかも下書きのようなものを持ってくる人や、まったく持ってこない人もいた。どうすれば持ってこさせることができるだろうと思い悩むうちにあるアイデアを思いついた。彼らの虚栄心を利用すればいいのだ。

多くの科学者は、多くの人と同様に、いい仕事をしていると認められることを望んでいる。そして彼らの成功は、論文がいかに多く引用されるか、いかに多くの講義の依頼を受けるかにかかっている。このプロジェクトにはいくつものグループと50名以上の科学者が関わってきた。論文にはその全員が著者として名を連ねることになるが、非常に創造的で多様で困難だった仕事を、ひとりひとりの功績に帰すのは難しい。けれども、その誰もが共通の目標に向かって献身的に働いてきたので、そのプロセスを細分化し、中心となった人物に功績を割り振るべきだと、わたしは考えた。問題はどうやってそれをするかである。どうすれば、彼らを励まし、速く、より丁寧に論文を書かせることができるだろう。

大規模な論文ではよくあることだが、内容の大半は印刷された誌面には収められず、その雑誌のウェブサイトに「電子補助資料」として掲載される。かなりのボリュームとなるが、大部分は、専門家向けの専門的な内容となっている。通常、電子補助資料の著者は、論文と同様にひとまとめに主著者からずらずらと掲げられる。だが、わたしはそれを変えることにした。電子補助資料のそれぞれのセクションで著者を分け、興味を持つ読者の質問にその著者が対応することを提案したのだ。このかたちにすれば、どの実験や分析をだれが行ったのかがより明確になる。また、それぞれが担当するセクションの内容に責任をもつことになり、賞賛であれ非難であれ――少なくともその一部は――担当者に向けられるだろう。その内容をさらに精錬するために、コンソーシアムのメンバーから研究に直接関わっていない人を選び、校正を任せた。

これらの方策はすべてプラスに働いた。メンバーはそれぞれ担当する部分を着々と提出するようになり、最終的に19章、174ページの補助資料が揃った。おかげでわたしの仕事は、これらの部分的修正と、雑誌に掲載される主論文の執筆だけとなった。この作業では精力的なデヴィッド・ライシュが大いに助けてくれた。メールで何度もやり取りし、何度も書き直した末に、2010年2月の初めに、エド・グリーンがすべてを『サイエンス』に提出した。

3月1日、3人のレビュアー（査読者）からコメントが届き、3週間後、4人目のレビュアーのコメントも戻ってきた。往々にして、レビュアーは論文のアラをいくつも見つけ、批判してくるものだが、今回、そのような指摘はほとんどなかった。2年の歳月を費やして、互いの仕事をチェックしあったので、大方のアラはすでに自分たちで見つけていたからだ。それでも、細かな修正は必要で、編集者との間で何度もやり取りした。そしてついに2010年5月7日、論文は、174ページの電子補助資料付きで発表された。(注1) ある古生物学者はそれを「科学論文というより本に近い」と評した。

論文が発表された日、ゲノム・シーケンスへのアクセスを提供するふたつの世界的組織、ケンブリッジの欧州バイオインフォマティクス研究所と、カリフォルニア大学サンタクルーズ校のUCSCゲノムブラウザを通じて、わたしたちが解読したネアンデルタール人のゲノムを公開し、だれでも閲覧できるようにした。さらに、ネアンデルタール人の骨から抽出したすべてのＤＮＡ断片を——バクテリア由来と思えるものも含め——公共のデータベースに載せて、自由に見られるようにした。わたしたちが調べたすべてを、だれもが見られるようにしたかったのだ。それをベースにさらによい仕事をしてほしいと願うからだ。

わたしたちのゲノムを使ってくれた最初の研究者

予想通り、メディアは熱狂した。しかしわたしは、これまでの経験からジャーナリストにいくぶんうんざりしていたので、対応は、エド、ライシュ、ヨハネス、その他のメンバーに任せることにした。第一、論文が発表される日、わたしはテネシー州ナッシュビルのヴァンダービルト大学で講演をする予定になっていたのだ。論文の発表日が決まるずいぶん前に決まったことだったが、メディアの喧騒を避けるのにちょうどいい口実になった。しかし、熱狂は、懇意にしているナッシュビルの世話役にまで伝染していた。わたしが泊るホテルに怪しげな人物から電話があったそうで、世話役たちはわたしの身を案じていた。人間の起源に関して異論を持つキリスト教原理主義者が何かしでかすのではないかと彼らは心配していた。警察に調べさせたところ、電話は大学のキャンパスからかけられていたそうで、理由はわからないが、それが彼らをさらに警戒させた。わたしはふたりの私服警官に護衛され、キャンパスのどこへ行くにも彼らがいっしょだった。ボディーガードつきで講演したのはこれが初めてだ。心配してくれたのはありがたかったし、重要人物になったようで気分が良かったが、ダークスーツをまといイヤホンをつけたふたりの大きな男が、わたしに近づくすべての人を疑わしげに睨みつけるので、講義の後で話をしにきた教授や学生たちは気づまりな様子だった。

たまたま、コールド・スプリング・ハーバー研究所の２０１０年のゲノム会議が翌週に迫っていたので、ナッシュビルからロングアイランドへ直行した。４年前にネアンデルタール・ゲノムプロジェクトを始めると宣言した講堂で、主要な発見を披露するのはとても幸せな気分だった。「ネアンデルタール人のゲノムが、未来の科学者の研究に役立つことを願っています」と述べて話を終えた。ところが、演壇から下りたわずか5分後に、その未来が訪れた。

つづいて発表したのは、スタンフォード大学の大学院生、コーリー・マクリーンだった。わたしは腰を下ろしながら、自分の発表が聴衆の関心を大いに引きつけた後だから、彼はたいへんだろうな、と少々優越感を覚えていた。しかし、そう思ったことをすぐ後悔しはじめた。コーリーの発表は素晴らしい内容だった。彼は人間と類人猿のゲノムを分析し、類人猿にあって人間にないDNAの連なりを５８３か所、確認した。その領域にどんな遺伝子が含まれるかを調べたところ、いくつかの興味深いものが見つかった。そのひとつはピーナイル・スパイン（ペニスの突起）に関係するタンパク質をコード化していた。ピーナイル・スパインは類人猿のペニスにある構造で、そのせいで、類人猿はあっという間に射精する。しかし、人間はそれがないので、性交を長く楽しむことができる。ピーナイル・スパイン遺伝子の喪失は、その違いの根拠となるものなのだろう。人間が失ったもうひとつの遺伝子は、ニューロンの分裂を抑制するタンパク質をコード化しており、人間の脳がより大きくなったことと関係がありそうだ。実に興味深い発見である。

しかし、わたしにとって何よりうれしかったのは、ネアンデルタール・ゲノムを公開してからまだ数日しかたっていないのに、コーリーがそのデータベースで、現代人とネアンデルタール人に等しく欠けている遺伝子を調べていたことだ。まさにわたしが期待していた通りの利用法だった。わたしたちが明かしたネアンデルタール・ゲノムによって、他の研究者は、調べている遺伝的変化が、人間の進化過程の「いつ」起きたかを、ある程度、特定できるようになったのだ。コーリーは、ネアンデルタール人はピーナイル・スパイン遺伝子を持っていないことを確認した。そのおかげで、化石記録からは知ることができないネアンデルタール人の体の秘密のひとつが、あっさりと解き明かされたのだ。脳の大きさに関わる遺伝子も、現生人類とネアンデルタール人は等しく失っていたが、化石から両者の脳の大きさはほぼ同じだとわかっているので、これは納得できる発見だった。しかし彼がまだ機能を特定していない遺伝子のいくつかを、ネアンデルタール人は維持していた。今後の研究によって、それらが本当にすべての現生人類において失われているかどうか、もしそうなら、そのせいで現生人類とネアンデルタール人はどう違うのかが明かされていくことだろう。

会議のあと、コーリーを探したが、他にも彼と話をしようと待っていた人が大勢いたので、見つけられなかった。翌日、ようやく会えた彼に、心からの賛意を伝えた。非常に感動していたので、彼を抱きしめたいほどだった。わたしの知るかぎり、彼はわたしたちのゲノムを研究に利用した最初の人物なのだ。

多くの賛意と、ほんのわずかな否定

ネアンデルタール・ゲノムの論文には、これまでわたしが発表したどの論文より、多くの反響が寄せられた。ほとんどが肯定的だった。中でも、ウィスコンシン大学マディソン校のジョン・ホークスは絶賛してくれた。ミルフォード・ウォルポフの教えを受けた古生物学者であるジョンは、多地域進化説の提唱者のひとりだった。人類学の世界で影響力のある人物で、そのブログには、人類学の新たな論文やアイデアについての、思慮深く洞察に富む論評がつづられている。「この科学者たちは、人類にすばらしい贈り物をした」と、彼はブログに記した。「ネアンデルタール・ゲノムはわたしたちの写真であり、外から見た姿だ。このゲノムによって、わたしたちを人間にした遺伝的変化――人間が地球全体に広がることを可能にした変化――を知り、学ぶことができるようになった。……これこそ、人類学がなすべきことだ」。もちろん、わたしたちは大いに喜んだが、エドだけは、冷静さを保っていた。彼がコンソーシアムの全員に送ったメールにはこうあった。「だれかジョン・ホークスを落ち着かせてやってくれ」

ひとりだけ頑固に否定的な反応を示した人がいた。それは著名な古生物学者、エリック・トリンカウスである。元来、彼は遺伝学の研究が人類学の役に立つとは思っていないようだったので、ジャーナリストから意見を求められる前に目を通せるようにと、わたしは発表の数日前に彼に論文を送っておいた。加えて、二通のメールを交換して、論文の誤解を招きそうな部分について補足説明もした。彼にわたしたちの研究の価値を認めてほしかったからだ。しかし、そうした気配りは無駄だったらしい。パリのジャーナリストから一通のメールが届き、エリック・トリンカウスが彼女に送った長ったらしいコメントへの感想を求められた。コメントの内容は以下の通りだ。「手短に言って、ネアンデルタール人と初期の現生人類との間で遺伝子流動が起きたことを示す化石の証拠は十分揃っている。それは、およそ4万年前に、ネアンデルタール人の集団が拡大する現生人類の集団に吸収された結果と思われる。つまり、その新しいＤＮＡデータと分析は、この議論に新たな情報は何ももたらさないのだ。……この論文の著者の多くは学識に欠け、化石データや、現存する人間の多様性を理解しておらず、人間の進化上の変化を行動学的、考古学的に見ることができていない。結論として、この論文は複雑極まりない、はなはだ費用のかかる分析の結果であり、現生人類の起源とネアンデルタール人に関する研究をほとんど前進させることなく、むしろ後退させたと言わざるを得ない」

驚いたことにエリックは、ネアンデルタール人のゲノムをシーケンシングしたことによって、わたしたちは知識を減らしたと考えているのだ。わたしは次のように述べた。「この研究によってネアンデルタール人に関する知識はほとんど増えなかったと考えられていることを残念に思う」。しかし、トリンカウスがどう言おうとも、他の人々は遺伝学と古生物学が互いに補完し合えることを理解してくれると、わたしは確信していた。

ネアンデルタール・ゲノムに興味を持った人は大勢いたが——中でも最も意外だったのは、合衆国の原理主義のキリスト教徒たちだった。論文発表の数か月後、わたしはカリフォルニア大学バークレー校の理論進化ゲノミクスセンターで、博士課程の学生、ニコラス・J・マッツケに会った。あの論文が、創造説支持者の間に激しい論争を巻き起こしているとニコラスは言った。そして彼は、創造説支持者には2タイプあることを教えてくれた。一方は、「若い地球説」支持者で、地球、天国、あらゆる生物は、1万年前から5700年前の間に、神によって創造されたと信じている。彼らはネアンデルタール人を「完全な人間」と見なす傾向にあり、ネアンデルタール人はバベルの塔の崩壊によって「全地に散らされ」、その後絶滅した「人種」だ、と言うこともある。したがって、ネアンデルタール人と現生人類が混血したというわたしたちの発見は、彼らの信念に矛盾しなかった。

もう一方の「古い地球説」支持者は、地球が太古の昔から存在することを認めているが、自然による進化は認めていない。古い地球説の主要な団体はヒュー・ロス率いる「Reasons To Believe（信仰の根拠）」で、現生人類は5万年ほど前に特別に創られた存在だが、ネアンデルタール人は人間ではなく動物だと信じている。したがって、古い地球説支持者は、ネアンデルタール人と現生人類が混血したという発見を好まなかった。パターソンは、ロスがラジオ番組で述べたコメントの写しを送ってきたが、そこには「創世記によると、初期の人間は、ひどく不道徳な行いをしていた」。そして神は人間を「全地に散らした」が、それは獣姦にも等しいこの種の交配をやめさせるためだった、と書かれていた。

一般の人たちの反応

明らかに、わたしたちの論文は、予想しなかったほど幅広い読者に届いていた。しかし、自分の祖先がネアンデルタール人と交配したという事実に衝撃を受ける人はほとんどいなかった。実際のところ、多くの人は興味をそそられたようで、以前にもそういうことはあったが、ネアンデルタール人から受け継いだ遺伝子を調べてほしいと志願する人も出てきた。9月の初めまでに、わたしはあるパターンに気づき始めた。そんなことを書き送ってきたのはほとんどが男性だったのだ。Eメールを読み返してみると、47名が、自分はネアンデルタール人だと思うと書いていたが、このうちの46名が男性だった。このことを教え子の学生に話すと、たぶん男性のほうが女性よりも遺伝学の研究により興味を抱くからでしょう、という答えだったが、そうでもなさそうだ。と言うのも、12名の女性から同様のメールが届いていたが、彼女らは、自分ではなく夫がネアンデルタール人ではないかと考えていたのだ！　男性が自分の妻について、そのようなことを書いてきた例はなかった（後に、ひとりだけいた）。

何らかの興味深い遺伝的パターンがここには見られるので調査が必要だと、わたしは冗談を言ったが、実のところそこに現れていたのは、ネアンデルタール人についての世間一般のイメージだった。昔からネアンデルタール人は、大きく頑丈で筋骨たくましく、いくらか粗暴でいくらか単純、と見られていた。これらの特徴のいくつかは、人間の男性についてなら受け入れられるし、褒め言葉になることさえあるが、女性では明らかに魅力的とは言い難いものだ。わたしがそれを、しかと悟ったのは、『プレイボーイ』誌から電話があり、研究に関するインタビューを申し込まれたときだった。わたしは引き受けた。『プレイボーイ』に載る最初で最後のチャンスだと思ったからだ。そして「ネアンデルタール人の恋人：この女性と寝たい？」というタイトルで4ページの特集が掲載された。挿絵には、がっしりした汚らしい女性が雪の積もった尾根で槍をふるう姿が描かれていた。ネアンデルタール人の女性と結婚したいという男性はおそらくいないはずだが、どう見ても魅力的とは言い難いその姿が、理由を語っている。

大いに興味をひいたもうひとつの疑問は、アフリカの外の人だけがネアンデルタール人のDNAを保有することが何を意味するか、である。重ねて言うが、ネアンデルタール人は明らかに評判が悪い。『ジュンヌ・アフリック』(Jeune Afrique) は、アフリカのフランス語圏で出版されている、政治や文化の問題をあつかう週刊誌だが、わたしたちの研究結果を伝える記事を次のように結んだ。「だが、ひとつ確かなのは……ネアンデルタール人の外見が類人猿に似ていることを思えば、サハラ以南のアフリカ人が白人より遅れているといまだに考えている人々は、真実を何もわかっていないということだ(注2)」

一般の人々は、わたしたちの研究によって遠い過去に何が起きたかが明かされたことよりも、自らの世界観への影響に興味があるようだった。例えば、アフリカの外の人々に伝わるネアンデルタール人のDNAにはどんな利点があるのかという質問をよく受けた。妥当な質問かもしれないが、わたしが警戒心を覚えたのは、その背後に、ネアンデルタール人のDNAは、黒人よりすぐれているヨーロッパ人やアジア人が持っているのだから、何かプラスになるものにちがいない、という見方が感じられたからだ。

わたしにとっての帰無仮説——科学的問題を探究するときのベースラインとなる仮説——は、「遺伝的変化は機能に何の影響もあたえない」というものだ。その仮説を立てた上で——たとえば今回のケースでは、人種による違いを調べることによって——、否定を試みる。今のところ、ネアンデルタール人のゲノムを受け継いだことが、機能面での違いをもたらしたという証拠はまったく見つからないので、帰無仮説を否定する理由はない。わたしたちが発見したものは、遠い昔にはごく自然に行われていた集団間の交配の痕跡にすぎないのだろう。確かにわたしたちはまだそれほど厳密に調べたわけではなかった。そして実のところ、ネアンデルタール・ゲノムを公表してから1年たたないうちに、他の人がある発見をした。

現生人類が生き延びるのに役立ったネアンデルタール人遺伝子

ピーター・パラムは、主要組織適合遺伝子複合体（MHC）の世界的権威のひとりだ。MHCはおそらくヒトゲノムの中で最も複雑な遺伝子領域で、わたしがウプサラ大学にいた頃、博士課程の研究対象にしていた領域でもある。MHCは、ほぼすべての細胞に存在するタンパク質「移植抗原」をコード化している。移植抗原は、細胞に侵入してきたウイルスやバクテリアなどのタンパク質のかけらと結合して細胞表面に運び、免疫細胞に見つかりやすくしている。免疫細胞はそれらを細胞ごと殺し、感染が体全体に広がるのを防ぐ。

しかしMHCが発見されたのは、感染と戦うという通常の機能によってではなく、皮膚、腎臓、心臓などを移植した際に免疫システムが引き起こす、激しい拒絶反応によってであった。「移植抗原」の語源となっているこの移植臓器への拒絶反応は、MHC遺伝子に数十から数百もの変異があるために移植抗原がきわめて多様で、個体によって異なるために起きる。つまり、親類以外のドナーの臓器を移植されると、その移植抗原は必ず種類が異なるので、レシピエント（移植を受けた人）の免疫システムは、その臓器を異物とみなして攻撃するのだ。臓器移植を受けた人は、たとえそれが親類からのもので、遺伝的にそれほど違わなくても、生涯、この反応を抑える薬（免疫抑制剤）を飲み続けなければならない。しかし、遺伝的に同一の双子間で移植した場合は、移植抗原が同じなので、免疫上の問題はほとんどない。移植抗原がなぜこれほど多様なのか、理由はまだ解明されていないが、おそらくMHC遺伝子に多くの異なる変異が存在することによって、免疫システムは感染した細胞と正常細胞を見分けやすくなるのだろう。

ピーター・パラムは、ネアンデルタール・ゲノムの中に、移植抗原をコードするMHC遺伝子を探した。カリフォルニア大学サンタクルーズ校の准教授になっていたエド・グリーンも協力し、新たに多くの断片を確認した。これらの遺伝子は並はずれて多様なので、当初わたしたちはそれらを見逃していたのだ。わたしたちの論文発表から1年後の会議で、彼らは、現代のヨーロッパ人とアジア人には一般的でアフリカ人には見られない特殊なMHC遺伝子の変異が、ネアンデルタール・ゲノムに見つかったことを報告した。彼らの見積もりによれば、ヨーロッパ人が保有するこれらの遺伝子のおよそ半分と、中国人が保有するそれらの72パーセントは、ネアンデルタール人に由来するという。これらの人々の全ゲノムのうち、ネアンデルタール人に由来する配列が最大でも6パーセント未満だったことを考えると、ネアンデルタール人のMHC遺伝子が異常なまでに高頻度で見つかることは、それらが「交替した集団」が生き延びるのを助けたことを示している。

現生人類と遭遇したとき、ネアンデルタール人はすでに20万年以上、アフリカの外で暮らしていたため、彼らのMHC遺伝子変異は、アフリカには存在しないヨーロッパ特有の病気との闘いに適応していたのかもしれない。ゆえにそれらを受け継いだ現生人類は、受け継がない人より生き延びやすくなり、その結果、これらの変異は高頻度で見つかるようになったのではないか、とピーターは見ている。2011年、ピーターたちはこれらの発見をまとめた論文を『サイエンス』に発表した。(注3)

年間最優秀論文に選ばれる

2010年12月3日、『サイエンス』の編集者で、わたしたちの論文を担当したローラ・ザーンから1通のEメールを受け取った。論文発表から7か月たっていた。メールには、その論文がアメリカ科学振興協会(AAAS)ニューカム・クリーブランド賞を受賞したと書かれていた。それまでにも科学賞はいくつか受賞したことがあり、それぞれうれしく、また、わたしの自信を高めてくれた。だが、今回は格別の喜びだった。ニューカム・クリーブランド賞は1923年に創設された賞で、毎年、『サイエンス』誌上で発表された論文やレポートのうち「最もすぐれているもの」に与えられる。当初の賞金は1000ドルで、「1000ドル賞」と呼ばれていたが、その時までに2万5000ドルになっていた。一番うれしかったのは、論文の著者全員が受賞し、コンソーシアムの団結の成果として認められたことだった。その夜、リンダがわたしにこう言ったように。「『サイエンス』で論文を発表するのは、すごいことよ。でも、それが『サイエンス』の年間最優秀論文に選ばれるっていうのは、すごいを通り越して、ほとんどの人は夢見ることさえできないわ」

論文の主著者であるライシュやエドたちと相談して、２０１１年２月にワシントンＤＣで開かれるＡＡＡＳの総会で、一緒に受賞することにした。そして、その賞金を使って２０１１年の秋にクロアチアで会議を開くことにした。コンソーシアムのメンバーが一堂に会して、ネアンデルタール・ゲノム分析がこれから進むべき方向について話し合うのだ。それは２００９年のドゥブロヴニク会議のように、熱のこもったものになるだろう。ローラ・ザーンからのメールを受け取った時点で、会議の議題がネアンデルタール・ゲノムにとどまらないことがわかっていた。別の絶滅した人類のゲノムが、地球の別の場所から届いていたのだ。

第22章　「デニソワ人」を発見する

2009年、デニソワ洞窟の小さな骨がわたしに届いた。さして重要とも思わなかったが、一応DNAを調べると、なんと未知の絶滅した人類だったのだ

話はネアンデルタール人の論文発表の半年前に遡るが、2009年12月3日、わたしはコールド・スプリング・ハーバー研究所で開かれたラットのゲノムに関する会議に出席していた。数年前から取り組んできた、ラットの人為的家畜化に関する研究について発表するためだった。朝食のあと、食堂から講堂へ向かっていると、携帯電話が鳴った。ライプツィヒのヨハネス・クラウゼからで、ひどく興奮していた。なにごとかと尋ねると、「座ってますか?」と訊かれた。立っている、と答えると、話を聞く前に座ったほうがいいと言う。どんな恐ろしいことが起きたのだろうと不安に思いながら、わたしは椅子に腰をおろした。

ロシアのアナトリー・デレヴィアンコ（図22・1参照）からもらった小さな骨を覚えていますか、とヨハネスは言った。アナトリーはロシア科学アカデミーのシベリア支部長で、ロシアの考古学をリードする学者のひとりだ。1960年代から研究の場に身を置き、学問の世界で強い影

図22.1 アナトリー・デレヴィアンコと同僚。写真：ベンス・フィオラ、MPI-EVA.

響力を持つだけでなく、政界にも強力なコネを持っている。ともに働いた数年間、わたしは彼への尊敬の念をますます深め、友情をはぐくんだ。彼は笑顔がとても温かく、いつも礼儀正しく、協力的だった。フィールド考古学者としての経験も豊かで、とても活動的な人だ。ノボシビルスクにある研究所の近くの大きな湖で遠泳をすることでも知られている。わたしがエジプト学を学んだロスティスラフ・ホルトエルとは見かけがかなり違うが、どちらも、いかにもロシア系らしい温かさと誠実さにあふれている。彼と共同研究ができたのは幸運だった。

現生人類でもネアンデルタール人でもない骨

何年か前、アナトリーがわたしたちの研究所にやってきて、ビニール袋に入ったいくつかの小さな骨をくれた。シベリア南部のロシア、カザフスタン、モンゴル、中国にまたがるアルタイ山脈にあるオクラドニコフ洞窟という場所で発掘されたものだった。いずれもごく小さな骨片で、どの型の人類のものかわからなかったが、ＤＮＡを抽出して調べると、ネアンデルタール人のｍｔＤＮＡが含まれていた。アナトリーと協力してその発見を論文にまとめ、２００７年に『ネイチャー』で発表し、その骨を根拠として「ネアンデルタール人が住んでいた地域は、従来考えられていたより少なくとも２０００キロメートル東に拡大される」と述べた。(注1) その骨が発見されるまで、ウズベキスタンより東にネアンデルタール人がいたという証拠はなかったのだ。

２００９年春、アナトリーからまた骨片が届いた。その前年に彼のグループがデニソワ洞窟で発見したものだという。その洞窟は中国からモンゴルでシベリア・ステップに接しているアルタイ山脈の谷にある。骨はきわめて小さかったので、わたしはそれほど重要だと思わず、いつか時間のあるときにＤＮＡが含まれているかどうか調べようと思っただけだった。おそらくこれもネアンデルタール人のもので、最東にいたネアンデルタール人のｍｔＤＮＡの変異の度合いがわかるだろうと考えていた。

そしてヨハネスは、それを調べる時間を見つけた。彼は骨片からＤＮＡを抽出し、若く才能あふれる中国人大学院生のチヤオメイ・フーがライブラリを作り、エイドリアン・ブリッグスが開発した方法でｍｔＤＮＡの断片を探した。断片は３万４４３個も見つかり、それらを統合して、非常に精度の高い完全なｍｔＤＮＡを組み立てることができた。実際、ｍｔＤＮＡの中の各部位は平均で１５６回確認でき、その回数は古い骨としては並外れて高かった。よいニュースだが、ヨハネスがわたしに座るようにと言った理由はそれではなかった。

彼はデニソワ洞窟の骨のｍｔＤＮＡの配列を、わたしたちが配列決定した６つのネアンデルタール人のｍｔＤＮＡ配列、および、世界各地の現代人のｍｔＤＮＡ配列と照合した。すると、ネアンデルタール人と現代人のｍｔＤＮＡ配列は平均で２０２か所が異なるが、デニソワの骨と現代人では３８５か所も違っていたのだ——ほぼ倍である！　系統樹解析では、デニソワのｍｔＤＮＡの系統は、現代人とネアンデルタール人の共通の祖先がいた時代よりはるか昔に分岐していた。ヨハネスが、人類とチンパンジーが６００万年前に分かれたという仮定のもとに変異が起きる速度を推定し、それによってネアンデルタール人と現生人類のｍｔＤＮＡが分岐した年代を算出すると、およそ50万年前になるが、現生人類とデニソワの骨では、分岐した年代は約１００万年前になったそうだ。とても信じられない気がした。あの骨は、現代人でもネアンデルタール人でもない！　まったく別の人類のものだったのだ。

頭が混乱した。１００万年前に現生人類の系統から分岐し、その後絶滅したグループとは、どんな人類だったのだろう。ホモ・エレクトス（北京原人、ジャワ原人など）だろうか。だが、ホモ・エレクトスは、約１８０万年前の化石がグルジア共和国で見つかっており（アフリカの外では最古の化石）、アフリカを出たのは——つまり、現生人類の系統と分かれたのは——それより昔の、およそ２００万年前と考えられている。では、ハイデルベルク人だろうか。だがそれはネアンデルタール人の直接の祖先と考えられており、現生人類の系統と分岐したのは、ネアンデルタール人と同時期ということになる。この骨はまったく未知のものなのだろうか。新種の絶滅した人類なのだろうか。この骨についてすべて話してほしいとヨハネスに頼んだ。

この骨は本当に小さく、米粒ふたつ分ほどの大きさだ。小さな指の骨の一部で（図22・2参照）、おそらく子どもの小指の先端の骨だろう。ヨハネスは歯科用ドリルでこの骨から30ミリグラムの骨粉を取り出し、そのわずかな骨粉からＤＮＡを抽出し、チヤオメイがそれを使ってライブラリを作った。彼らが発見できたｍｔＤＮＡの量を思うと、その骨は並はずれてＤＮＡをよく

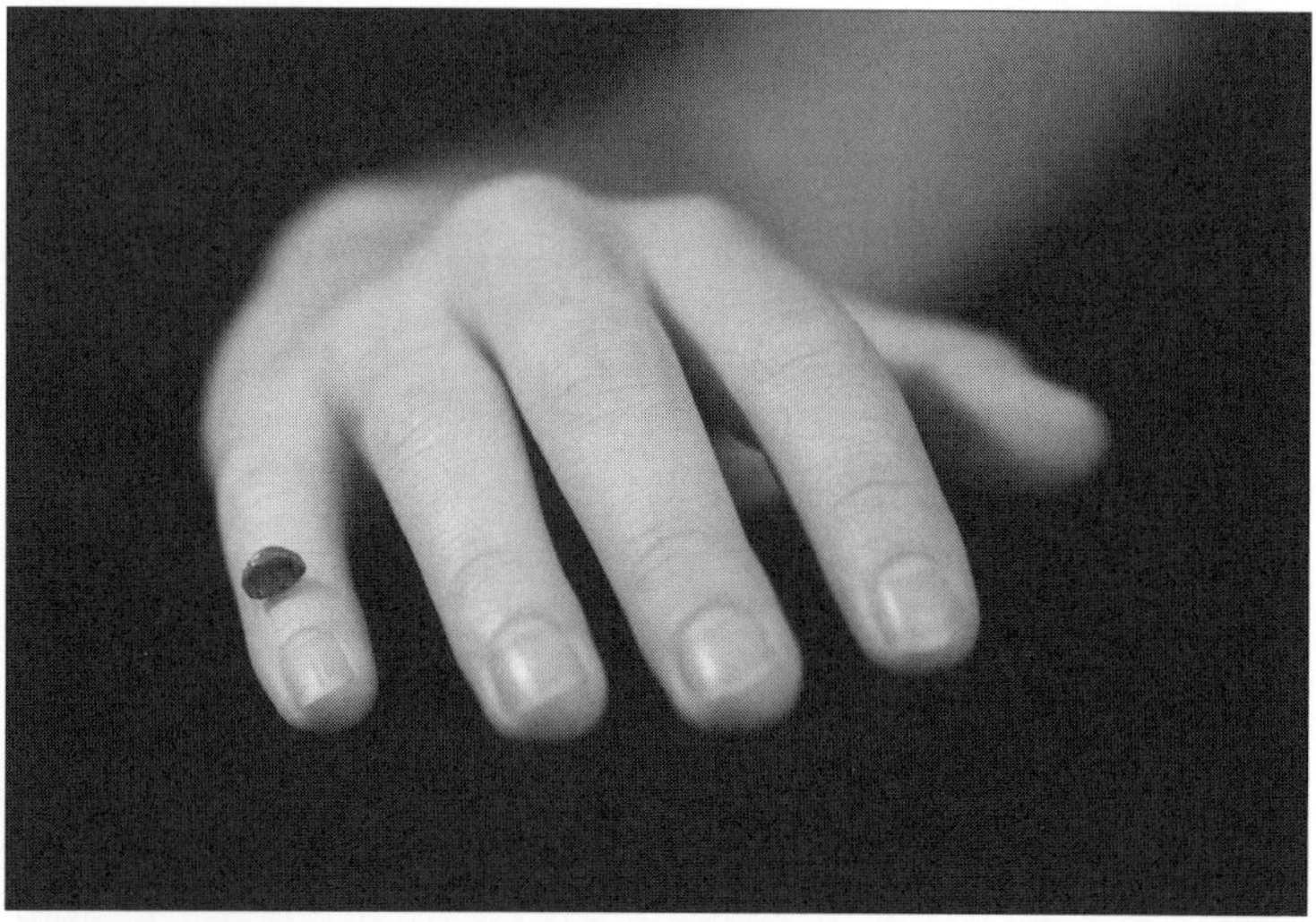

図22.2　2008年にアナトリー・デレヴィアンコとマイケル・シュンコフがデニソワ洞窟で発見した小さな指骨。写真：MPI-EVA.

保存していたようだ。わたしは3日後にライプツィヒに戻る予定だったので、これからどうするかは、会ってから決めることにした。

電話を切った後、異なるラット系統のゲノムが互いにどう違うかといった発表を聞く気にはなれなかった。ニューヨーク州は、雪のない晴れた冬の日だった。午前中、研究所の下の風の強い海岸を散歩しながら、何十万年も前に、遠く離れたシベリアの洞窟で死んだ子どものことを考えた。残したのはほんのちっぽけな骨だけだが、その子がこれまでまったく知られていない存在だということを、その骨は十二分に語っていた。つまり、ホモ・エレクトスより後、ネアンデルタール人の祖先より前に、アフリカを離れたグループの一員なのだ。このグループがどんな人類なのか、突きとめることはできるだろうか。

極寒のロシアにさらなる骨を探しにゆく

ライプツィヒに戻ると、ヨハネスや他の人たちと次に何をするかを話しあった。ネアンデルタール人のゲノムの分析は終わりに近づきつつあり、皆、この驚くべき発見について考える時間があった。最初に頭に浮かんだのは、ヨハネスが復元したDNA配列は間違っていないだろうか、という考えだった。チヤオメイとヨハネスは、何千個ものmtDNA断片を回収したが、汚染を示唆する置換を含むものは、全体の1パーセントよりはるかに少なかった。また、復元されたmtDNAは現代人のmtDNAとはまったく異なっていた。わたしが研究を始めたばかりの頃は、何百万年も前に細胞の核染色体に取り込まれたmtDNAのことをよく心配したものだった。ヨハネスらがそのようなmtDNAの「化石」を見間違えたという可能性はないだろうか。幸い、本物のmtDNAは環状なので、核が取り込んだmtDNAの化石と区別することができる。復元された配列は、確かに環状の分子に由来するものだった。わたしにはこの発見が間違っているとは思えなかったが、ヨハネスとチヤオメイは残りの骨粉から再度、DNAを抽出し、シーケンシングを繰り返した。もっとも、それは形式的な検証作業であり、結果は同じだとわたしは確信していた。

次に浮上したのは、この奇妙な人類は一体どんな人類だったのか、という疑問である。洞窟からさらに骨が見つかれば、この謎の解明に役立つだろう。アナトリーはこの指骨のことを、見つかった骨のごく一部だと言っていた。ノボシビルスクには多くの骨が残されているに違いない。それらを調べれば、この人類の姿を知る手がかりが見つかるかもしれないし、DNAをもっと抽出できるかもしれない。ぜひともノボシビルスクへ行かなければ。

わたしはすぐアナトリーにEメールを書いた――予想外のすごい結果が出たので、できるだけ早くあなたに会って直接お伝えしたい、と。残りの骨の分析と年代測定にも、こちらは非常に興味を持っている、と書き添えた。翌日、アナトリーから返信があり、結果についてもっと詳しく教えてほしいとあったので、わたしはおおまかなところを伝え、さっそくノボシビルスクへ行く手はずを整えた。訪問の時期は翌年（２０１０年）の1月中旬、メンバーはわたしとヨハネス、それにハンガリー系の陽気な考古学者、ベンス・フィオラである。ベンスは中央アジアとシベリアの古生物が専門で、ウィーンからマックス・プランク研究所に移ったばかりだった。以前からよく一緒に研究してきたが、ライプツィヒの古生物学者たちと一緒に仕事をするよう、わたしが説得して呼び寄せたのだ。ノボシビルスクへの訪問にはもうひとりの参加が決まっていた。ヴィクター・ウィーブ、70年代にノボシビルスクで博士号を取得し、以来、アナトリーら数名と親交があり、わたしとは12年にわたって一緒に仕事をしてきた。彼はこの旅行に不可欠な通訳を務めてくれることになっていた。わたしは35年前にスウェーデンでの兵役中にロシア語を学んだが、覚えているのは捕虜を尋問するための乱暴な言葉だけだ。科学的議論にふさわしいとは思えなかった。

モスクワで飛行機を乗り継ぎ、長い夜間飛行を経て、1月17日早朝、ノボシビルスクに到着した。空港ターミナルの電光掲示板には午前6時35分とあった。その後、気温マイナス41℃という表示に替わった。荷物が到着すると、わたしはかばんの中から持ってきた服をすべて引っ張り出し、身にまとった。外の空気は非常に乾燥していて、車へと急ぐ足の周りを粉雪が舞った。息を吸い込むと、鼻孔の両脇と中隔がくっついた。

アカデムゴロドクまでは車で1時間かかった。名前が示すとおり、アカデムゴロドクは１９５

0年代にソ連科学アカデミーが科学的研究のために作った都市で、最盛期には、科学者とその家族、6万5000人以上が住んでいた。旧ソ連が崩壊した後、多くの科学者が去り、研究所のほとんどが衰退した。しかしわたしたちが訪れた2010年には、それまで10年近くにわたって、ロシア政府といくつもの大企業から投資を受けてきたせいで、この都市の周辺にはためらいがちながら楽観的な雰囲気が戻っていた。

宿泊先となるゴールデン・バレー・ホテルは、典型的なソ連の9階建てアパートを改装したものので、わたしは前にも一度、泊ったことがあった。その時のことでいちばん記憶に残っているのは、お湯が出なかったことだ。そのため毎朝30分以上、樺の林の中を歩いて「オビ海」と呼ばれる貯水池まで行き、シャワー代わりの水泳を楽しんだ。だがそれは夏のことだ。ちゃんと暖房がきくだろうかとわたしはかなり心配していたが、それは杞憂に終わった。ヨハネスと部屋に入ると、蛇口からお湯が出るだけでなく、ラジエーターがとても熱く、耐えられないほど室温が高かった——およそ40℃。しかし、温度を下げるバルブがなかったので、窓を開け、80℃も低い外気を入れた。滞在中はずっと窓を開けたままにしていた。

到着したのは日曜で、アナトリーとは翌日会うことになっていた。そこで、昼寝をすませると4人で散歩に出かけた。驚いたことに、小さなアイスクリーム店が営業していた。マイナス35℃の屋外でアイスクリームを食べるなんて、これが最初で最後に違いないと思いながら注文した。売り場の女性は、わたしが現地の人ではないことに気づくと、急いで食べるよう勧めてくれた。アイスクリームが外気温まで下がると、岩のように硬くなって食べられなくなるから、と。アイスクリームを急いで食べた後、凍りつくような林の中を歩いて浜辺まで行った。2年前の暖かい夏の朝に泳いだ場所だ。あたりにいるのはわたしたちだけだった。空は澄みきっているが、青白い太陽は少しも熱を届けてくれない。風がないのが幸いだった。服の隙間からわずかに染み込む外気で、全身が凍えそうだった。足の指の感覚もなくなってきたので、すぐに引き返し、過熱されたホテルの部屋へ戻った。

翌日、アナトリーが代表を務める考古民族研究所の広々としたオフィスで、彼と会った。デニソワ洞窟での発掘を先導した考古学者、マイケル・シュンコフも、数名の仲間とともに来ていた。ヨハネスが研究結果を発表すると、彼らも驚いた。これは新たに発見された絶滅人類なのだろうか、シベリアかアルタイ山脈だけにいた人類なのだろうか。実際、アルタイ山脈地方だけで見られる植物や動物の種は多いので、それは大いにありえることだ。昼食の時間になり、そのままアナトリーのオフィスでロシア風の薄切り肉の盛り合わせをウオッカとともに食べながら、熱っぽい議論をつづけた。座は次第に打ち解け、なごやかな雰囲気に包まれていった。わたしは、究極の答えは核ゲノムの中にあるだろうと述べ、「あの指骨より大きな骨片からDNAを抽出することができれば、核ゲノムの配列を決定し、この個体が現代人やネアンデルタール人とどういう関係にあるかを、より完全に把握することができるにちがいない」と続けた。

それに対するアナトリーの答えを、最初、わたしは理解できなかった。ロシア語がよくわからず、おまけに酔っているせいだと思ったが、ヴィクターに翻訳してもらっても、意味はよくわからなかった。アナトリーはどうやら、他の骨片は1年ほど前にわたしの「友人」に渡したから、もう持っていないと言っているらしい。わたしはびっくりして、ヴィクターとベンス、それにヨハネスと目を見合わせた。わたしの友人？　この中の誰かが持っているのか？　だが彼らもわたしと同様に驚いていた。アナトリーが、それが誰であるかをはっきりさせた。「あなたの友人のエディ、バークレーのエディ・ルービン」に渡したそうだ。

ショック、泥酔、謎めいた歯

その後、自分がどんな様子だったか、そして何を言ったか、覚えていない。以前からわたしは、ルービンが骨を手に入れて、こちらより先にネアンデルタール人のゲノムの配列を決定しようとしていることは知っていた。しかし今、わたしたちが手に入れた特別な骨よりもかなり大きな骨片を、1年近く前に彼が手に入れたことを知らされたのだ。それは本物のDNAを非常に多く含み、それがあればほんの数週間で核ゲノムを配列決定できるはずだ。専門的な技術は求められず、シーケンサーを数百回稼働させる必要もない。

一方、わたしたちはと言うと、ネアンデルタール人のゲノムは解読し終えたものの、論文の発表はおろか、『サイエンス』への投稿もまだずいぶん先だった。これまで何度となく心配してきたことが現実になろうとしている。それは、こちらが発表する前に、ルービンらの論文が世に出るということだ。しかもそこには、ネアンデルタール人のゲノムよりはるかに広域の配列が決定された、絶滅した別の人類のゲノムが披露されているのだ。そうなったら、わたしたちが長年にわたって苦労を重ね、抽出技術を洗練し、ネアンデルタール人のDNAからバクテリアのDNAを締め出し、DNAの質を高めてきたことになど、だれが関心を寄せてくれるだろう。そのような技術的革新は、長い目で見れば非常に有用で、DNAの保存状態が悪い骨からの抽出を可能にする。だが、奇跡的なほど保存状態が良いこの骨に、そんな技術はいらない。ルービンはわたしたちより速く、巧みに、人類の絶滅した親戚のゲノムを手に入れることができる。ただ運が良かったというだけで。

わたしは落ち着きを取りもどし、動揺を悟られないよう、何か言おうとしたが、科学の共同研究についてもごもご言うのが精いっぱいだった。間もなくわたしたちはそこを退出した。アカデムゴロドクの中心的な施設である科学者会館で、アナトリーを始め、今回迎えてくれた人たちとディナーを共にすることになっていたからだ。ホテルの部屋まで歩いてもどる時、もう寒さは感じなかった。ヨハネスは、競争のことは忘れて最善の仕事を続けるしかないと言って、わたしを元気づけようとした。彼の言う通りだ。だが、ぐずぐずしていられないのは確かだ。これまで以上に急がなければならない。

ディナーでは、とても温かなもてなしを受けた。アナトリーとの会食はいつもそうだ。サーモン、ニシン、キャビアの前菜に続いて、おいしい主菜が次々に出された。ロシアの習慣で、途中何度も上質のウオッカで乾杯した。参加者は順に、共同研究、平和、先生、学生、愛、女性などを讃えて、乾杯の音頭を取った。ソ連に来るようになった当初、わたしはこの習慣が嫌だった。大勢の前で話したいとは思わないテーマでのスピーチを求められた時には、なおさら困惑した。しかし次第に慣れ、今では、ディナーの参加者全員にそれが許されていることをすばらしいとさえ思うようになった。普通なら会話の中心になるどころか、話を聞いてもらうことさえない位置づけの人でも、少しの間、すべての人に熱心に話を聞いてもらえるからだ。

この習慣を好ましく思うようになったのは、わたしが元来センチメンタルで、アルコールが入るとますますその傾向が強まるからでもある。そしてこのような乾杯は、まさにそうした感情を表出するためのものなのだ。わたしはまず、彼らとの共同研究の成果に乾杯し、次は、平和に乾杯した。「わたしは資本主義のスウェーデンに育ち、若い頃は、ロシアを敵と見なすヨーロッパの風潮を当たり前と思っていました。スウェーデンは表向きは中立国なので、兵役中、向かうべき敵は婉曲的に『超大国』と呼ばれていましたが、訓練で捕虜役と話す言葉はロシア語でした。

けれども、誰もが予想した戦争は回避されました。わたしたちは敵として顔を合わせることはなく、今ここで友人として共に座り、共に働き、すばらしい発見をしたのです」と。アルコールのおかげで、わたしは自分の言葉に感動した。このディナーで若手のひとりであるヨハネスは、乾杯をこれまで教わった先生たちに捧げた。その言葉にわたしは涙を誘われ、自分がどれほど酔っているかを悟った。「わたしには、科学の世界に父がふたりいます。それは、分子進化と古代DNAの世界にわたしを導いてくださったペーボ博士と、アルタイ山脈とウズベキスタンの2回のフィールドトリップで考古学の世界を教えてくださったアナトリー・デレヴィアンコ博士です」と彼は言った。普段、そのような気持ちを聞くことはなかったので、ことさら感動した。

ディナーが終わると、アカデムゴロドクのメインストリートを歩いてホテルに戻った。その夜はとても寒く、暗く、氷のように冷えきった空気がほとんど湿気を含まないせいで、星は信じられないほど明るく輝いていた——はずだが、わたしは気づかなかった。ディナーでは、緊張していたせいもあって、いつにないペースでウオッカを流し込んだ。実のところ、10代の頃から今にいたるまで、あれほど酔った覚えはない。しかし、雪の積もった道をふらふらと歩きながら、ベンスが、酔った頭にもまっすぐはいってくるようなことを言った。ここへきてすぐ、アナトリーからデニソワ洞窟で9年前に発見された歯を渡されたそうだ。子どもの臼歯（図22・3参照）のようだったが、非常に大きかったそうだ。こんな歯は見たことがない、ネアンデルタール人の歯にも現代人の歯にも似ていない、とベンスは言った。

「実際、発見された場所を知らなければかなり昔のヒトの祖先、ホモ・エレクトスかホモ・ハビリスか、あるいはアウストラロピテクスのものだと思ったでしょうね」と彼は続けた。それまでに見た中で最も驚くべき歯だったという。わたしたちは酔った頭で、その持ち主は指骨の主と同

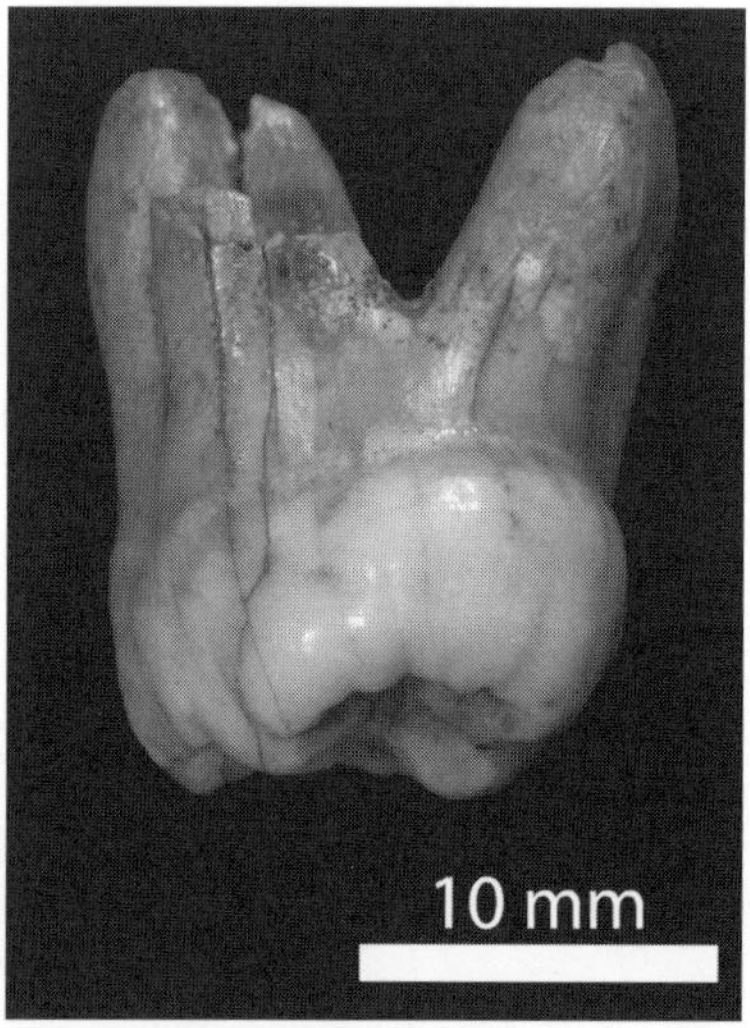

図22.3　デニソワ人の臼歯。写真：B. Viola, MPI-EVA.

じに違いないと思い、それがかつて見たことのない人類だという確信を深めた。昔からアルタイ山脈には、アルマスと呼ばれる雪男がいると伝えられている。ホテルへ向かいながらわたしたちは、「アルマスを見つけたぞ！」と叫んだ。もしかして、放射性炭素年代測定にかけたら、ほんの数年前のものだとわかるんじゃないか、と冗談を言った。そうだとすれば、指骨にあれほど多くのＤＮＡが残っていたのも説明がつく。イエティのような野人が、ロシアとモンゴルの国境地帯のどこかに今も住んでいるのかもしれない。その夜、どうやってホテルの部屋に戻り、ベッドに入ったのか、まったく覚えていない。

この「デニソワ人」を何と呼ぶべきか？

翌朝、やっとの思いで起きてタクシーで空港に向かった。モスクワ行きのフライトを待つ、１、２時間、皆、口数が少なかった。自分たちが置かれている状況の厳しさがよりはっきりと見えてきたのに加え、ひどい二日酔いで冷や汗が出て、みじめな気分になっていたのだ。バークレーではすでに、デニソワの骨についての論文が着々と書かれていることだろう。わたしたちはクリスマスのあいだに、デニソワのｍｔＤＮＡの結果に関する論文を書きはじめていたが、それを迅速に仕上げなければならなくなった。どこに送ろうか。『サイエンス』の編集者たちはネアンデルタール・ゲノムの論文をいらいらしながら待っている。そちらもまだ出せていないのに、もうひとつ別の論文の案を持ちかけても、相手にはしてもらえないだろう。そこで、『ネイチャー』に連絡することにした。

モスクワ空港での長い待ち時間を使って、『ネイチャー』の古生物学担当の編集主任、ヘンリー・ジーと、ゲノミクス担当の編集者のマグダレナ・スキッパーにEメールを書き、完成間近の論文があって、それは「ネアンデルタール人のｍｔＤＮＡの約2倍も昔にヒトの系統から分岐したｍｔＤＮＡの完全な配列に基づき、わたしたちが新種の人類と判断したもの」について述べたものだと伝えた。しかし、その論文が誌上で発表されるまでには何か月もかかることを、わたしたちは十二分に知っていた。それに、査読の結果を何か月も待たされた末に却下され、同じプロセスをまた別の雑誌で繰り返す恐れがあるということも承知していた。しかし、今回はどうしてもそれを避けたかったので、ライバルと競っているから、できるだけ早急に進めてほしいと伝えた。1時間15分後、ヘンリー・ジーから返信があった。「わくわくするよ！　どうなるか先のことはわからないが、ともかく論文を送ってほしい。最優先で検討しよう」

ライプツィヒに戻るとすぐ、その論文を仕上げ、「シベリア南部の知られざるホミニンの完全なｍｔＤＮＡゲノム」というタイトルで、『ネイチャー』に送った。それはかつてない類の論文だった。骨格の証拠がないまま新たな絶滅人類が発見されたことを述べた、初めての論文なのだ。

ｍｔＤＮＡの配列が現代人ともネアンデルタール人ともかなり異なるので、わたしたちはそう確信した。自信があったので、皆と話し合った末に、新種として記載することにし、ホモ・アルタイエンシスと名づけた。

だが間もなく、新種だと示唆するのが不安になってきた。そもそもわたしは、生物を種や属や目などに分類することを不毛な慣習と見なしてきた。絶滅人類の分類は特にそうだ。学生がよく知られる動物をあえてリンネ式分類法のラテン名で述べた時、例えば、「パン・トログロディテスにおける変異のパターンをより理解するために、～の配列を決定し……」などといった論文を送ってきた時には、わたしはラテン語を削除し、「チンパンジー」ではなく「パン・トログロディテス」と書くことで、誰に認めてもらおうとしているのか、と皮肉たっぷりに尋ねることもあった。分類学を嫌うもうひとつの理由は、それが答えのない議論に陥りがちだからだ。たとえばネアンデルタール人を「ホモ・ネアンデルターレンシス」と呼べば、「ホモ・サピエンス」とは別個の種と見なすことになるが、ネアンデルタール人を現代のヨーロッパ人の祖先と考える多地域進化説の支持者はその呼び名を認めようとしない。一方、「ホモ・サピエンス・ネアンデルターレンシス」と呼べば、「ホモ・サピエンス・サピエンス」と同等の亜種と見なすことになり、アフリカ単一起源説の支持者を怒らせることになる。

このような無益な議論は避けたかったし、ネアンデルタール人と現生人類が交配したことをわたしたちが明らかにした（発表はまだだったが）ために、ネアンデルタール人の分類をめぐる論争が今後も続くのは承知していた。と言うのも、そのようなネアンデルタール人の状況を完璧に説明する種の定義がないからだ。種とは、グループ内では繁殖力を持つ子孫を作ることができるが、他のグループの個体とはそれができない集団、というのが一般的な定義である。その見方に立てば、わたしたちは、ネアンデルタール人と現代人が同じ種であることを立証したことになる。

しかしこの考え方には限界がある。たとえばホッキョクグマとハイイログマが野生で出会えば、繁殖力のある子孫を作ることができる（実際、時々そういうことが起きる）。しかし、ホッキョクグマとハイイログマは外見も行動も異なり、異なる生活様式と環境に適応している。両者を同じ種と見なすのは、荒唐無稽とまでは言わなくとも、かなり無茶なことのように思える。多くの現代人の遺伝子の1～4パーセントがネアンデルタール人由来だという事実が意味するのが、両者が同じ種だということなのか、そうでないのか、わたしたちにはわからなかった。そういうわけで、ネアンデルタール人の論文では、それをラテン名で呼ぶのを避けてきた。それなのにこの新たに発見された人類については、自らリンネ式の呼び名で命名しようとしていたのだ。

もっとも、分類学の議論の無益さにあきれていたにもかかわらず、それを命名しようとしたのには理由があった。デニソワで見つかった個体のｍｔＤＮＡは、ネアンデルタール人のｍｔＤＮＡのおよそ2倍、現生人類のｍｔＤＮＡと異なっていた。したがって、このデニソワの人類は独自の種名を持つホモ・ハイデルベルゲンシスにより近いと言える。理由はそれだけではなく、そこには多少の虚栄心も絡んでいた。新種のホミニンに学名をつけるというのは非常に魅力的で、めったにない機会であり、しかも今回は、史上初めてＤＮＡデータのみに基づいてそれが成されようとしているのだ。さらに、グループの一部の人と『ネイチャー』誌のヘンリー・ジーが共に指摘した懸念が決め手となった。もしわたしたちがこのホミニンに種名をつけなければ、他の人がそれをするだろう、しかもそれはグループの誰も喜ばない人物だ、と彼らは言ったのだ。そこでアナトリーたちとも話し合い、「ホモ・アルタイエンシス」と暫定的に名づけることにした。『ネイチャー』は、論文をすぐ審査するという約束を守ってくれた。投稿の11日後、匿名の４人の査読者からコメントが届いた。彼らは揃って技術的な側面を褒めてくれたが、新種を名づけることについては意見が分かれた。査読者のふたりは、わたしたちが配列決定したのは、ホモ・エレクトスのｍｔＤＮＡではないかと疑っていた。もしホモ・エレクトスがアフリカのグループと継続的に交流していたのであれば、現生人類の系統と分かれたのは、彼らが最初にアフリカから出た約２００万年前までは遡らないと言うのだ。わたしはこの見方には疑問を抱いた。しかし４人目の査読者の指摘は的を射ていて、おかげでわたしたちは救われたのだった。その人は、「一度名前が分類学の文献に載ってしまえば、後で取り消すことはできない。したがって暫定的な命名は賢明ではないだろう」と書いていた。これを読んで自分たちの愚かさを悟った。

デニソワ人のＤＮＡライブラリから非常に多くのｍｔＤＮＡを回収できたことは、核ゲノムについても、かなり多くを配列決定できることを意味していた。それができればこのホミニンとネアンデルタール人および現生人類との関係が明らかになり、新種かどうかという判断もつくだろう。わたしたちは論文を書きなおし、新種に言及しているところを削除した。その代わりに「デニソワの個体と、現生人類やネアンデルタール人との関係を明らかにするには、核ＤＮＡの塩基配列決定が欠かせない」と書いた。そして『ネイチャー』に再送し、４月初めに掲載された。(注２)その後、新種の命名をしなかったことを感謝するできごとが起きた。

第23章　30年の苦闘は報われた

2010年、デニソワ人の核DNAも解読し、『ネイチャー』に論文を発表した。30年前の夢は夢をはるかに超える成功をもたらし、わたしは深く満足した

さっそくわたしたちは、ヨハネスが作成したライブラリで核DNAのシークエンシングに着手した。結果は驚くべきものだった。ウドがそれらをヒトゲノムにマッピングすると、約70パーセントがマッチした。mtDNAの結果から現代人のDNAによる汚染は極めて少ないことがわかっている。したがって、この骨から抽出されるDNAの3分の2以上が、骨の持ち主のものだと言える。ネアンデルタール人の骨では、最高でもその値はわずか4パーセントで、通常は1パーセント以下だ。デニソワの骨は、ヘンドリク・ポイナーがシークエンシングしたマンモスや、コペンハーゲンのエスケ・ビラースレウがシークエンシングしたエスキモーと同じくらい保存状態がよかったのだ。マンモスやエスキモーの場合は、死後まもなく永久凍土層で凍結したので、バクテリアが繁殖せず、そのDNAが混じらなかったと説明できるが、デニソワの骨からなぜこれほど多く、その個体のDNAが回収できたのか、わたしにはわからなかった。理由がなんであれ、ゲノ

ムの分析がかなり容易になるのは間違いない。

ネアンデルタール・ゲノムの時には、数パーセントの内在性DNA断片を選び出すのに苦労したが、今回、最大の課題となったのは、探しだす方法ではなく、混入した微生物のDNA断片をいかに除去するかということだった。そして最大の疑問は、喜ばしいことに、どれほど核ゲノムを得られるか、である。いつもと同じく、骨の表面からの抽出は避けたかった。エディのグループが大きな断片を使い切ったおそれもあるので、手許の骨をすべて使うのは危険だと思えたし、これまで人が触れて汚染が起きたとしても、それは表面に限られるとわかっていたからだ。ヨハネスが骨の内部から抽出したDNAでライブラリを用意し、シーケンシングのテストランを行った。マルティン・キルヒナーの試算によると、ネアンデルタール人で得たものよりさらに高いカバレッジが得られるはずだ。

ヨハネスはライブラリを作る際に、エイドリアン・ブリッグスによるイノベーションのひとつを取り入れた。それは、DNAのC（チミン）をU（ウラシル）に変える化学的損傷（脱アミノ化）に対処するためのものだ。エイドリアンは、これらのUの大半がDNA分子の端に近いところで見られることを明らかにし、その部分を除去する方法を開発した。そうすることで、DNA分子の約半分の端から1、2個のヌクレオチドが失われたが、DNA配列のエラーの大半を除去することができた。こうして、頻繁に起きていたCからTへのエラー（ポリメラーゼが脱アミノ化したC＝UをTと読み違える）を考慮に入れる必要がなくなり、ヒトゲノムへのマッピングが容易になった。ヨハネスは、この方法で大きなライブラリをふたつ作った。そこに含まれるDNA断片は、70パーセントがデニソワの個体に由来するだけでなく、ネアンデルタール人のDNA断片よりもエラーがずっと少なくなった。確かに進歩している。しかしルービンのグループも同じプロジェクトに取り組んでおり、もしかするともうすばらしい論文をまとめている最中かもしれない。そう思うと不安になった。そこでシーケンシング・グループに、他のプロジェクトは脇に置いて、このライブラリにあたってくれるよう依頼し、すべてをできるだけ速く動かそうとした。

謎の指の持ち主「Xウーマン」

アナトリーがくれた奇妙な歯にも非常に興味をそそられた。DNAを調べれば、それが指骨と同じタイプの人のものかどうかわかるはずだ。ヨハネスは、歯科医のように注意深くドリルで歯に小さな穴をあけ、採取した粉からライブラリを作り、そのライブラリからmtDNAの断片を探しだした。わたしたちはすぐ、それらの断片をシーケンシングし、その個体由来のDNAがどのくらい含まれるかを調べた。

良いニュースと悪いニュースがある。良いニュースは、mtDNAゲノム全体を復元できたことだ。そうして見てみると、歯と指骨のmtDNAには2か所の違いがあったので、それらは同じタイプのホミニンの、別々の個体のものだとわかった。悪いニュースは、歯には、内在性DNAがわずか0・2パーセントしか含まれなかったことだ。そうなると、指骨にあれだけ多くの内在性DNAが含まれていたことがますます不可解に思えてくる。あの指は死後、急速に乾燥したのかもしれない、そのせいで細胞内の酵素によるDNAの分解が抑制され、また、細菌の増殖も止まったのではないだろうか、とわたしは推測した。ひょっとしたらこの人物は小指を空中に立てて死んだので、細菌が増殖しなかったんじゃないか、とわたしは冗談を言った。

歯と指が、同じタイプのホミニンのものだとわかったので、ベンスは張り切ってその形態と構造の分析に取りかかった。わたしは歯の専門家ではないが、その歯が驚くほど大きいことはわかった。わたしの臼歯の1・5倍近くありそうだ。とても大きいのに加えて、歯冠はネアンデルタール人の臼歯とはいくつかの点で違っていた。歯根も独特だった。ネアンデルタール人のそれは、隙間が狭く、一部はくっついているが、こちらはしっかり分かれていた。この歯の形態学的特徴は、デニソワの集団がネアンデルタール人とも現生人類ともはっきり異なることを語っている、とベンスは結論づけ、デニソワの歯には、ネアンデルタール人が約30万年前に進化させていた特徴が見られないので、彼らはそれ以前にネアンデルタール人とは別の道を歩み始めたのだろう、と推測した。これは、mtDNAからわかったことと一致している。しかし、わたしは、形態学的特徴の解釈についてはいつも慎重で、慎重すぎるとさえ言われるほどだ。デニソワのホミニドは、現生人類やネアンデルタール人と分かれたあとで、古い形の歯をまた持つようになったという可能性もあるのだ。核ゲノムだけが完全な物語を語ってくれるだろう。

デニソワ人の核DNA配列の解読を始めたのは、査読者のコメントを受けて、ネアンデルタール人の論文を書きなおしている最中だった。そのため、デニソワ人の配列を調べる余裕はほとんどなかったが、いったん始めたら、すぐ分析できるはずだとわたしは考えていた。4年の歳月をかけて開発した、ネアンデルタール人のゲノムを解析するプログラムをそのまま使えばいいのだ。それでも、ルービンがはるか先を行っているかもしれないという思いから、ネアンデルタール・ゲノム解析コンソーシアムを精鋭メンバーからなるグループに縮小し、デニソワ人のゲノムに集中してもらって、より速く分析できるようにした。

肝心なのは、デヴィッド・ライシュ、ニック・パターソン、モンゴメリー（モンティ）・スラトキンと彼のチーム（図23・1参照）に参加してもらうことだ。この精鋭チームは、当初、「X

図23.1　モンティ・スラトキン、アナトリー・デレヴィアンコ、デヴィッド・ライシュ。2011年、デニソワ洞窟にて。写真：B・フィオラ、MPI-EVA.

マン」グループと自称していた。デニソワ人が何者かがわからなかったからだ。しかし、ベンスが、あの指はおそらく3〜5歳の子どものものだと教えてくれたし、わたしたちが調べているのは母性遺伝のｍｔＤＮＡだったので、マッチョなヒーローのような名前はふさわしくないと思えてきた。わたしは「Ｘガール」というのを考えたが、日本の漫画のキャラクターのように思えたので、結局、「Ｘウーマン」に落ち着いた。Ｘウーマン・コンソーシアムはさっそく毎週の電話会議を始めた。

ウドはそのＤＮＡ断片をヒトとチンパンジーのゲノムにマッピングした。エイドリアンが編み出したエラーの大半を排除する方法を用いたので、比較的容易なはずだったが、ウドは、このマッピングは予備的なものだと言って、注意を促した。ともあれそのデータをＸウーマン・コンソーシアムの面々に流した。修正したｍｔＤＮＡの論文の最終版を『ネイチャー』に送って間もない頃、ニック・パターソンがその論文に収めた、エドによるマッピング分析に関する報告を送ってきた。それを読んだわたしは、新種に命名しないよう助言してくれた査読者に感謝した。ニックはふたつのことを発見していた。

「デニソワ人」が正式な呼び名に

第一の発見は、デニソワ人の指骨の核ゲノムは、現生人類のゲノムよりもネアンデルタール人のゲノムとより密接な関係があるというものだ。実際、それとネアンデルタール人のゲノムとの違いは、現代人に見られる最大の違い——たとえば、パプアニューギニア人とサン人のゲノムの違い——をわずかに上回るだけのように見えた。これはmtDNAの分析から導いた結論とは大いに違っていた。原因として真っ先に頭に浮かんだのは、アジアにいたより古代型のホミニンが、これらのデニソワの個体のmtDNAに寄与したという筋書きだ。結局のところ、わたしたちは、現生人類がネアンデルタール人と交配したことを明かしたばかりなので、遺伝子流動が起きたと考えるのは理にかなっている。だが、慎重に考える必要があった。

第二の発見は、さらに予想外のことだった。デニソワ人は、ゲノムをネアンデルタール人と比較した現代人5人（ヨーロッパ人、中国人、パプアニューギニア人、ヨルバ人、サン人）の中で、特にパプア人とより多くのSNPを共有していたのだ。デニソワ人の親戚がパプア人の祖先と交配したと考えれば説明がつくが、シベリアからパプアニューギニアまでの距離を考えると、そう決めつけるのは早計かもしれない。システマティックなエラーが起きた可能性もあるし、ウドが言ったように、今回のマッピングはあくまで予備的なものなのだ。コンピュータ解析に何かが起きて、デニソワ人とネアンデルタール人、デニソワ人とパプア人のゲノムに、特別な類似を見出したという恐れもある。そうだとすれば、ニックの発見はどちらも間違いということになる。

　1週間後、エドは新たなデータを、分析し終えた。配列決定した断片の中にY染色体はほとんど見つからなかったので、Xウーマンは本当に女性だと、いやむしろ、骨の小ささを考えれば少女だと彼は結論づけた。Y染色体の断片が非常に少ないことは、男性の核DNAによる汚染が少ないということでもある。エドもこのデニソワ人の配列を、現代人とネアンデルタール人のものと比較した。すると、やはりニックが発見したように、デニソワ人のゲノムは、現代人よりもネアンデルタール人のゲノムとより多くのSNPを共有していた。

　したがって、まずデニソワの少女とネアンデルタール人の共通の祖先が現生人類の系統から分岐し、その後、デニソワの少女とネアンデルタール人の祖先が分岐したと考えられる。言い換えれば、デニソワの少女とネアンデルタール人は、現生人類とよりも、互いと密接につながっていたのだ。ライプツィヒでの金曜ミーティングと、ニック、デヴィッド、モンティらとの長い電話会議で、これらのデータについて話しあったが、疑問点がいくつも浮上した。デニソワ人の核DNAがネアンデルタール人のそれによく似ているのに、なぜmtDNAの方はずいぶん違っていたのか？　デニソワの少女は、ネアンデルタール人やもっと古代の人類、おそらく後期のホモ・エレクトスなどの子孫なのか？　それとも現生人類とそのような古代人類との交配の結果なのか？　これらの可能性をひとつひとつ調べたが、どれも正解とは思えなかった。

　ウドが全断片の対照ゲノムへのマッピングを改良するのに、数か月かかった。最終的なマッピングでもやはり、デニソワの少女はネアンデルタール人と祖先を共有する集団の一員だという結果が出たが、ネアンデルタール人とはずいぶん長期間にわたって交流がなかったことも示された。それは、現代のフィンランド人がアフリカ南部のサン人と、遺伝子レベルでほとんど交流がないことを見ても納得できる話だ。デニソワ人のDNA配列は、アフリカ人よりもユーラシア人の配列にやや近いが、ネアンデルタール人の配列にはもっと近かった。これはデニソワの少女とネアンデルタール人が共通の祖先を持っていたことを示唆している。そして、ネアンデルタール人が現生人類と交配した時代に、ユーラシアにいた現生人類は、ネアンデルタール人のゲノムを通じて、デニソワ人のゲノムを受け継いだと考えられる。

ネアンデルタール人と現生人類が出会う前に、ネアンデルタール人とデニソワ人の集団が分かれていたのは確かだ。この集団を何と呼べばいいだろう。もちろんラテン語の学名をつけるつもりはない。それをすると、彼らを、新たな種あるいは亜種としてラベル付けすることになるが、彼らとネアンデルタール人との違いは、わたしとサン人との違いと同程度なのだ。しかし、何か呼び名は必要だろう。分類学者が「種小名」と呼ぶ名前、つまり、「Finn（フィンランド人）」「San（サン人）」「German（ドイツ人）」「Chinese（中国人）」のような名前が必要だった。「Neanderthal（ネアンデルタール人）」は、ドイツのネアンデル谷にちなんで命名された種小名で、「Thal」は「渓谷」を意味する古いドイツ語である。この例にならって、「Denisovan（デニソワ人）」と呼ぶことをわたしは提案した。アナトリーが賛成したので、この決定を電話会議でメンバーに報告し、以来、Xウーマンとあの大きな臼歯の持ち主が所属する集団は、「デニソワ人」と呼ばれるようになった。

デニソワの少女がなぜパプア人に近いのか？

興味深い問題がひとつ残っていた。デニソワの少女がSNPを他の4人よりもパプア人と多く共有しているというニックの発見は、本物の発見なのだろうか。それともコンピュータのバグか、データのねじれにすぎないのだろうか。それから数週間にわたって、こうした結果を導きうる技術上の問題について話しあった。だがいっこうに原因は見えてこなかった。パプア人の配列に何か特別な特徴があり、そのせいでデニソワ人の配列に似ているように見えるのかもしれない。不思議なのは、この交配したように見える痕跡が中国人のゲノムには見られなかったことだ。それはパプア人の祖先が、中国人に会わずにシベリアにいたデニソワ人に会ったことを意味していた。もちろんデニソワ人は、シベリア以外の場所にも住んでいた可能性がある。

謎を解く最善の方法は、より多くの現代人の配列を決定することだとわたしたちは考えた。論文の発表は遅れるが、あせって発表して、後に技術的なミスが判明するよりはるかにましだ。そこで世界中からさらに7人を選んでDNAをシーケンシングすることにした。アフリカのムブティ族、イタリア、サルディニアのヨーロッパ人、このふたりはデニソワ人とは何の関係もないと思われる。アルタイ山脈地方からそれほど遠くないところに住む人として、中央アジアのモンゴル人。パプアニューギニアからそれほど遠くないアジア大陸の人としてカンボジア人。アメリカ先住民の代表として南アメリカのカリティアナ族。カリティアナ族の先祖はアジアにいたので、過去にデニソワ人と会った可能性がある。残りふたりはどちらもメラネシア人で、別のパプアニューギニア人と、ブーゲンビル島の人だ。

それらの配列決定に着手しながら、ニックたちは以前のデータを分析し直した。どちらの結果も、デニソワ人がメラネシア人と特別な関係があることを示した。一方、カンボジア人、モンゴル人、南アメリカの人とは、SNPを特に多くは共有していなかった。

マルティンは、もうひとつ興味深い兆候を発見した。デニソワ人のゲノムには、ネアンデルタール人のゲノムより多く、祖先型の（類人猿に近い）変異が見つかったのだ。これは古代型の人類からデニソワ人の祖先に、遺伝子とひいてはｍｔＤＮＡが寄与されたことを示唆していた。しかしニックもモンティも、技術的なミスを見落としているのではないかとまだ心配していた。ネアンデルタール人とデニソワ人のゲノムの比較から、あまり踏み込んだ推測をするのは危険ではないだろうか。どちらも古代のゲノムであり、何万年も土の中に埋もれていたせいで、似たようなエラーを共有している恐れがある。パプア人への遺伝子流動のように見える現象が結局、技術的なミスの産物だったという可能性は残っているのだ。

５月の末、わたしは挫折感を募らせていた。コンソーシアムの電話会議で、起こりうる技術的問題に関して、複雑で実りのない議論を延々と続けた後、わたしは腹立ちまぎれに書いたメールを彼らに送った。「わたしたちがなした科学への最大の貢献は、デニソワ人の珍しい構造の歯について報告したというだけでなく、ゲノムを配列決定したところにあります。現時点で世界の人々はデニソワ人のｍｔＤＮＡ配列しか知らず、現生人類とネアンデルタール人は互いに最も近い親戚で、デニソワ人はより遠い親戚だと考えています。けれどもわたしたちは、核ゲノムの証拠から、デニソワ人とネアンデルタール人が互いに近く、現生人類はより遠い親戚だということを知っています。このことをできるだけ早く世界に伝え、わたしたちが配列決定したゲノムに他の研究者たちがアクセスできるようにするべきです。デニソワ人とパプア人が交配したかどうか、確信が持てないのなら、論文に書かなければいいのです。後で時間のあるときに、より詳しく探究して論文に書くこともできるはずです」

この挑発的な提案に対して、コンソーシアムの賢明なメンバーの多くが反対した。エイドリアンからのメールにはこうあった。「パプア人の物語を書かずに論文を発表することにはリスクが伴います。だれかがデニソワ人のゲノムを独自に分析して、パプア人との交配の物語を発見し、すぐそれを公表したらどうなるでしょう。それについてわたしたちが言及しなかったのは、Ａ：無能だったから、Ｂ：慌てていたから、Ｃ：政治的配慮。以上のいずれかの理由からだと誤解されるはずです。そうなってもいいのですか？」。ニックも同じ意見だった。そのメールには「残された道は、パプア人の問題を解決するか、ばかか臆病者だと思われるか、そのいずれかです」とあった。

そこでひきつづきこの問題に取り組むことにした。ニックはデニソワ人のゲノムを、公開されている他のゲノムと照合し、それが流れを変えた。パリを拠点とする人類多様性研究センターのパネルには、世界の53集団の９３８人の細胞株やＤＮＡが収められている。各サンプルは「ゴールド・スタンダード（最も信頼できる基準）」によって分析されており、ゲノムの可変部分、64万２６９０か所にどのヌクレオチドがあるかを見事な正確さで示している。ニックは、ネアンデルタール人とデニソワ人の良いデータがそろっている領域を調べて、多様性研究センターのパネルに登録されている個体とどのくらいＳＮＰを共有するかを調べた。アフリカの外では、パプアニューギニアの17人すべてとブーゲンビルの10人すべてがデニソワ人のゲノムに近かった。これは、わたしたちの分析結果と完全に一致していた。デニソワ人とパプア人の祖先の間に何か特別なことが起きたということを全員が確信した。

デヴィッドとニックは、デニソワ人とネアンデルタール人のゲノムのデータから、アフリカの外の人の、ゲノムの約２・５パーセントはネアンデルタール人由来で、パプア人はそれに加えてゲノムの約４・８パーセントをデニソワ人から寄与されたと推定した。したがってパプア人は２・５パーセントプラス４・８パーセント、およそ7パーセントを初期の人類からもらったことになる。これは驚くべき発見だった。結局のところ、わたしたちは絶滅人類、２種のゲノムを調べ、そのどちらからも、現生人類への遺伝子流動が認められたのだ。したがって現生人類が世界各地に広がって行く過程で古い型の人類と交配するのは、例外的なことではなく、ごく普通のことだったと考えられる。そしてこれはネアンデルタール人もデニソワ人も完全には絶滅していないということを意味する。彼らの一部分が、現代人の中に生きているのだ。

またこの結果は、デニソワ人が過去に広範囲にいたということも語っていた。もっとも、モンゴル、中国、カンボジアなど、アジア大陸の広域で、彼らが現生人類と交配した証拠は見当たらない。それについては、以下のように説明できる。すでに証拠も見つかっているが、アフリカを出た現生人類はアジアの南海岸沿いに移動し、その後、アジア全域に住むようになった。多くの古生物学者や人類学者は、わたしたちの祖先はそうやって中東から南インド、アンダマン諸島、メラネシア、オーストラリアへと移動していったと考えている。もしこれらの人々がデニソワ人と出会って交配したとしたら、現代のインドネシア、その血を引くパプアニューギニアやブーゲンビル島の人々、おそらくはオーストラリアのアボリジニも、デニソワ人のＤＮＡを持っているだろう。そしてアジアの他の地域でデニソワ人との交配の証拠が見つかっていないのは、後にアジア大陸に入ってきた現生人類はより内陸のルートをたどり、デニソワ人とは交配しなかったからだ。あるいは彼らが到着したころにはデニソワ人はすでに絶滅していたのかもしれない。

交配はごく当たり前に起きていたのかもしれない

デニソワ人のゲノムに関する論文を発表した後、わたしたちの部門のマーク・ストーンキングがデヴィッドと組んで東南アジアの集団のＤＮＡをさらに詳しく調べた。その結果、メラネシア、ポリネシア、オーストラリア、およびフィリピンの一部の集団にはデニソワ人との交配の痕跡が見つかったが、アンダマン諸島を含む他の地域の人々には見つからなかった。したがってアフリカから南のルートで来た初期の現生人類が東南アジア本土のどこかでデニソワ人と出会って交配したという見方はあたっているようだ。

モンティ・スラトキンは、わたしたちが決定したＤＮＡ配列のすべてを用いてさまざまな集団モデルを検証した。予想通り、すべてのデータを説明できる最も単純なモデルは、ネアンデルタール人と現生人類が交配し、その後デニソワ人とメラネシア人の祖先が交配したというものだった。しかし非常に珍しいデニソワ人のｍｔＤＮＡについては、まだ説明の必要があった。可能性はふたつある。ひとつは、それがより古代型のホミニンとの交配によってデニソワ人の祖先に導入されたというものだ。これはわたしが秘かに支持している考えである。もうひとつは、「不完全な系統ソーティング」と呼ばれる現象によるものだ。これは単にデニソワ人、ネアンデルタール人、現生人類の共通の祖先集団がそれぞれのｍｔＤＮＡの初期バージョンを持っていることに起因する。その３つの中で、たまたま変異を多く含むものがデニソワ人の系統で生き残り、変異が少なく互いによく似た残り２つが、ネアンデルタール人と現生人類に、それぞれ受け継がれたという筋書きだ。

モンティの検証によると、古代型ホミニンからの遺伝子流動、あるいは、この「不完全な系統ソーティング」のどちらも、データと矛盾しなかった。つまり、どちらかを選ぶ理由はないということだが、わたしには、交配というシナリオの方が正しいように思えた。すでに古代型人類と現生人類が交配した証拠をふたつ見ているので、わたし自身、人類の進化において交配がごく当たり前に起きていたという見方をずいぶんと受け入れやすくなっていたのだ。さらに、もしデニソワ人が現生人類と好んでセックスをしたのであれば、他の古代型人類ともそうしたはずだ。したがって、わたしは現生人類が先住者たちを絶滅させながら、地球全域に拡散したというこれまでの考え方を改めた。確かに、大きな図としてはそう見えるだろうが、すっかり「交替」したわけではなく、先住者のＤＮＡをいくらかは受け継ぎ、後世に伝えていったのだ。そういうわけでわたしはこの過程を「交替」とは呼ばず、「リーキーな（漏出性の）交替」と呼ぶことにした。デニソワ人のＤＮＡの拡散も「漏出」の一例と見なすことができる。

ネアンデルタール論文と同じ年のうちにデニソワ論文を発表

7月にわたしたちは論文を書きはじめた。デニソワ人の指骨から抽出したＤＮＡの70パーセントは内在性だったので、その配列決定はネアンデルタール人のゲノムほどには難しくなかったが、だからと言って良質のゲノム配列が引き出せたわけではなく、そのカバレッジは、ネアンデルタール・ゲノム（1・3倍）よりやや高い1・9倍にすぎなかった。しかし、それより重要だったのは、脱アミノ化されたCを除去する手法のおかげでエラーが減り、その頻度がネアンデルタール・ゲノムの5分の1になったことだ。8月中旬に『ネイチャー』に論文を送った。すばらしい論文だと自分でも思った。なにしろ角砂糖の4分の1ほどの大きさの骨からゲノム配列を決定し、それがこれまで知られていなかった人類のものであることを立証したのだ。分子生物学が、根本的に新しい、予想外の知識を古生物学にもたらすことを示したのである。

『ネイチャー』は今回も、わたしたちの論文を4人の匿名の査読者に送った。戻ってきたコメントは、妬みのこもった乱暴なものから、洞察に富む批判まで、さまざまだった。先のｍｔＤＮＡの論文の時と同様に、うちひとりのコメントが論文の質を向上させた。デニソワ人のｍｔＤＮＡの特異性は古代型人類からの遺伝子流動によるという結論のベースとなった、ネアンデルタール人とデニソワ人のゲノムの分析方法に問題があるというのだ。わたしとしては適切に対処したつもりだったが、査読者は安全を期してその分析そのものを削除することを求めた。

　また、メラネシア人への遺伝子流動の証拠としたものが、ＤＮＡの保存率や配列決定技術やデータの収集方法などの違いによるものではないという裏づけを求められた。それらのコメントを受け入れ、書き直した論文を送ると、この査読者はわたしたちの努力を快く認め、「すでに結論に達した研究について、根本的な分析方法に関する懸念を述べると……執筆者は言い逃れをすることが多い。……だが、本論文の執筆者は逆だった。わたしのコメントを真摯に受けとめ、わたしが挙げた問題を詳しく調査し、懸念に対処するため、研究を根本的なところから見直した」と評した。わたしは先生にほめられた生徒のような気分だった。この査読者は自ら名を明かした。スタンフォード大学の集団遺伝学者、カルロス・ブスタマンテ。わたしが以前から尊敬していた人物だ。

　２０１０年11月下旬、『ネイチャー』はわたしたちの論文を承認した。編集者は、クリスマス休暇中の発表が可能だが、マスコミ報道や注目を得るために、1月中旬まで発表を遅らせることを提案した。それについてコンソーシアムで話しあった。編集者に同意する人もいたが、ライバルに出しぬかれないようにと作業を急いだのだから、最終段階を遅らせるべきではないとわたしは思った。多数派と思われる意見に反して、わたしはできるだけ迅速な発表を求め、論文は12月23日に掲載されることになった。(注1) 年明けの発表ほど注目されないのは確かだが、ネアンデルタール人のゲノムと同じ年に発表できることがうれしかった。

　その年のクリスマス、雪の降るスウェーデンで、リンダとルネと一緒に車で小さな自宅へ向かいながら、今年は特別な年だったと心から思った。夢見てきた以上のことを達成できたのだ。わたしたちはネアンデルタール人のゲノムを配列決定し、別の絶滅人類のゲノムへの扉を開いた。しかし、多くの謎がまだ残っている。大きな謎のひとつは、デニソワ人が生きていたのはいつなのかということだ。指骨も歯も小さすぎて、放射性炭素年代を得ることができなかった。その代わりに同じ洞窟の同じ層で発見された7個の骨片（デニソワ人のものかどうかは不明）の年代がわかった。いずれも切り傷や人為的な損傷が見られた。7個のうち4個は5万年以上前のもので、3個は、3万年前から1万6000年前のものだとわかった。古い方がデニソワ人で、新しい方が現生人類だと思えるが、確証はない。シュンコフ教授とアナトリーは、指骨と同じ層と思われる層から、驚くほど精巧な石器と磨かれた石のブレスレットを発掘した。デニソワ人が作ったものなのだろうか。突飛な考えだが、考古学者たちはありえると見ている。

もうひとつの大きな謎は、デニソワ人がどこまで拡散していたかということだ。南シベリアにいたのはわかっているが、メラネシア人の祖先と出会って子をもうけたという事実は、彼らがもっと広い範囲にいたことを示唆している。温帯だけでなくおそらくは亜北極から熱帯地方まで、南アジア全体にいたのだろう。中国の古代人類の骨にデニソワ人のDNAが含まれているかどうか、調べる必要があるだろう。また、アナトリーと彼のチームが、アルタイ山脈でデニソワ人の、より完全な遺物を見つけることができれば、どれほどうれしいことか。それらの骨にデニソワ人を他のホミニンと区別する特徴があれば、その特徴を頼りに、アジアの他の地域で見つかった骨について、デニソワ人のものかどうか判別できるはずだ。

以来、わたしも他のグループもこれらの謎にずっと取り組んでいる。他のグループは、過去の人類の伝染病や先史時代の文明の研究に、古代DNAを利用しはじめた。謎はまだ多く残されているが、その12月、わたしは科学者としての人生においてほとんど経験したことのない満足感を覚えていた。30年以上前の大学院生だった頃に、故郷スウェーデンで秘密の趣味として始めたことが、4年ほど前にSFのような壮大なプロジェクトにつながり、それが今、大きな成功をもたらしたのだ。スウェーデンの居心地のいい小さな家で家族とともに、何年かぶりにくつろいだクリスマス休暇を過ごした。

あとがき　古代ゲノムに隠された謎の探究は続く

それから3年がたった。アナトリーが送ってきた指骨の他の部分がどうなったのかはわからないままだ。いつかそれで年代測定ができれば、デニソワの少女が生きていた時代がわかるだろう。アナトリーと彼のチームは、デニソワ洞窟で驚くべき骨を発掘しつづけている。彼らはデニソワ人のDNAを含む大きな臼歯をもうひとつ発見した。足指の骨も発見したが、それはネアンデルタール人のものだとわかった。

デヴィッド・ライシュとポスドクのスリラム・サンカララマンは、遺伝モデルを使って、ネアンデルタール人と現生人類の交配が起きたのは、9万年前から4万年前の間だと推定した(注1)。この年代が示すのは、ネアンデルタール人のゲノムとヨーロッパやアジアの現代人のゲノムに類似が認められるのは、実際にネアンデルタール人と現生人類が交配したからであって、2010年にわたしたちが検討したもうひとつのシナリオ――アフリカ内で起きた古代人類との交配の結果と見なすもの――はやはり間違っているということだ。

わたしたちの研究所の技術革新の魔術師、マティアス・マイヤーは、DNAを抽出してライブラリを作る驚くほど繊細な新手法を編み出した。おかげで、デニソワ人の指骨のごくわずかな残りから、30フォウルド・カバレッジのゲノムを配列決定できるようになった。(注2)最近わたしたちは、デニソワ洞窟で見つかったネアンデルタール人の足指の骨から抽出したゲノムを配列決定し、50フォウルド・カバレッジに到達した。これらの古代ゲノムは、今や現代人から配列決定されたゲノムの大半より精度が高くなっている。

ネアンデルタール人のゲノムとの比較により、デニソワ人少女のゲノムは、ネアンデルタール人やデニソワ人より前に人類の系統から分岐したホミニンのＤＮＡを受け継いでいることが明かされた。また、デニソワ人がネアンデルタール人と交配したことや、彼らがメラネシアの人々だけでなく、現在アジア大陸に住む人々にも、わずかながらＤＮＡを与えたことがわかった。このような微妙なシグナルは、質の低いゲノムしか得られなかった２０１０年には検知できなかったのだ。こうして浮かびあがってきた図は、更新世後期にはいくつものタイプの人類が互いに交配したが、遺伝的影響はわずかだったというものだ。

１０００人ゲノムプロジェクトから得た新たなデータと、これらふたつの良質な古代ゲノムのおかげで、現代人のゲノムにおいて、類人猿、ネアンデルタール人、デニソワ人とヌクレオチドが異なる位置の完全な目録を作ることができた。この目録には、３万１３８９か所の単一ヌクレオチドの変異（ヌクレオチド１個が異なる場所）と、１２５か所の（ヌクレオチドの）挿入および欠落が含まれる。これらの中で、96か所がタンパク質のアミノ酸を変化させ、おそらく３００か所が遺伝子のオン、オフの調整に影響する。反復配列には、わたしたちが見落としたヌクレオチドの違いがまだ残っていると思われるが、現生人類を作る遺伝子のレシピと、類人猿やネアンデルタール人、デニソワ人を作るレシピにそれほど違いがないのは確かだ。次の大きな難関は、これらの違いがもたらす結果の特定である。

ハーバード大学の技術革新の達人、ジョージ・チャーチは、わたしたちの目録を使って人間の細胞を祖先の状態に戻し、その細胞からネアンデルタール人のクローンを作ることを提案した。2009年にアメリカ科学振興協会の年次総会で、わたしたちがネアンデルタール人のゲノム配列決定の完了を発表した時、『ニューヨークタイムズ』紙は、彼が語った「現在の技術を使えば、約3000万ドルでネアンデルタール人を生き返らせることができる」という言葉を引用した。資金を喜んで提供してくれる人がいれば、「自分がそれをやってもいい」とさえ彼は言ったそうだ。彼の名誉のために言っておくと、彼はこのようなプロジェクトには倫理的問題があると認めており、そうした問題を避けるために、人間の細胞ではなくチンパンジーの細胞を使えばいいと提案した。

これは、後の同様の発言と同じく彼のけんかっ早い性質ゆえの失言だろうが、大きなジレンマを指摘している。ジョージの言う方法で人間に固有の特徴——例えば、言語や知性に関する特徴——を検証することが、技術的および倫理的理由から不可能だとすれば、他にどうやって検証すればいいのだろう。ひとつの方法は、人間とネアンデルタール人の遺伝的変異を人間と類人猿の細胞に導入し、個体のクローンを作るのではなく、研究所のシャーレで培養して、生理学的に研究するというものだ。もうひとつの方法は、そのような変異を、細胞ではなくマウスに導入するというものだ。わたしたちのグループは、すでにその方向で一歩を踏みだしている。

2002年にわたしたちは、人間のFOXP2という遺伝子——イギリス・オクスフォード大学のトニー・モナコのグループが、ヒトの言語能力との関連を明らかにした——から作られたタンパク質は、類人猿や他の哺乳類の同等のタンパク質と、ふたつのアミノ酸が異なることを発見した。(注3)その後、マウスのFOXP2タンパク質が、チンパンジーのFOXP2タンパク質によく似ているという事実に刺激され、人間のＦＯＸＰ２に見られるその２か所の変異をマウスのゲノムに導入した。ヴォルフガング・エーナルトの長年にわたる努力の末に――その間に彼は大学院生からポスドクになり、やがてグループリーダーになった――ＦＯＸＰ２タンパク質の人間バージョンを作る最初のマウスが誕生した。その結果はわたしの期待をはるかに超えていた。２週齢の時に、巣から持ち上げると、通常の子ネズミの声とは微妙にではあるがはっきりと異なる鳴き声をあげ、ＦＯＸＰ２の変異が声によるコミュニケーションの違いをもたらすという見方を後押しした。この発見は多くの新たな研究につながり、この２か所の変異が、ニューロンの成長の仕方や、運動の学習に関係する脳領域での信号処理の方法に影響することが明かされた(注4)。現在、わたしたちはジョージ・チャーチと協力して、これらの変異を試験管内でニューロンに分化する人間の細胞に導入する実験を続けている。

実を言えば、このＦＯＸＰ２遺伝子に見られる変異は、ネアンデルタール人とデニソワ人も共有している(注5)。しかしこのような実験は、どのような変異が現生人類を特別な存在にしたかという謎を解く方法を示唆する。例えばこんな方法が考えられる。そのような変異を細胞系やマウスに導入し、生化学的経路や細胞構造を「ヒト化」したり「ネアンデルタール人化」したりして、その影響を調べるのだ。いつかわたしたちは、「交替した集団」がいかにして同時代に生きた他の人類を凌駕したか、なぜ現生人類だけがすべての霊長類の中で唯一、世界の隅々にまで拡散し、意識的に、あるいは無意識のうちに、地球的規模で環境を作りかえるまでになったのかということを理解できるようになるかもしれない。この疑問、おそらく人類の歴史における最大の疑問に対する答えの一部が、わたしたちが配列決定した古代のゲノムに隠されていることを、わたしは確信している。

注釈

第１章　よみがえるネアンデルタール人

1. R. L. Cann, Mark Stoneking, and Allan C. Wilson, "Mitochondrial DNA and human evolution," *Nature* 325, 31–36 (1987).
2. M. Krings et al., "Neandertal DNA sequences and the origin of modern humans," *Cell* 90, 19–30 (1997).

第２章　ミイラのDNAからすべてがはじまった

1. S. Pääbo, "Über den Nachweis von DNA in altägyptischen Mumien," *Das Altertum* 30, 213–218 (1984).
2. S. Pääbo, "Preservation of DNA in ancient Egyptian mummies," *Journal of Archaeological Science* 12, 411–417 (1985).

第３章　古代の遺伝子に人生を賭ける

1. S. Pääbo, "Molecular cloning of ancient Egyptian mummy DNA," *Nature* 314, 644–645 (1985).
2. S. Pääbo and A. C. Wilson, "Polymerase chain reaction reveals cloning artefacts," *Nature* 334, 387–388 (1988).
3. R. L. Cann, Mark Stoneking, and A. C. Wilson, "Mitochondrial DNA and human evolution," *Nature* 325, 31–36 (1987).
4. W. K. Thomas, S. Pääbo, F. X. Villablanca, and A. C. Wilson, "Spatial and temporal continuity of kangaroo-rat populations shown by sequencing mitochondrial DNA from museum specimens," *Journal of Molecular Evolution* 31, 101–112 (1990).
5. J. M. Diamond, "Old dead rats are valuable," *Nature* 347, 334–335 (1990).
6. S. Pääbo, J. A. Gifford, and A. C. Wilson, "Mitochondrial DNA sequences from a 7000-year-old brain," *Nucleic Acids Research* 16, 9775–9787 (1988).
7. R. H. Thomas et al., "DNA phylogeny of the extinct marsupial wolf," *Nature* 340, 465–467 (1989).
8. S. Pääbo, "Ancient DNA—Extraction, characterization, molecular cloning, and enzymatic amplification," *Proceedings of the National Academy of Sciences USA* 86, 1939–1943 (1989).

第４章　「恐竜のDNA」なんてありえない！

1. S. Pääbo, R. G. Higuchi, and A. C. Wilson, "Ancient DNA and the polymerase chain reaction," *Journal of Biological Chemistry* 264, 9709–9712 (1989).
2. G. Del Pozzo and J. Guardiola, "Mummy DNA fragment identified," *Nature* 339, 431–432 (1989).
3. S. Pääbo, R. G. Higuchi, and A. C. Wilson, "Ancient DNA and the polymerase chain reaction," *Journal of Biological Chemistry* 264, 9709–9712 (1989).

4. T. Lindahl, "Recovery of antediluvian DNA," *Nature* 365, 700 (1993).
5. E. Hagelberg and J. B. Clegg, "Isolation and characterization of DNA from archaeological bone," *Proceedings of the Royal Society B* 244:1309, 45–50 (1991).
6. M. Höss and S. Pääbo, "DNA extraction from Pleistocene bones by a silica-based purification method," *Nucleic Acids Research* 21:16, 3913–3914 (1993).
7. M. Höss and S. Pääbo, "Mammoth DNA sequences," *Nature* 370, 333 (1994); Erika Hagelberg et al., "DNA from ancient mammoth bones," *Nature* 370, 333–334 (1994).
8. M. Höss et al., "Excrement analysis by PCR," *Nature* 359, 199 (1992).
9. E. M. Golenberg et al., "Chloroplast DNA sequence from a Miocene Magnolia species," *Nature* 344, 656–658 (1990).
10. S. Pääbo and A. C. Wilson, "Miocene DNA sequences—a dream come true?" *Current Biology* 1, 45–46 (1991).
11. A. Sidow et al., "Bacterial DNA in Clarkia fossils," *Philosophical Transactions of the Royal Society B* 333, 429–433 (1991).
12. R. DeSalle et al., "DNA sequences from a fossil termite in Oligo-Miocene amber and their phylogenetic implications," *Science* 257, 1933–1936 (1992).
13. R. J. Cano et al., "Amplification and sequencing of DNA from a 120–135-million-year-old weevil," *Nature* 363, 536–538 (1993).
14. H. N. Poinar et al., "DNA from an extinct plant," *Nature* 363, 677 (1993).
15. T. Lindahl, "Instability and decay of the primary structure of DNA," *Nature* 362, 709–715 (1993).
16. S. R. Woodward, N. J. Weyand, and M. Bunnell, "DNA sequence from Cretaceous Period bone fragments," *Science* 266, 1229–1232 (1994).
17. H. Zischler et al., "Detecting dinosaur DNA," *Science* 268, 1192–1193 (1995).

第5章　そうだ、ネアンデルタール人を調べよう

1. H. Prichard, *Through the Heart of Patagonia* (New York: D. Appleton and Company, 1902).
2. M. Höss et al., "Molecular phylogeny of the extinct ground sloth *Mylodon darwinii,*" *Proceedings of the National Academy of Sciences USA* 93, 181–185 (1996).
3. O. Handt et al., "Molecular genetic analyses of the Tyrolean Ice Man," *Science* 264, 1775–1778 (1994).
4. O. Handt et al., "The retrieval of ancient human DNA sequences," *American Journal of Human Genetics* 59:2, 368–376 (1996).
5. 実際問題、これを執筆している今でも、古代人類のmtDNAを研究しているいくつかのグループは、どうやって混入したDNAを本来のものと区別しているのかを明らかにしないままPCR法を使っている。彼らが決定した配列のいくつかはほぼ確実に正しいが、いくつかは同様にほぼ確実に間違っている。

第6章　二番目の解読で先を越される

1. I. V. Ovchinnikov et al., "Molecular analysis of Neanderthal DNA from the northern Caucasus," *Nature* 404, 490–493 (2000).
2. M. Krings et al., "A view of Neandertal genetic diversity," *Nature Genetics* 26, 144–146 (2000).

第8章　アフリカ発祥か、多地域進化か

1. H. Kaessmann et al., "DNA sequence variation in a non-coding region of low recombination on the human X chromosome," *Nature Genetics* 22, 78–81 (1999); H. Kaessmann, V. Wiebe, and S. Pääbo, "Extensive nuclear DNA sequence diversity among chimpanzees," *Science* 286, 1159–1162 (1999); H. Kaessmann et al., "Great ape DNA sequences reveal a reduced diversity and an expansion in humans," *Nature Genetics* 27, 155–156 (2001).
2. D. Serre et al., "No evidence of Neandertal mtDNA contribution to early modern humans," *PLoS Biology* 2, 313–317 (2004).
3. M. Currat and L. Excoffier, "Modern humans did not admix with Neanderthals during their range expansion into Europe," *PLoS Biology* 2, 2264–2274 (2004).

第9章　立ちはだかる困難「核DNA」

1. A. D. Greenwood et al., "Nuclear DNA sequences from Late Pleistocene megafauna," *Molecular Biology and Evolution* 16, 1466–1473 (1999).

第10章　救世主、現れる

1. H. N. Poinar et al., "Molecular coproscopy: Dung and diet of the extinct ground sloth *Nothrotheriops shastensis*," *Science* 281, 402–406 (1998).
2. S. Vasan et al., "An agent cleaving glucose-derived protein crosslinks in vitro and in vivo," *Nature* 382, 275–278 (1996).
3. H. Poinar et al., "Nuclear gene sequences from a Late Pleistocene sloth coprolite," *Current Biology* 13, 1150–1152 (2003).
4. J. P. Noonan et al., "Genomic sequencing of Pleistocene cave bears," *Science* 309, 597–599 (2005).
5. M. Stiller et al., "Patterns of nucleotide misincorporations during enzymatic amplification and direct large-scale sequencing of ancient DNA," *Proceedings of the National Academy of Sciences USA* 103, 13578–13584 (2006).
6. H. Poinar et al., "Metagenomics to paleogenomics: Large-scale sequencing of mammoth DNA," *Science* 311, 392–394 (2006).
7. 注5参照

第11章　500万ドルを手に入れろ

1. J. P. Noonan et al., "Sequencing and analysis of Neanderthal genomic DNA," *Science* 314,

1113–1118 (2006); R. E. Green et al., "Analysis of one million base pairs of Neanderthal DNA," *Nature* 444, 330–336 (2006).

第12章　骨が足りない！

1.『ネイチャー』の論文が出たあとに、最近のナンバリングシステムだとこの骨はVi-33.16と呼ぶのがよりふさわしいことを、わたしたちは知った。

2. R. W. Schmitz et al., "The Neandertal type site revisited: Interdisciplinary investigations of skeletal remains from the Neander Valley, Germany," *Proceedings of the National Academy of Sciences USA* 99, 13342–13347 (2002).
3. A. W. Briggs et al., "Patterns of damage in genomic DNA sequences from a Neandertal," *Proceedings of the National Academy of Sciences USA* 104, 14616–14621 (2007).

第13章　忍び込んでくる「現代」との戦い

1. T. Maricic and Svante Pääbo, "Optimization of 454 sequencing library preparation from small amounts of DNA permits sequence determination of both DNA strands," *BioTechniques* 46, 51–57 (2009).
2. J. D. Wall and Sung K. Kim, "Inconsistencies in Neanderthal genomic DNA sequences," *PLoS Genetics* 3, 175 (2007).
3. A. W. Briggs et al., "Patterns of damage in genomic DNA sequences from a Neandertal," *Proceedings of the National Academy of Sciences USA* 104, 14616–14621 (2007).

第14章　ゲノムの姿を組み立てなおす

1. R. E. Green et al., "The Neandertal genome and ancient DNA authenticity," *EMBO Journal* 28, 2494–2502 (2009).

第15章　間一髪で大舞台へ

1. R. E. Green et al., "A complete Neandertal mitochondrial genome sequence determined by high-throughput sequencing," *Cell* 134, 416–426 (2008).

第16章　衝撃的な分析

1. N. Patterson et al., "Genetic evidence for complex speciation of humans and chimpanzees," *Nature* 441, 1103–1108 (2006).

第20章　運命を分けた遺伝子を探る

1. M. Tomasello, *Origins of Human Communication* (Cambridge, MA: MIT Press, 2008).

第21章　革命的な論文を発表

1. R. E. Green et al., "A draft sequence of the Neandertal genome," *Science* 328, 710–722 (2010).

2. わたしの翻訳による。
3. L. Abi-Rached et al., "The shaping of modern human immune systems by multiregional admixture with archaic humans," *Science* 334, 89–94 (2011).

第22章　「デニソワ人」を発見する

1. J. Krause et al., "Neanderthals in central Asia and Siberia," *Nature* 449, 902–904 (2007).
2. J. Krause et al., "The complete mtDNA genome of an unknown hominin from Southern Siberia," *Nature* 464, 894–897 (2010).

第23章　30年の苦闘は報われた

1. D. Reich et al., "Genetic history of an archaic hominin group from Denisova Cave in Siberia," *Nature* 468, 1053–1060 (2010).

あとがき

1. S. Sankararaman et al., "The date of interbreeding between Neandertals and modern humans," *PLoS Genetics* 8:1002947 (2012).
2. M. Meyer, "A high-coverage genome sequence from an archaic Denisovan individual," *Science* 338, 222–226 (2012).
3. W. Enard et al., "Molecular evolution of *FOXP2*, a gene involved in speech and language," *Nature* 418, 869–872 (2002).
4. W. Enard et al., "A humanized version of *Foxp2* affects cortico-basal ganglia circuits in mice," *Cell* 137, 961–971 (2009).
5. J. Krause et al., "The derived *FOXP2* variant of modern humans was shared with Neandertals," *Current Biology* 17, 1908–1912 (2007).

解説　「ズル」をしないで大逆転した男の一代記

更科功（古生物学者）

私たち現生人類、すなわちホモ・サピエンスは、二番目に脳が大きいヒト族である。そのホモ・サピエンスのひとりが、地球の歴史上、一番脳が大きいヒト族であったネアンデルタール人に興味を持った。彼はまったく新しい方法を使って、これまでまったくわからなかったネアンデルタール人の行動を明らかにした。それは、私たちホモ・サピエンスとネアンデルタール人の性交渉である。ホモ・サピエンスとネアンデルタール人は、セックスをしていたのだ。

数万年前に、私たちホモ・サピエンスとネアンデルタール人が出会った時に、何が起きたのか。石器の技術が伝わるといった文化的交流はあったらしい。おそらく物々交換も行われていた。もちろん、争うこともあっただろう。ネアンデルタール人が絶滅したのは、ホモ・サピエンスが虐殺したからだと推測する人もいるぐらいだ。しかし実は、両者が争ったことを示す明確な証拠は今のところない。希望的観測かも知れないが、両者の関係は、おおむね良好なものだったのではないだろうか。

となると次に興味がわくのが、ホモ・サピエンスとネアンデルタール人の男女関係だ。ホモ・サピエンスとネアンデルタール人の体格は、ほぼ同じである。ネアンデルタール人のほうがガッシリしている分、体重はありそうだが、交配ができないほどの違いではない。ネアンデルタール人はヨーロッパという寒いところに適応したヒト族なので、おそらく色白だっただろう。ネアンデルタール人は、私たちから見ても、それなりに魅力的だったのだろうか。また逆に、ネアンデルタール人から見て、私たちはどういう存在だったのだろう。自分たちよりちょっと華奢で、ちょっと色黒で、上手に石器を作る手先の器用な人類といったところだろうか。本当にそんな両者が、交配することがあったのだろうか。

これぱかりは、いくら考えても仕方がないと思われていた。化石の形態を見てもはっきりしたことが言えない以上、これは永遠に解かれることのない謎だと考えられていたのだ。ところが、その謎が鮮やかに解けたのだ。謎を解いたのは、スウェーデン人の分子古生物学者、スヴァンテ・ぺーボである。彼とその仲間たちはネアンデルタール人のゲノムを明らかにして、私たちホモ・サピエンスのゲノムの中に、ネアンデルタール人の遺伝子が入っていることを突き止めたのである。この本は、そんな彼の自伝である。しかしこれは、自伝以上のものでもある。なぜなら、新しい分野の先頭を歩いていく研究者の人生は、その新しい分野が発展していく姿そのものでもあるからだ。

しかしぺーボの研究生活は、順風満帆というわけではなかった。実はぺーボには、若い時にエジプトのミイラのＤＮＡを研究して失敗した、苦い経験があった。ミイラのＤＮＡが見つかったという論文を発表したのだが、後にそのＤＮＡは現代人のものであったことが判明したのだ。古代ＤＮＡの研究の難しさを身をもって知ったぺーボは、それからは慎重になり、ナマケモノなどを対象として、地味ながらもきちんとした研究を続けていた。ところがそれが、ペーボの新たな苦難の始まりだったのだ（ちなみに「古代ＤＮＡ（Ancient DNA）」と「化石ＤＮＡ（Fossil DNA）」は同じ意味だが、古代ＤＮＡの方が一般的である）。

ペーボは「ズル」をしなかった

私（更科）は、神奈川県の茅ヶ崎の近くにある私立大学で、非常勤講師をしている。もともとは短期大学だったせいか、敷地はそう広くないけれど小ぎれいで、周囲は木々の緑に囲まれている。とても気持ちのよいところで、行くのが毎週楽しみだが、駅から遠いのだけが、ちょっと不便である。最寄り駅が二つあるのだが、どちらもバスで30分近くかかる。しかもピークを外すと、バスの本数が少ないのだ。

そろそろ木枯らしが吹き始めたある日、帰ろうと思って大学構内にあるバスロータリーに行くと、そこは学生であふれかえっていた。もう夜だったのだが、何か大学でイベントでもあったのかも知れない。長蛇の列がバスロータリーからはみ出し、大学の中心につながる通路にまで伸びている。遅い時間にこんなに混むのは珍しいので、学生も驚いたのだろうか、半分喜んでキャアキャア騒いでいる。まるでお祭りのようだ。まあ私は、うるさいのは嫌いではないので、周りでキャアキャア騒いでいるのは楽しいのだが、とにかく並ばなくてはバスに乗れない。バスの間隔は20分から30分である。次のバスに乗るのは絶対に無理なので、乗れるのはその次か、さらにその次になるだろう。

そういう状況になると、ちょっとズルイことをする学生が現れる。

「知り合いの女の子を見つけて、入れてもらおうぜ」

そんなことを言いながら、どんどん前の方に行ってしまう学生がいる。なんで「女の子」なのかはよくわからないが、女子学生の方が頼まれると断りづらくて、入れてもらえるということなのかも知れない。たしかに寒空の下で、1時間近くも待つのはつらい。でもほとんどの学生は、ズルをする人に文句を言うでもなく、正直に並んでいる。心の中では面白くないと思っている学生もいるかも知れないが、それでも正直に並んでいる。

そんな学生を見ると、私はペーボを思い出すのだ。ペーボもやはり、バスを待って並んでいたのだ。冷たい風が吹きすさぶロータリーで、ズルをする学生に追い越されながら、正直に並んでいたのだ。それも1時間ではない。二十年も並んでいたのだ。

いい加減な『ジュラシック・パーク』研究の流行

時は1990年。ペーボのグループがせいぜい一万数千年前の古代DNAを研究していた頃のことだ。ある別のグループが、衝撃的な論文を発表した。なんと約2000万年前の植物の化石からDNAを抽出し、そのDNAの塩基配列を決定したというのだ。これまでペーボが研究してきた古代DNAよりも千倍以上も古い。しかも報告されたのは820塩基対もあるDNAだ。ペーボたちが報告してきた100塩基対程度のDNAよりもはるかに長い。世界はペーボたちの研究のことなどすっかり忘れて、この植物化石の古代DNAに夢中になった。

さらにこの1990年は、『ジュラシック・パーク』という小説が出版された年でもあった。この小説では、植物の樹液が固まった琥珀の中から、蚊の化石が発見される。この蚊は恐竜の血液を吸っていたので、小説の中の研究者は、蚊の化石から恐竜のDNAを取り出すことに成功する。そして生きた恐竜を現代によみがえらせてしまうのだ。

だが、この小説は、ただの夢物語では終わらなかった。この『ジュラシック・パーク』が映画化された1992年には、本当に琥珀の中のシロアリから古代DNAが抽出されたという論文が発表されたのだ。この琥珀の中のシロアリは、約3000万年前のものだった。そしてその後も、琥珀の中の昆虫からDNAが抽出されたという報告は続き、ついには1億年前よりも古いDNAまで報告されるようになった。

だが、ペーボにはわかっていた。古代DNAを取り出すことは、とても難しい。化石の中にあるDNAのほとんどは、後の時代に混入したDNAなのだ。古代DNA専用のクリーンルームで細心の注意をはらって抽出しても、まだ不十分なのだ。さらに様々な工夫をして、混入しているDNAを除かなくてはならない。

しかし、数千万年前よりも古いDNAを報告している論文はみな、そういう古代DNAの抽出には必須の手続きを全くふんでいなかった。はっきり言って、いい加減な論文だらけだったのだ。そもそも、そんなに古いDNAが残っているはずはないのだ。そもそも、そんなに長いDNAが残っているはずもないのだ。しかし世界は、いい加減な論文が報告し続ける衝撃的な結果に沸いていた。そしてついに1994年には、恐竜のDNAが報告されることになる。8000万年前の恐竜のDNAだ。もちろんペーボは反論したが、なかなか熱狂は収まらなかった。

ネアンデルタール・レースで大逆転

このころのペーボの心中は、察するに余りある。ペーボは数万年前の古代DNAを抽出するにも大変な労力を使い、DNAの塩基配列も細かく検討して、やっとのことで正しいと思われる結果を導き出していた。だが多くのグループは、大した工夫もせずに1億年ぐらい前の古代DNA

の抽出を試み、明らかに間違った結果を発表しては、世間の賞賛を浴びていたのだ。そんな風潮の中で、ペーボは疲れて反論をしなくなっていく。そして、たとえ世間の注目を浴びなくとも、自分の研究を地道にきちんとして、正しい結果を報告していこうと思うようになる。そう決意したペーボの姿を、私は慕わしく、また尊いものに思う。彼はどんどん人に追い越されながらも、正直にバスに並び続けたのだ。

しかしペーボの場合は、その後に大逆転がやってくる。ネアンデルタール人のゲノムの解読だ。絶滅した人類のゲノム解読レースはスリリングで、読んでいるだけで息苦しくなるほどだ。そしてこの分子古生物学における最大のレースで、ついにペーボは世界のトップに立つのである。そういう意味で、この本は読み物としてとても面白くできている。痛快な気分が味わえる。でも、もしもその大逆転がやってこなくても、地道に研究をするペーボの姿に共感するだけでも、この本を読む価値はあるだろう。

古代DNAの塩基配列が初めて報告されたのは、1984年である。クアッガというシマウマの仲間の剝製から取り出したDNAの塩基配列が決定されたのだ。一応この論文の発表をもって、古代DNA研究のスタートとみなしてよいだろう。そして、ペーボの失敗であるミイラの古代DNAの論文は、その翌年の1985年に発表されている。ペーボは古代DNAの研究を最も早く開始した研究者の一人なのだ。そして古代DNA研究の最大のヒットであるネアンデルタール人のゲノム解読を計画し主導した人物でもある。時期的にも、そしてその中心的な役割からも、ペーボの研究生活は、古代DNA研究の発展の歴史そのものなのだ。

ペーボの人生は、古代DNAの研究の面白さだけでなく、いかがわしさにも翻弄されてきた。しかし、台風一過で空が晴れ渡るように、古代DNA研究のいかがわしさも、過去のものとなりつつある。そのいかがわしさを取り除いた最大の功労者が、ペーボなのだ。どうやら彼の研究生活は、ハッピイエンドで終わりそうである。

訳者あとがき

野中香方子（翻訳家）

本書の魅力、そして著者スヴァンテ・ペーボの業績の意義については、更科功先生がすばらしい解説を書いてくださったので、そちらをお読みいただくとして、ここでは翻訳者としての感想を述べさせていただきます。本書を訳しながらよく思い出したのは、7年ほど前に翻訳した『ヒトゲノムを解読した男』のことです。同じくゲノム解読を軸とする自叙伝で、著者にして主人公のクレイグ・ベンターと、本書の著者ペーボは、解読しようとするのがヒトゲノムか、ネアンデルタール人のゲノムかの違いはあるものの、同じ時代に最先端のゲノム解読技術を次々に取り入れながら、目標を達成しました。それぞれの業績の偉大さを思うと、ゲノム解読の急速なスピードアップと精密化のいちばんの恩恵を受けたふたりと言えるかもしれません。

ヒトゲノムプロジェクトがスタートしたのが1984年。ミイラのDNAを解読したペーボが、初めて招待された1986年のコールド・スプリング・ハーバーのシンポジウムでは、人類遺伝学と分子生物学の巨人が一堂に会し、ヒトゲノムプロジェクトの意義を検討します。この時にキヤリー・マリスが発表したポリメラーゼ連鎖反応（ＰＣＲ）が、ネアンデルタール人のゲノム解読を大いに加速させるのは第3章で述べられている通りです。

ヒトゲノムの本格的な解読作業は１９９１年から始まり、２０００年6月26日にドラフト（概要）ゲノムの解読終了が公式に宣言され、２００３年4月14日に全ゲノム解読完了となります。本書の担当編集者が年表のようにまとめてくださった目次のリードをご参照いただければ、ペーボの歩みがヒトゲノムプロジェクトと同時進行だったことがよくおわかりいただけると思います。

もっとも、ベンターとペーボの性格は正反対です。ベンターはしょっちゅうだれかと喧嘩し、スランプに陥るとヨットで海に繰り出し、嵐さえ人生を彩るアトラクションとばかりに悠々と乗り越えていく猛者です。一方、ペーボは、古代のＤＮＡに関心をもつきっかけになったのがエジプトのミイラというエピソードからも察せられるとおり、じつに穏やかな人物で、黙々と写本に励む修道士のような雰囲気を漂わせています。「わたしは常々――やや過剰なまでに――誰にでも好かれたいと思っている」とペーボ自身書いていますが、本書の随所に著者の人柄のよさ、優しさが感じられました。

けれども、その静謐な世界でペーボは、ベンターに決して負けない情熱を燃やしながら戦いつづけます。現代のＤＮＡの混入を防ぐための戦い、そして、繊細さのかけらも持ち合わせないライバルとの戦い。誠実に緻密に進むがゆえにペーボの歩みは遅く、先が見えないまま黙々と難業を続ける彼のチームの苦しさは察するにあまりありますが、やがて数々の幸運に恵まれ、ブレークスルーをなしとげます。そのような幸運が訪れたのは、更科先生が解説に書いてくださったように、「ズルをせず、正直に並んでいたから」にほかなりません。

本書を読んでいて、ああ、そういえば、と古代のＤＮＡ解読が話題を集めたことを思い出しました。「琥珀の中の虫の遺伝子が解読される」「恐竜のＤＮＡの解読に成功」、こうした華々しいニュースは、一般の新聞でも報じられましたが、それを疑問視する声や、その後の科学的論争などが広く報じられることは少なく、わたし自身、本書と出会うまでは、「解読された」という偽情報をそのまま真実と思い込んでいました。
「ＰＣＲで驚くべき結果を出すのは簡単だが、それが正しいと証明するのは難しい。であるにもかかわらず、ひとたびその結果が公表されると、それが誤りで、混入によるものだと示すのは、なお難しいのである」という本書の言葉はその通りだと、身を以て感じます。

重ねての拙訳書の紹介で恐縮なのですが、お詫びかたがた、２０１３年に刊行された『人類20万年　遙かなる旅路』について。著者アリス・ロバーツは古人類学に通じた解剖学者で、人類のルーツと拡散を追うその本の旅の途中で、マックス・プランク研究所を訪れています（２００８年）。ペーボのチームがヴィンディヤ洞窟で見つかったネアンデルタール人の骨の核ＤＮＡの解読に取りくんでいた頃です。

ロバーツはエド・グリーンにプロジェクトの進捗状況をインタビューし、「その翌年、ペーボはネアンデルタール人初のドラフトゲノムが解析できたことを報告したが、現生人類との交雑（＝交配）の痕跡はやはり見つからなかった」と追記し、「これまでの遺伝子の研究が示しているのは、交雑は起きたとしても取るに足らない程度だったということだ。（中略）そして、それが意味するのは、ネアンデルタール人は本当に姿を消してしまったということだ」と述べています。それも無理からぬことで、原書“The Incredible Human Journey”が刊行されたのは２００９年。ペーボのもとにライシュとパターソンから「アフリカ系と非アフリカ系とでは、ネアンデルタール人のゲノムとの一致に差が見られる」という決定的なメールが届くのが、その年の7月28日です。つまり『人類20万年　遙かなる旅路』にその後の情報を盛り込めなかったのはひとえに訳者の責任でありまして、ここに深くお詫び申し上げます。ともあれ、言い訳めいてはおりますが、それだけこの分野の進歩はスピーディで、しかもその証拠は決定的だということを、痛感しました。

ネアンデルタール人のDNAの解読がどれほど難しいか、そして、汚染を始め、さまざまな間違いがどれほど起きやすいかを本書は語ります。けれどもペーボのチームが出した結果が疑いようのない事実だということも、本書は穏やかな語り口の中に確たる自信をもって伝えています。訳し終えて強く思うのは、「ネアンデルタール人は消えていない。わたしたちの中に生きつづけている」ということです。DNAの2～5パーセントがネアンデルタール人由来。この数字、かなり多いと思うのはわたしだけでしょうか。

文藝春秋の髙橋夏樹氏には、きわめて意義深い本書をご紹介いただき、刊行にいたるまできめ細やかなご配慮とご指導をいただきました。この場をお借りして心より感謝申し上げます。

追記（二〇二二年十月）

周知のことではありますが、二〇二二年、ペーボ博士の「絶滅したヒト族のゲノムと人類の進化に関する発見」に対して、ノーベル生理学・医学賞が授与されました。本書で語られている長年の努力が、まさに「ハッピイエンド」を迎えた感があります。博士は現在、日本の沖縄科学技術大学院大学にも籍を置き、新型コロナウイルスとネアンデルタール人由来DNAの関係など、精力的に研究を続けています。次なる発見に、期待は高まるばかりです。

著者

スヴァンテ・ペーボ　Svante Pääbo

生物学者。ドイツ・ライプツィヒのマックス・プランク進化人類学研究所の進化遺伝学部門ディレクター。

1955年、スウェーデンに生まれる。父はノーベル賞受賞者のスネ・ベリストローム。ウプサラ大学時代に、少年時代から憧れていたエジプト学と分子生物学を結びつけることを構想し、ミイラのDNAの抽出に挑戦した。ここから、古代人類に遺伝学の手法を応用する古遺伝学の創始者としてのキャリアが始まった。

ミュンヘン大学を経て、マックス・プランク協会の進化人類学研究所を創立する。「アイスマン」などのDNA抽出研究から、ネアンデルタール人の研究へ。化石骨からミトコンドリアDNAを抽出し、2006年に核DNAからのゲノム解析計画を宣言。2009年に全ゲノム解読に成功する。その結果、ネアンデルタール人のDNAが非アフリカ人の現代人に引き継がれていることを発見し、両者が交配していたことを明らかにして世界中を驚かせる。

2010年にはわずかな骨だけから新たな人類「デニソワ人」の存在を明らかにした。2022年、ノーベル生理学・医学賞を受賞。

訳者

野中香方子　Kyoko Nonaka

翻訳家。お茶の水女子大学卒業。主な訳書に『137億年の物語』(クリストファー・ロイド、文藝春秋)、『双子の遺伝子』（ティム・スペクター、ダイヤモンド社)、『ねずみに支配された島』（ウィリアム・ソウルゼンバーグ、文藝春秋)、『ハーバード戦略教室』（シンシア・モンゴメリー、文藝春秋)、『人類20万年　遙かなる旅路』（アリス・ロバーツ、文藝春秋)、『人間は料理をする』上・下（マイケル・ポーラン、NTT出版)、『エピジェネティクス　操られる遺伝子』（リチャード・C・フランシス、ダイヤモンド社)、他多数。

解説

更科功　Isao Sarashina

1961年生まれ。理学博士。東京大学教養学部卒業後、民間企業を経て東京大学大学院理学系研究科へ。東京大学大学院研究員、立教大学・成蹊大学・東京学芸大学非常勤講師などを歴任。

著書に古代ＤＮＡ研究についてわかりやすく解説し、講談社科学出版賞を受賞した『化石の分子生物学　生命進化の謎を解く』（講談社現代新書)、訳書にサイモン・コンウェイ＝モリス『進化の運命』（講談社）がある。

ネアンデルタール人《じん》は私《わたし》たちと交配《こうはい》した

2015年 6月30日　第1刷
2022年10月20日　第3刷

著　者　スヴァンテ・ペーボ
訳　者　野中香方子《のなかきょうこ》
発行者　大沼貴之
発行所　株式会社　文藝春秋
東京都千代田区紀尾井町3-23（〒102-8008）
電話　03-3265-1211（代）
印　刷　大日本印刷
製本所　大口製本

・定価はカバーに表示してあります。
・万一、落丁・乱丁の場合は送料小社負担でお取り替えいたします。
小社製作部宛にお送りください。

ISBN 978-4-16-390204-3　Printed in Japan